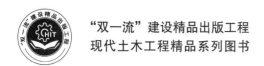

"双一流"建设精品出版工程

现代土木工程精品系列图书

物　理　化　学

PHYSICAL CHEMISTRY
（ENVIRONMENT）

（环境类）

李　昂　崔崇威　编著

U0223342

哈爾濱工業大學出版社

HARBIN INSTITUTE OF TECHNOLOGY PRESS

内 容 简 介

本书根据作者近几年在物理化学课程方面的教授经验以及参照近年来广大兄弟院校的教学研究成果撰写而成。本书重点是教学基本要求所规定的内容,阐述了物理化学的基本概念和基本理论,各章附有知识框架图,使读者了解每章内容的重点和结构以便于预习及学习。同时考虑环境领域的发展,适当补充与环境相关的实际应用案例。为便于读者巩固所学知识,提高解题能力及自学能力,书中编入了部分例题且每章末分别有本章小结和本章习题。

本书以环境科学与工程类专业的学生为主要阅读对象,适用于初学物理化学的读者,旨在初步培养读者的科学思维,使读者完善知识结构,灵活运用物理化学方法处理实际问题。

图书在版编目(CIP)数据

物理化学.环境类/李昂,崔崇威编著.—哈尔滨:
哈尔滨工业大学出版社,2023.8
(现代土木工程精品系列图书)
ISBN 978-7-5767-1003-8

Ⅰ.①物⋯ Ⅱ.①李⋯ ②崔⋯ Ⅲ.①物理化学
Ⅳ.①O64

中国国家版本馆 CIP 数据核字(2023)第 152321 号

策划编辑	王桂芝
责任编辑	杨 硕
出版发行	哈尔滨工业大学出版社
社 址	哈尔滨市南岗区复华四道街 10 号 邮编 150006
传 真	0451-86414749
网 址	http://hitpress.hit.edu.cn
印 刷	哈尔滨市工大节能印刷厂
开 本	787 mm×1 092 mm 1/16 印张 19.75 字数 465 千字
版 次	2023 年 8 月第 1 版 2023 年 8 月第 1 次印刷
书 号	ISBN 978-7-5767-1003-8
定 价	58.00 元

前　　言

我国高等教育及物理化学学科领域在近几年有很大发展,物理化学是化学领域中最重要的基础学科之一,物理化学课程是化学、化工、材料、生化、制药、食品、环境等诸多专业学生必修的重要基础课,历年来受到广大师生的高度重视。作者根据近几年在物理化学课程方面的教授经验以及参照近年来广大兄弟院校的教学研究成果,结合广大学生的接受能力,进行了本书的撰写。

本书以环境科学与工程类专业的学生为主要阅读对象,重点是教学基本要求所规定的内容,力图做到逻辑性强、内容丰富精练、简明易懂。特别是针对学生初学物理化学可能遇到的难点及易于产生的问题加以深入阐释,并介绍物理化学与环境之间的关联以便使物理化学在实际应用中有所贡献。本书适合教学使用,内容涵盖绪论、气体与 pVT 的关系、热力学(热力学第一至第三定律)、多组分系统热力学、水环境的平衡问题、电化学、化学动力学、界面化学和胶体化学。其中,第 6 章"电化学"拓展了部分电催化、光催化以及电解技术在环境治理中的应用知识,第 7 章"化学动力学"拓展了部分光化学反应以及催化反应动力学知识,第 8 章"界面化学"拓展了部分固-液吸附的实例、表面活性剂的一些重要作用及其应用知识,目的是在介绍物理化学有关知识的同时适当介绍与环境密切相关的热门研究。

本书由李昂及崔崇威撰写,撰写分工如下:绪论(李昂、崔崇威)、第 1~6 章(李昂)、第 7 章(崔崇威)、第 8~9 章(李昂)。感谢杜梦、李春燕、刘宇晴、杨宇、冯东磊为本书撰写做出的重要贡献。

由于时间仓促、作者能力有限,书中难免存在疏漏及不足之处,恳请专家和读者见谅并不吝赐教。

作　者

2023 年 4 月于哈尔滨工业大学

目　　录

绪　　论

0.1　物理化学的内涵与发展

化学是自然科学中的一门重要学科,是研究物质的组成结构、性质与变化的科学。化学与人们的衣食住行、工业生产、军事技术、能源开发、太空探索等密切相关,其范围和内容近几十年来一直在不断地发展和扩大,已从传统的化工、冶金、纺织、印染、石油、煤炭等领域深入到生物科学、医药科学、材料科学、环境科学、食品科学、计算科学、纳米技术和过程系统控制等许多学科领域。由于化学研究的内容几乎涉及物质科学和分子科学的所有方面,因而近年来开始被人们称为"中心科学"。物理化学是化学的理论基础,概括地说是用物理的原理和方法来研究化学中最基本的规律和理论,它所研究的是普遍适用于各个化学分支的理论问题,所以物理化学曾被称为理论化学。

物理化学形成于 19 世纪下半叶。蒸汽机带着社会驶入了快速行进的轨道,科学与技术在这一时期得到了高度发展,自然科学的许多学科,包括物理化学,都是在这一时期发展建立起来的。当时的人们已对许多化学反应和过程积累了大量的实验经验,原子 - 分子学说、气体动理学理论、元素周期律也已经确立,而蒸汽机的出现和广泛应用,使人们对热 - 功转化有了更深入的认识,这些都为物理化学的形成和发展铺平了道路。1887 年,德国科学家奥斯特瓦尔德(Ostwald)和荷兰科学家范托夫(van't Hoff)联合创办了德文的《物理化学杂志》,标志着物理化学这一名词和这一学科的诞生。

化学从一开始就不仅仅是化学家实验室中的象牙塔,更是和工业生产、国民经济紧密相连的重大理论成就。钢铁等金属的冶炼、煤炭燃烧产生能量带动蒸汽机的运转 …… 这些推动人类历史发展的重要动力都是通过化学反应来实现的。因此,人们从一开始最关心的化学问题就是怎样通过化学反应来经济合理地生产产品和获取能量。而这正是物理化学所研究的基本问题。经典物理化学的核心是化学热力学和化学动力学。热力学第一定律是关于能量转化的定律,通过它可以计算出一个化学反应在特定条件下进行时能够放出或需要吸收多少能量;热力学第二定律是关于物理化学的发展历史、物理化学的内在联系、物理化学与环境的关系关于过程进行方向和浓度的判断,将它用于化学中以得知一个化学反应是否能够按照所希望的方向进行,进行到什么程度停止,反应的最终转化率可达到多少;而动力学则是研究化学反应速率的科学,它揭示出一个化学反应进行的快慢,使人们可以决定是否可利用这个反应来经济合理地生产产品和获取能量。物理化学从建立起就被广泛地用于工业生产和科学研究,发挥了巨大的理论指导作用。特别是第二次世界大战以后石油工业的兴起,更加促进了物理化学在催化、表面化学和电化学等领域的发展和应用。而工业技术和其他学科的发展,特别是电子技术及各种物理测试手段的出现,反过来都极大地促进了物理化学的发展。

1.从宏观到微观

化学真正深入到微观,深入到分子、原子的层次,是从量子力学的规律应用到化学领域才开始的。只有深入到微观,研究分子、原子层次的运动规律,才能掌握化学变化的本质和结构与物性的关系。合成化学、结构化学和量子化学结合得更密切。人们在合成一个化合物之后,还要测定其空间结构,进行光谱和核磁共振波谱的研究,以了解分子内电子运动的某些规律。

2.从体相到表相

一般来说,物体内部称为体相。在多相系统中,反应总是在表相上进行的,如图 0.1 所示。过去人们无法确知表面层(如 5 ~ 10 个分子或原子层)的状态,随着测试手段的进步,测知了表面层的结构和组成,了解了表相反应的实际过程,推动了表面化学和多相催化的发展。

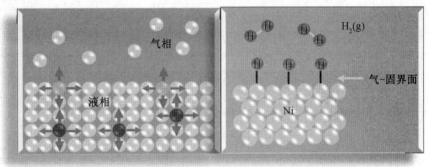

图 0.1　体相到表相示意图

3.从静态到动态

热力学的研究方法是典型的由静态判断动态,利用几个热力学函数,在特定条件下判断变化的方向和限度,但无法给出变化过程中的细节。20 世纪 60 年代,激光技术和分子束技术出现,从而可以真正研究化学反应的动态问题。分子反应动力学(即微观反应动力学或化学动态学) 就是在这个基础上发展起来的,目前已成为非常活跃的学科。

4.从定性到定量

人们总是希望能用更精确的定量关系来描述物质的运动规律。电子计算机的出现,大大缩短了数据处理的时间,并可进行自动记录和人工拟合,使许多以前只能做定性研究的课题现在可进行定量检测,做原位反应。此外,计算机具有模拟放大,以及对分子进行设计等优势,大大节约了人力和物力。

5.从平衡态的研究到非平衡态的研究

平衡态热力学已经发展得较为成熟和系统,但其主要不足之处是限于描述处于平衡态和可逆过程的系统,因此主要研究封闭系统或孤立系统。对于处于非平衡态的敞开系统的研究,自20世纪60年代以来发展非常迅速,逐渐形成了一个学科分支——非平衡态热力学。比利时物理化学家 Prigogine(普里戈金)对非平衡态热力学有突出的贡献。这门学科与越来越多的相邻学科(如生命科学、化学反应动力学等)产生密切的联系,成为当前物理化学发展的前沿之一。

6.从单一学科到边缘学科

化学与其他学科相互渗透、相互影响和相互结合,化学学科内部也相互交叉、紧密相连,形成了许多边缘学科如生物化学、药物化学、天体化学、计算化学、材料化学、医用化学等(图0.2)。

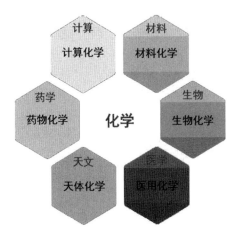

图0.2　单一学科到交叉学科示意图

人们对客观世界的认识不断向着宏观和微观两个层次深入发展,宏观是指研究对象的尺寸很大,其下限是人的肉眼可见的最小的物体(约 1 μm,上限是无限的);微观的上限为原子、分子尺度(下限也是无限的)。直到20世纪80年代人们才发现,介于宏观与微观之间的领域,即介观领域被忽视了。在这个领域中,三维尺寸都很小的细小系统出现了既不同于宏观物体,又不同于微观系统的奇异现象,纳米系统即属于这个范围,1 ~ 100 nm 的微小系统已经成为材料学、化学、物理学等学科的前沿研究热点和相邻学科的交叉点。

在众多的学科分支中,最受人们重视的问题有催化基础的研究、原子簇化学的研究、分子动态学的研究、生物大分子和药物大分子的研究,这些领域常被人们看作化学的前沿阵地。

0.2　物理化学的目的及内容

现代物理化学是研究所有物质体系的化学行为的原理、规律和方法的学科,涵盖从宏观到微观与性质的关系规律、化学过程机理及其控制的研究,它是化学以及在分子层次上研究物质变化的其他学科领域的理论基础。

化学与物理学之间的紧密联系是不言而喻的。化学过程总是包含或伴有物理过程。例如:化学反应时常伴有物理变化如体积的变化、压力的变化、热效应、电效应、光效应等,同时,温度、压力、浓度的变化,光的照射,电磁场等物理因素的作用都可能引起化学变化或影响化学变化的进行。另外,分子中电子的运动,原子的转动、振动,分子中原子相互间的作用力等微观物理运动形态,则直接决定了物质的性质及化学反应能力。人们在长期的实践过程中注意到这种相互联系,并且加以总结,逐步形成一门独立的学科分支,并称之为物理化学。物理化学是从物质的物理现象和化学现象的联系入手,来探求化学变化基本规律的一门学科,在实验方法上也主要是采用物理学中的方法。

一切学科都是为了适应一定社会生产的需要而产生和发展起来的。不同的历史时期则有不同的要求。化学已经成为一门中心学科,它与社会多方面的需要有关。

作为化学学科的一个分支,物理化学自然也与其他学科(如生命科学、材料科学等)之间有着密不可分的联系。这主要是因为物理化学是化学学科的理论基础,它的成就(包括理论和实验方法)大大充实了其他学科的研究内容和研究方法。这些学科的深入发展,已经离不开物理化学。

物理化学作为化学学科的一个分支,它所担负的主要任务是探讨和解决以下几个方面的问题。

1.化学变化的方向和限度问题

一个化学反应在指定的条件下能否朝着预定的方向进行? 如果该反应能够进行,则它将达到什么限度? 外界条件如温度、压力、浓度等对反应有什么影响? 如何控制外界条件使我们所设计的新的反应途径能按所预定的方向进行? 对于一个给定的反应,能量的变化关系怎样? 它究竟能为我们提供多少能量? 对这一类问题的研究属于化学热力学的范畴,它主要解决化学变化的方向性问题,以及与平衡有关的问题。化学热力学也为设计新的反应、新的反应路线提供理论上的支持。

2.化学反应的速率和机理问题

一个化学反应的速率究竟有多快? 反应是经过什么样的机理(或历程)进行的? 外界条件(如温度、压力、浓度、催化剂等)对反应速率有什么影响? 怎样才能有效地控制化学反应、抑制副反应的发生,使之按我们所需要的方向和适当的速率进行,以及如何利用催化剂使反应加速? 对这一类问题的研究构成物理化学中的另一个部分,即化学动力学。它主要解决化学反应的速率和机理问题。

3.物质结构和性能之间的关系

物质的性质从本质上说是由物质内部的结构决定的。深入了解物质内部的结构,不仅可以理解化学变化的内因,而且可以预见到在适当外因的作用下,物质的结构将发生怎样的变化。根据研究此类问题的方法和手段,物理化学又可分为结构化学和量子化学两个分支。结构化学的目的是要阐明分子的结构,如研究物质的表面结构、内部结构、动态结构等。由于新的测试手段不断出现,测试的精度不断提升,为探索生物大分子、细胞、固体表面结构等提供了有力的工具。量子化学是量子力学和化学相结合的学科,对化学键的形成理论以及对物质结构的认识起到十分重要的作用。特别是电子计算机出现之后,通过对模型进行模拟计算,了解成键过程,便可进行分子设计。

以上三个方面的问题往往相互联系、相互制约。

0.3　物理化学与环境学科的关系

物理化学是研究物质的化学运动形式和物理运动形式之间的相互关系,掌握物质化学运动的一般规律的学科,就是说物理化学是运用物理学的理论和方法去研究化学变化的基本规律。它把化学变化中的能量关系、反应方向和限度、反应的速率、反应的机理、物质结构和性质的关系作为研究的内容。正因为如此,物理化学在环境保护中起了很大的作用。它的理论和方法被运用到环境保护中,推动了环境保护事业的发展,为环境保护做出了积极的贡献(图 0.3)。

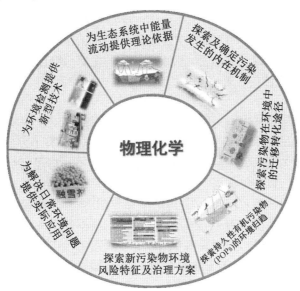

图 0.3　物理化学与环境学科的关系

1.为生态系统中能量流动提供理论依据

环境保护离不开生态学,生态学是研究生物与其生存环境之间相互关系的一门科学。它的任务是保护环境,合理利用资源,协调生物与环境的关系,而生态系统又是生态学的核心。生态系统是指地球表层的一定空间(区域)的生物与其生存环境间相互作用,相互制约,不断演化,通过质能交换达到动态平衡的相对稳定的统一综合体。生态系统中存在的物质能量流动在一般情况下达到了动态平衡,即生态平衡。生态平衡失调乃至被破坏,是今天人类面临的环境问题的一个重要方面。利用热力学第一定律和第二定律,可以比较清楚地了解生态系统能量流动的大小、方向和形式。比如:绿色植物吸收太阳能,进行光合作用合成有机物,然后通过生物链将能量逐级传递,由热力学第一、第二定律人们弄清了生物群从环境和食物中接收的能量用在新的有机质的建造上的"百分之十规律",因而得出了"生产率金字塔""生物量金字塔"和"生物数目金字塔"等规律,并且由此提出了对保护环境有十分重大作用的"物质输入输出的动态平衡规律"等生态学规律。

2.探索及确定污染发生的内在机制

自20世纪40年代洛杉矶发生严重的光化学烟雾事件以后,世界其他一些城市上空也陆续出现这种污染,给当地人们的健康、动植物生长和环境带来严重危害。现在,光化学烟雾已成为城市大气污染的严重问题之一。而正是依靠物理化学对反应机理和速率的测定,才探明了光化学污染形成的原因,即由于光照,空气中的 NO_2(由 NO 氧化而来) 发生光解,生成 O 原子,引发了 O_3 的生成。碳氢化合物的存在,促使 NO 向 NO_2 快速转化。在此转化中自由基(光解产生的原子 O、O_3 及 HO 自由基) 起到重要作用,致使不需消耗臭氧而能将大气中的 NO 转化为 NO_2,NO_2 又继续光解产生 O_3,如此链式反应,最后产生醛类、O_3、酮和氧乙酰基硝酸酯等。这些都是光化学烟雾的主要污染物。

3.探索污染物在环境中的迁移转化途径

研究污染物在环境中的迁移和转化的过程及其规律性,对于阐明人类在环境中接触的是什么污染物,接触的浓度、时间、途径、方式和条件等都具有十分重要的环境毒理学意义,否则就不能阐明由于某种接触而导致的一系列毒作用。物理化学迁移是污染物在环境中的基本迁移过程,以简单的离子或可溶性分子的形式发生溶解 - 沉淀、吸附 - 解吸附,同时会发生降解等。通过溶解挥发作用、酸碱作用、络合作用等大幅度地改变污染物的迁移能力和归宿,产生了游离态的元素离子。对于不同性质的污染物具有不同的迁移转化途径。比如:对于微量污染物或需要后续回收利用的污染物,一般采用吸附法,使重金属和有机污染物常吸附于胶体或颗粒物上,随之迁移。对于有机污染物,一般采用电化学等方法通过氧化还原作用使其在游离氧占优势时逐步被氧化,从而彻底分解为二氧化碳和水,或形成具有强迁移能力的易溶性化合物。

4.探索持久性有机污染物的环境归趋

持久性有机污染物(POPs)具有持久性、生物蓄积性、高毒性、半挥发性和远距离传输的特点,会对人类健康和生态安全产生严重危害。2001年5月23日,包括中国在内的127个国家和地区的代表签署了《斯德哥尔摩公约》,致力于削减POPs。POPs进入水体后,在各种物理、化学、生物作用下发生迁移和转化,对人类健康造成严重威胁。因此,POPs的去除对于环境的治理至关重要。目前,依靠物理化学中的高级氧化技术对于POPs的治理已被证明是最有效的方法之一,它通过本身的界面反应使污染物附着在表面,然后通过本身诱发出的高活性自由基物种对污染物进行定向去除,使其完全矿化。高级氧化技术有光催化反应、臭氧氧化、超临界水氧化、电离辐射等,为系统地研究不同水生生态系统中POPs的环境行为、生物富集、动态变化和生态毒性提供参考。

5.探索新污染物环境风险特征及治理方案

新污染物(emerging contaminants),从生态环境质量和环境风险管理的角度,指的是具有生物毒性、环境持久性、生物累积性等特征的有毒有害化学物质,这些物质对生态环境或人体健康具有较大威胁,生态环境部已发布《重点管控新污染物清单(2023年版)》。新污染物中的代表性物质——全氟烷基和多氟烷基物质(PFASs)在人体内的暴露程度与癌症、免疫抑制和内分泌紊乱呈正相关。近年来,化学法中的电化学氧化技术由于可强烈破坏PFASs高度稳定的C—F键,已成为研究最为广泛的水处理技术之一。在电化学氧化系统中,PFASs的完全矿化是通过“非活性”阳极上的直接电子转移实现的。但目前PFASs的确切电氧化机理在科学界仍存在争议,因此还需不断探索以期达到对新污染物的环境风险的科学评估和精准管控。

6.为解决日常环境问题提供实际应用

为应对大雪冰冻天气,融雪剂已成为高速公路、桥梁等环境下化雪的首选。依据稀溶液依数性,在冰雪中撒食盐,食盐溶解在水中后会形成稀溶液,由于稀溶液凝固点低,根据相平衡条件,白天温度稍稍回升,就可以使平衡向稀溶液方向移动,冰雪就会加速溶解变成液体,从而达到除冰融雪的目的。基于同一原理,在冬季,汽车的散热器里通常加入丙三醇、建筑工地上经常在水泥浆料中添加工业盐等,都是通过降低凝固点来预防冻伤。此外,在钢铁冶炼工业中,技术员通过观测安装在熔炉中的温度测量仪测定每个状态的沸点,就可以确定合金中其他金属的含量,这就利用了依数性的沸点上升原理。因此,我们要学会利用其物理化学知识解释自然现象和生活规律,同时将理论知识应用于实践,开发出关于稀溶液依数性的更多应用。

7.为环境检测提供新型技术

今天,数以千计的污染源向大气和水体中倾注着无数个分子,它们不断反应形成污染烟雾和污染物,这些污染物正给人类造成很大的威胁。要确定因果关系,必然要鉴别测量这个混杂的天空或水体中以$\mu g/L$为单位存在的各微小分子是什么,它们如何反应。正是依靠物理化学,才设计出灵敏的检测仪器,成功地提供了最灵敏的检测分析技术。例如:傅里叶变换红外光谱仪是一种十分精密的仪器,可检测约$3\ km^2$面积的城市空气,鉴别出所存在的一切化学物质及它们的$\mu g/L$级质量浓度。正是使用该仪器,人们才测出洛杉矶光化学烟雾的痕量成分 —— 甲醛和硝酸。这一成就使人们在消除光化学烟雾污染的路上又迈出了一大步。

0.4　物理化学课程的学习方法

物理化学是化学化工学院各专业的一门重要基础课程,关于如何学习物理化学这门课程,在此提出如下几点,供读者参考(读者可结合自己的具体情况灵活掌握)。

(1)学习过程中要抓住每一章的重点。在学习每一章时要明确了解这一章的主要内容是什么,要解决什么问题,采用什么方法解决,根据什么实验、定律和理论,得出什么结果,有什么用处,公式的使用条件是什么等。在开始学习某一章时,对于这些问题可能还不了解,但在每章学完之后,则应对上述问题有明确的了解。

(2)物理化学课程中的公式较多,要注意数学推导过程只是获得结果的必要手段,而不是目的,不要只注意繁杂的推证过程,而忽略了结论的使用条件(这些条件往往是推导过程中所引进去的)及其物理意义。

除了重要的公式外,对一般公式及其推导过程,仅要求理解而不要求强记。

(3)课前自学,听课要记笔记,对重要内容要用自己的语言简明扼要地记录下来。经验证明,记笔记可以使注意力更加集中,锻炼手脑并用,使思维处于活跃状态。

(4)注意章节之间的联系,把新学到的概念、公式与已经掌握的知识联系起来。在每次听课之前,应复习前次课程的内容,不积压。学习任何一门课程都是这样,只有通过前后联系,反复思考,才能逐步达到较为熟悉或融会贯通的程度。

(5)重视习题。习题是培养独立思考和解决问题的能力的必不可少的环节之一。通过解题可以检查对课程内容的理解程度或加深对课程内容的理解。

在物理化学中任何有价值的理论,其提出和建立都具有生产实践和科学实验的基础,并能对实践起指导作用。科学的发展总是反复不断地经历"知识的积累"和"质的飞跃"两个阶段。

第 1 章　　气体与 pVT 的关系

本章重点、难点：

（1）理想气体的微观本质。

（2）理想气体状态方程及其应用。

（3）理想气体混合物的分压定律、分体积定律及其应用。

（4）真实气体的范德瓦耳斯方程及其应用。

（5）真实气体的液化及临界点特征。

本章实际应用：

（1）理想气体是化学、化工研究中常用的最简单的模型体系。

（2）利用理想气体状态方程或真实气体状态方程可进行气体 p、V、T 之间的换算。

（3）利用分压定律和分体积定律可计算平衡气体体系的组成。

（4）真实气体的液化及临界点特征对于气体储存、运输以及超临界流体萃取具有重要的指导意义。

知识框架图

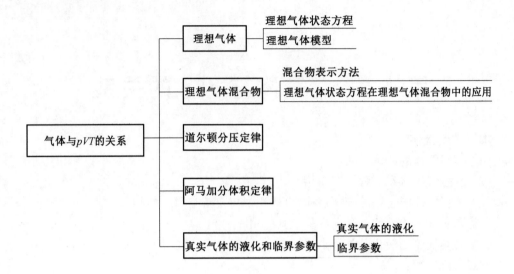

1.1 引　言

物质的聚集状态主要可分为三类:气态、液态和固态。气态的特征是其所占体积对温度和压力变化非常敏感,没有固定的形状,能够充满整个容器。液态和气态相似,但形状依容器而定。固态与液态、气态相比有显著不同,它本身有确定形状,其体积随温度和压力的改变没有明显的变化。在这三类聚集状态中,气态有最简单的定量描述,如压力 p、体积 V、温度 T、密度 ρ 和热力学能 U 等。我们讨论气体的目的在于:① 通过对周围宏观物质的研究,从获得的实验结果中得出一般规律或定律;② 建立微观分子模型;③ 对观察到的宏观现象做出微观本质的解释;④ 为学习热力学理论提供一个简单易懂的物质体系。

1.2 理想气体

1.2.1 理想气体状态方程

理想气体是指分子间无相互作用力,分子体积可视为零的气体。在高温低压下,任何真实气体的行为都很接近理想气体的行为。在这里,我们从三个经验定律(玻意耳定律(R.Boyle,1662)、盖－吕萨克定律(J.Gay－Lussac,1808)、阿伏伽德罗定律(A.Avogadro,1811))来导出理想气体状态方程。

1.玻意耳定律

1662 年波意耳发现,在物质的量和温度恒定的条件下,气体的体积与压力成反比,即

$$pV = 常数 \quad (n、T 一定)$$

2.盖－吕萨克定律

1808 年盖－吕萨克提出,当物质的量和压力恒定时,气体的体积与热力学温度成正比,即

$$\frac{V}{T} = 常数 \quad (n、p 一定)$$

3.阿伏伽德罗定律

1811 年阿伏伽德罗提出,在相同的温度、压力下,1 mol 任何气体占有相同体积,即

$$\frac{V}{n} = 常数 \quad (T、p 一定)$$

在以上三个定律的基础上,人们归纳出一个对各种纯低压气体都适用的气体状态方程

$$pV = nRT \tag{1.1}$$

并将其称为理想气体状态方程。式(1.1)中 p 的单位是 Pa,V 的单位是 m^3,n 的单位是

mol，T 的单位是 K，R 是一个对各种气体都适用的比例常数，称为摩尔气体常数，经精确实验测定得到 $R = 8.314\ 472\ \text{J} \cdot \text{mol}^{-1} \cdot \text{K}^{-1}$。在一般计算中，可取 $R = 8.314\ \text{J} \cdot \text{mol}^{-1} \cdot \text{K}^{-1}$，因为摩尔体积 $V_m = \dfrac{V}{n}$，物质的量 $n = \dfrac{m}{M}$，所以理想气体状态方程还可以变换为以下两种形式：

$$pV_m = RT \tag{1.2}$$

$$pV_m = \left(\frac{m}{M}\right) RT \tag{1.3}$$

而密度 $\rho = \dfrac{m}{V}$，故可以通过式（1.1）～（1.3）进行气体 p、V、T、n、m、M、ρ 各种性质之间的相关计算。

1.2.2 理想气体模型

1.分子间的相互作用

物质无论以何种状态存在，其内部的分子之间都存在着两种相互作用：相互吸引和相互排斥。按照伦纳德－琼斯（Lennard－Jones）的势能理论，两个分子间的相互吸引势能与距离 r 的 6 次方成反比，相互排斥势能与距离 r 的 12 次方成反比，而总作用势能 E 为两者之和：

$$E = E_{吸引} + E_{排斥} = -\frac{A}{r^6} + \frac{B}{r^{12}} \tag{1.4}$$

式（1.4）中 A 为吸引常数，B 为排斥常数，其值与物质的分子结构有关。将式（1.4）以图的形式表示，即为著名的伦纳德－琼斯势能曲线，如图 1.1 所示。由图可知，当两个分子相距较远时，它们之间的相互作用势能几乎为零。随着 r 逐渐减小，分子间开始表现出相互吸引作用，且随着 r 的减小，势能 E 逐渐降低，当 $r = r_0$ 时，势能降到最低，此时分子间作用力为零。分子进一步靠近时，分子间的相互作用转变为排斥力，E 随 r 的减小而迅速上升。

气体分子之间的距离较大，所以分子间的相互作用较弱；液体和固体的存在，正是分子间有相互吸引作用的结果，而它们的难以压缩，又证明了分子间在近距离时表现出的排斥作用。

2.理想气体模型

理想气体状态方程是在研究低压气体性质时导出的。极低的压力意味着分子间的距离非常大，此时分子间的相互作用非常小，而分子本身尺度与分子间的距离相比可忽略不计，因此可将分子看作没有体积的质点。于是人们由此提出抽象的理想气体模型。理想气体在微观上具有以下两个特征：

（1）分子间无相互作用力；

（2）分子本身不占体积。

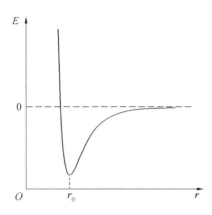

图 1.1　伦纳德 - 琼斯势能曲线示意图

理想气体的实质是气体的压力趋于零时的极限状态的气体。严格来说,只有符合理想气体模型的气体才能在任何温度和压力下均服从理想气体状态方程,因此人们把在任何温度、压力下均符合理想气体模型,或服从理想气体状态方程的气体称为理想气体。

然而,绝对的理想气体实际上是不存在的,它只是一种假想气体。但是把较低气压下的气体作为理想气体处理,把理想气体状态方程用于表达低压气体近似服从的、最简单的 pVT 关系,具有重要的意义,通常,在几百千帕的压力下,理想气体状态方程往往能满足一般的工程计算需要。

1.3　理想气体混合物

1.3.1　混合物组成的表示方法

混合物系统含有两种或两种以上的组分,每个组分的含量即组成。组成有多种表示方法,以下为三种常用的表示方法。

1.摩尔分数 x_B 或 y_B

一般用 y_B 表示气体混合物 A 中物质 B 的摩尔分数,用 x_B 表示液体混合物 A 中物质 B 的摩尔分数。

$$x_B(\text{或 } y_B) \xlongequal{\text{def}} n_B \Big/ \sum_A n_A$$

2.质量分数 w_B

$$w_B \xlongequal{\text{def}} m_B \Big/ \sum_A m_A$$

3.体积分数 φ_B

$$\varphi_B \xlongequal{\text{def}} x_B V_{m,B}^* \Big/ \Big(\sum_A x_A V_{m,A}^* \Big) = V_B^* \Big/ \sum_A V_A^*$$

式中,上标 $*$ 表示纯物质,如 $V_{m,B}^*$ 为混合前纯物质的摩尔体积。

1.3.2 理想气体状态方程在理想气体混合物中的应用

因为理想气体分子间没有相互作用,分子本身又不占体积,所以理想气体的 pVT 性质与气体的种类无关。因而一种理想气体的部分分子被另一种理想气体分子置换,形成的理想气体混合物,其 pVT 性质并不改变,只是理想气体状态方程中的 n 此时为总的物质的量,所以理想气体混合物的状态方程为

$$pV = nRT = \left(\sum_B n_B \right) RT$$

及

$$pV = \frac{m}{\overline{M}_{mix}} RT \tag{1.5}$$

式中,p、V 为混合物的总压力和体积;$m = \sum_B m_B$,即混合物的总质量;$\overline{M}_{mix}$ 为混合物的平均摩尔质量,即

$$\overline{M}_{mix} \xlongequal{def} \frac{\sum m_B}{\sum n_B} = \frac{m}{n}$$

根据 $m_B = n_B M_B$ 亦可导出:

$$\overline{M}_{mix} = \sum_B y_B M_B \tag{1.6}$$

即混合物的平均摩尔质量等于混合物中各物质的摩尔质量与其摩尔分数的乘积之和。

1.4 道尔顿分压定律

分压力是假定混合气体组成中的组分单独存在,并且具有与混合气体相同的温度以及体积时的压力:

$$p_B \xlongequal{def} y_B p$$

式中,y_B 为组分 B 的摩尔分数;p 为总压力;p_B 为 B 的分压力。

因为混合气体中各种气体的摩尔分数之和等于 1,所以各种组成气体的分压力 p_i 之和等于混合气体的总压力 p:

$$p = p_1 + p_2 + p_3 + \cdots + p_n = \left[\sum_{i=1}^n p_i \right]_{T,V}$$

对于理想气体混合物状态方程 $pV = nRT$,将 $y_B = \dfrac{n_B}{\sum_B n_B}$ 代入分压力定义式,可得

$$p_B = \frac{n_B RT}{V}$$

即理想气体混合物中某一组分的分压等于该组分在相同温度 T 下单独所占体积 V 时所具有的压力。因此,理想气体混合物的总压力等于各组分单独处于气体混合物所处的温度、

体积条件下所产生的压力的总和,此即为道尔顿定律,又称道尔顿分压定律或简称分压定律(图 1.2)。道尔顿定律严格讲只适用于理想气体混合物,不过对于低压下的真实气体也可近似适用。

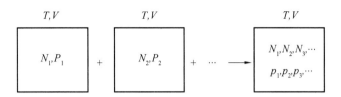

图 1.2　道尔顿分压定律

1.5　阿马加分体积定律

阿马加对低压气体的实验测定表明,在一定的 T、p 时,混合气体的总体积等于各组分的分体积之和,即

$$V_B \stackrel{\text{def}}{=\!=\!=} y_B V \tag{1.7}$$

式中,y_B 为组分 B 的摩尔分数;V 为总体积;V_B 为 B 的分体积。

阿马加分体积定律如图 1.3 所示。

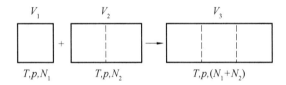

图 1.3　阿马加分体积定律

总体积 V 为

$$V = V_1 + V_2 + V_3 + \cdots + V_n = \Big[\sum_{i=1}^{n} V_i \Big]_{T,p}$$

阿马加分体积定律同样是气体具有理想行为时的必然结果。

1.6　真实气体的液化和临界参数

1.6.1　真实气体的液化

真实气体只有在低压下近似地符合理想气体状态方程。而在高压低温下,一切真实气体均出现明显偏差,即分子间距离减小,这可使分子间相互吸引作用增加,导致气体变成液体。

设想在一个抽空的密闭容器中装有某种纯液体,容器上部充满该液体的蒸气。液体分子既可以逃离液面蒸发进入气相,气体分子也可以与液体表面分子发生碰撞而进入液相。一定温度下,当液体的蒸发速率与气体的凝结速率相等时体系的宏观状态将不随时间而变化,称这种状态为气－液平衡态,如图1.4所示。此时的液体即饱和液体,气体即饱和蒸气,饱和蒸气的压力称为该液体的饱和蒸气压,以p^*表示,上标*表示纯物质。

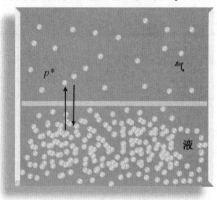

图1.4 气－液平衡态示意图

表1.1列出了水、乙醇和苯在不同温度下的饱和蒸气压。从表中数据可以看到,饱和蒸气压首先是由物质的本性决定的,同时又是温度的函数。通常,饱和蒸气压随温度的升高而迅速增加。当饱和蒸气压与外界压力相等时,液体沸腾,此时相应的温度称为液体在该外压下的沸点。将外压为101.325 kPa时的沸点称为正常沸点。例如:水的正常沸点为100 ℃,乙醇的正常沸点为78.4 ℃,苯的正常沸点为80.1 ℃。在101.325 kPa的压力下,如果把水从20 ℃加热,随温度的上升,水的饱和蒸气压会不断上升。当加热到100 ℃时,水的饱和蒸气压达到101.325 kPa,这时不仅液体表面的水分子会发生汽化,液体内部的水分子也会汽化,在液体内部产生气泡,使液体沸腾。在高原地带,大气压力较低,故水的沸点较低。

表1.1 水、乙醇和苯在不同温度下的饱和蒸气压

水		乙醇		苯	
$t/℃$	p^*/kPa	$t/℃$	p^*/kPa	$t/℃$	p^*/kPa
20	2.338	20	5.671	20	9.971 2
40	7.376	40	17.385	40	24.411
60	19.916	60	46.008	60	51.993
80	47.343	78.4	101.325	80.1	101.325
100	101.325	100	222.48	100	181.44
120	198.54	120	422.35	120	308.11

当在压力高于101.325 kPa下加热水(如在高压容器中),水的沸点也会相应升高。一般情况下,当外压不是很高时,纯物质的饱和蒸气压不受其他气体存在的影响,只要这些气体不溶于该液体。例如:水在大气中的饱和蒸气压与它单独存在于容器中时基本相同。

1.6.2　临界参数

液体的饱和蒸气压随温度的升高而增大,从另一个角度说,即温度越高,使气体液化所需的压力也越大。实验证明,每种液体都存在一个特殊的温度,在该温度以上,无论加多大压力,都不能使气体液化。这个温度称为临界温度,以 T_c 或 t_c 表示。临界温度是使气体能够液化所允许的最高温度。

在临界温度以上不再有液体存在,所以饱和蒸气压与温度的关系曲线将终止于临界温度。临界温度 T_c 时的饱和蒸气压称为临界压力,以 p_c 表示。临界压力是临界温度下使气体液化所需要的最低压力。在临界温度和临界压力下,物质的摩尔体积称为临界摩尔体积,以 $V_{m,c}$ 表示。物质处于临界温度、临界压力下的状态称为临界状态。T_c、p_c、$V_{m,c}$ 统称为物质的临界参数,是物质的特性参数。

本 章 小 结

本章主要介绍了描述理想气体和真实气体 *pVT* 性质的状态方程。

(1)理想气体是用于理论研究时的抽象气体,它假定气体分子间没有相互作用、气体分子本身不占有体积。

(2)理想气体状态方程具有最简单的形式,可以作为研究真实气体 *pVT* 性质的一个比较基准,压力极低下的真实气体可近似作为理想气体处理。理想气体混合物符合道尔顿分压定律和阿马加分体积定律。

(3)真实气体由于分子之间具有相互作用,分子本身占有体积,故真实气体会发生液化,并具有临界性质,真实气体 *pVT* 之间的关系往往偏离理想气体。真实气体的状态方程在压力趋于零时一般均可还原为理想气体状态方程。

本 章 习 题

1.当 n mol 氮气被通入温度为 T 的 2 dm³ 容器时产生 0.5×10^5 Pa 压力。再通入 0.01 mol 氧气后,需要使气体的温度冷却至 10 ℃,才能维持气体压力不变。计算 n 和 T。

2.当 2 g 气体 A 被通入 25 ℃ 的真空刚性容器内时产生 10^5 Pa 压力。再通入 0.01 mol 氧气后,需要使气体的温度冷却至 10 ℃,才能维持气体压力不变。计算 n 和 T。

3.两个相连的容器,一个体积为 1 dm³,内装氮气,压力为 1.6×10^5 N·m⁻²;另一个体积为 4 dm³,内装氧气,压力为 0.6×10^5 N·m⁻²。当打开连通旋塞后,两种气体充分均匀地混合。试计算:(1)混合气体的总压力;(2)每种气体的分压力和摩尔分数。

4.在 11 dm³ 容器内含有 20 g Ne 和未知质量的 H_2。0 ℃ 时混合气体的密度为 0.002 g·cm⁻³。计算混合气体的平均摩尔质量和压力以及 H_2 的质量。

第 2 章　　热力学第一定律

本章重点、难点：

（1）基础概念的理解及热和功的计算。

（2）热力学第一定律的数学表达式及其在理想气体中的应用。

（3）可逆过程的理解和判断。

（4）不同变化过程 Q、W、ΔU、ΔH 的计算。

本章实际应用：

（1）热力学第一定律可以用来分析各种污染控制技术的能量转换和效率，如焚烧、吸附、催化等。

（2）热力学第一定律可以用来计算各种环境系统的热传递和热平衡。

（3）热力学第一定律可以用来评估不同能源和消费模式对环境的影响，如化石燃料、可再生能源等。

知识框架图

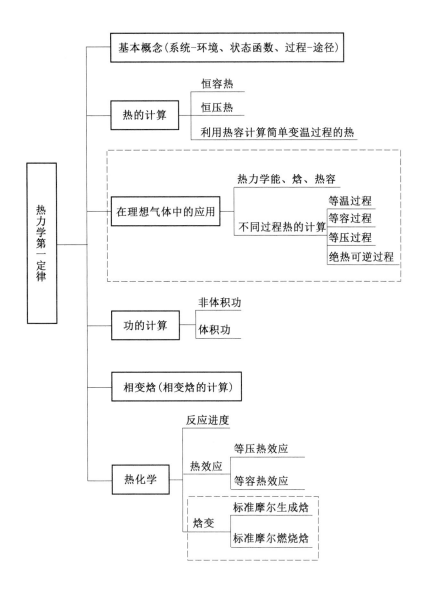

2.1 引　言

热力学是自然学科中建立最早的学科之一。利用热力学原理,根据系统状态变化前后的某些宏观性质的改变来解决过程能量衡算、过程的方向和限度问题。

能量守恒与转化定律在热力学上的应用,构成了热力学第一定律,它确定了在系统与环境进行能量交换时,各种形态能量在数量上的守恒关系。本章主要介绍热力学第一定律及其在环境工程领域的应用。例如:可以通过理想气体的可逆膨胀过程使系统对环境做最大功,可逆压缩过程使环境对系统做最小功等来设计合理的过程,以达到节省能源、保护环境的目的。

2.2　基本概念和术语

2.2.1　系统与环境

热力学把作为研究对象的那部分物质称为系统。系统的环境是系统以外与之相联系的那部分物质,又称为外界。界面则是系统与环境之间的联系,包括物质交换和能量交换,能量交换有传热和做功(包括体积功和非体积功)两种形式。根据系统与环境之间联系情况的不同,可以将系统分为以下三类。

1.隔离系统

隔离系统也称孤立系统,是指与环境之间既没有物质交换,也没有能量交换的系统。在隔离系统中,系统对环境中发生的一切变化无任何响应。在热力学中,有时将所研究的系统和环境作为一个整体来对待,这个整体就是隔离系统。

2.封闭系统

封闭系统是指与环境之间没有物质交换,但可以有能量交换的系统。封闭系统是热力学研究的基础。在本书中除特殊注明,所涉及的系统均为封闭系统。

3.敞开系统

敞开系统又称开放系统,是指与环境之间既有能量交换又有物质交换的系统。

2.2.2　状态与状态函数

1.状态与状态函数

描述一个处于平衡态的系统,必须确定它所有的性质,如 p、T、V 等。此时系统物理性质和化学性质的综合表现称为系统的状态。当系统的状态发生改变,系统的热力学性质也随之改变。热力学性质与系统的状态具有单值函数关系,故将描述和规定系统状态的宏观性质称为状态函数。温度 T、压力 p、体积 V、热力学能 U、焓 H、熵 S、亥姆霍兹自由能（又称亥姆霍兹函数）A、吉布斯自由能（又称吉布斯函数）G 等都是热力学很重要且经常用到的状态函数。状态函数法示意图如图 2.1 所示。

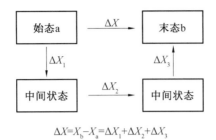

$$\Delta X = X_b - X_a = \Delta X_1 + \Delta X_2 + \Delta X_3$$

图 2.1　状态函数法示意图

状态函数有如下几个重要的特征：

（1）状态函数在数学上具有全微分性质，且不能求绝对值，只能求变化值。状态函数的微小变化用 d 表示，如 dp、dT、dV 等，改变量用 Δ 表示，如 Δp、ΔT、ΔV 等。

（2）状态函数的改变量，只与系统的始态和终态有关，而与系统状态变化的具体途径无关，即一旦系统的始态和终态确定，状态函数的改变量即确定。

（3）无论经历多复杂的变化，只要系统恢复初始状态，状态函数就恢复到原来的数值，对于循环过程，状态函数的改变量为零。

状态函数的特性可描述为：异途同归，值变相等；周而复始，数值还原。

有些状态函数具有加和性，如在恒温恒压下将体积为 V_1 的氮气与体积为 V_2 的氧气混合后，系统的总体积等于 $V_1 + V_2$。将这类状态函数的数值与物质的数量成正比的性质称为广度量（或称广度性质）。而强度量（或称强度性质）指的是数值与物质的数量无关的性质，强度量不具有加和性。例如：将两杯 300 K 的水混合在一起，系统温度仍为 300 K。

广度量除以质量或物质的量就成为强度量，如 $V_m = V/n$，而某一广度量除以另一广度量也为强度量；某一强度量乘一广度量，得到另一广度量，如 $m = \rho V$。

体积 V、质量 m、热力学能 U 为常见的广度量；温度 T、压力 p、密度 ρ 为常见的强度量。

2.热力学平衡态

当系统与环境间的联系被隔绝后，系统的热力学性质不随时间变化，就称系统处于热力学平衡态。热力学的研究对象是处于平衡态的系统，处于热力学平衡态的系统应满足以下几点：

① 热平衡。系统各部分温度相等，体系内无宏观的热量流动。

② 力平衡。系统各部分压力相等，各部分间无不平衡的力存在。

③ 相平衡。物质在各相间分布达到平衡，各相间没有物质的净转移。

④ 化学平衡。各物质之间的化学反应达到平衡，系统的组成和数量不随时间改变。

2.2.3　过程与途径

当系统从一个状态变化到另一个状态时，则称系统发生了一个热力学过程。从一个状态变化到另一个状态的具体步骤称为途径。系统可以从同一始态,经不同的途径变化至同一个终态。将与变化过程的具体途径有关的性质称为途径函数。

根据系统内部物质变化的类型,可将过程分为常见的 pVT 变化过程、相变过程和化学变化过程三类。根据过程进行的特定条件,可将其分为以下几种:

①恒温过程。系统的始态温度与终态温度相同,并等于环境温度,即 $T_{系统} = T_{环境} =$ 常数($dT = 0$)。

②恒压过程。系统的始态压力与终态压力相同,并等于环境压力,即 $p_{系统} = p_{环境} =$ 常数($dp = 0$)。

③恒容过程。系统容积不发生变化,即 $dV = 0$。

④绝热过程。系统与环境之间不存在热量交换。

⑤循环过程。系统从始态出发,经过一系列变化后又回到原来状态的过程。

⑥可逆过程。系统与环境的相互作用无限接近于平衡条件下进行的过程。

2.2.4　功和热

功和热是系统状态发生变化时,系统与环境能量交换的两种形式。

1.功

(1)功用符号 W 表示,单位为 J。

规定:环境对系统做功为正,即 $W > 0$;系统对环境做功为负,即 $W < 0$。

在热力学中把功分为体积功和非体积功两类。体积功是指因为系统体积改变,反抗环境压力而做的功。除体积功以外的一切其他形式的功,如电功、表面功等统称为非体积功 W'。

体积功的定义式为

$$\delta W = - F \cdot dl = - p_{amb}dV \tag{2.1a}$$

式中,p_{amb} 为环境压力,当气体向真空自由膨胀时,$p_{amb} = 0$,$\delta W = 0$,系统与环境没有体积功的交换。

对于有限过程,当体积由 V_1 变化到 V_2 时,系统与环境交换的体积功为

$$W = - \int_{V_1}^{V_2} p_{amb}dV \tag{2.1b}$$

对于恒外压过程,有

$$W = - p_{amb}(V_2 - V_1) = - p_{amb}\Delta V \tag{2.1c}$$

(2)功是途径函数。

由式(2.1a)知,计算体积功必须用环境压力 p_{amb},而非系统压力 p,而环境压力 p_{amb} 不是描述系统状态的变量,或说不是系统的性质,它与途径密切相关。

过程的功不是状态函数或状态函数的变化量,它与过程的具体途径有关,故称其为途径函数。因此,不能说系统的某一状态有多少功,只有当系统进行某一过程时才能说过程的功等于多少。在表示时,微量功记作 δW,以与状态函数的全微分 d 加以区别。

2.热

因温度不同而在系统和环境之间传递的能量称为热,用符号 Q 表示,单位为 J。规定:系统从环境吸热为正,即 $Q > 0$;放热为负,即 $Q < 0$。

和功一样,热也不是状态函数,而是途径函数。只有系统进行某一过程时,才会与环境交换热。微小过程的微量热记作 δQ。

我们常对不同过程所伴随的热冠以不同的名称,如混合热、溶解热、熔化热、蒸发热、反应热等。

2.2.5　热力学能

热力学能(曾称为内能)是组成体系的所有粒子的各种运动和相互作用能量的总和。热力学能是状态函数,用符号 U 表示,为广度量,单位为 J。

热力学能是状态函数,对于物质的量及其组成确定的系统,只需要 p、V、T 中任意两个变量就能确定系统的状态,如选 T、V,则对热力学能 U 有

$$U = f(T, V) \tag{2.2a}$$

对于微小变化有

$$dU = \left(\frac{\partial U}{\partial T}\right)_V dT + \left(\frac{\partial U}{\partial V}\right)_T dV \tag{2.2b}$$

由于物质是无限可分的,人们对物质内的结构及其运动形式的认识是无止境的,所以热力学能的绝对值尚无法测定,只能求出它的变化量 ΔU。但这并不影响热力学能概念的实际应用,因为系统状态变化导致的热力学能的变化量 ΔU 才是热力学所研究的重点。

2.3　热力学第一定律

2.3.1　热力学第一定律的表述

1.热力学第一定律的文字表述

自公元 1200 年前后印度提出制作永动机的梦想之后,人们对于永动机的热情就从来没有减弱过。其中最著名的是 13 世纪法国人亨内考提出的"魔轮"(图 2.2),后续层出不穷的永动机设计方案,都在科学的严格审查和实践的无情检验下失败了,1775 年法国科学院郑重地通过了一项决议,拒绝审理永动机设计方案。

热力学第一定律的本质是能量守恒原理,即隔离系统无论经历何种变化,其能量均守恒。能量可以在一个物体和其他物体之间传递,也可以从一种形式转化成另一种形式,但是不能无中生有,也不能自动消失。而不同形式的能量在相互转化时永远是数量相当的。因此热力学第一定律也可以表述为"第一类永动机是不可能制成的"。

热力学第一定律是经验定律,无法给予数学证明,但由它导出的结论毫无例外地与事实相符,其正确性是不容置疑的。

图 2.2　第一类永动机"魔轮"

2.封闭系统热力学第一定律的数学形式

对于封闭系统,系统由始态 1 变到终态 2 的过程中从环境吸收的热量为 Q,环境对系统做的功为 W,根据能量守恒原理,则系统的热力学能 U 的变化为

$$\Delta U = U_2 - U_1 = Q + W \qquad (2.3a)$$

对于微小变化,则有

$$dU = \delta Q + \delta W \qquad (2.3b)$$

以上两式为封闭系统热力学第一定律的数学表达式。这两个公式表明:

(1)虽然系统在某一状态下热力学能 U 的绝对值不能确定,但封闭系统状态变化时热力学能的变化量 ΔU 则可用过程中功与热之和 $Q + W$ 来衡量。

(2)一个系统从同一个始态到同一个终态,可以经历不同的途径,Q、W 数值可能不同,但其代数和 $Q + W$ 均等于热力学能的变化量 ΔU。

热和功的取号与热力学能变化的关系如图 2.3 所示。

【例 2.1】　夏天将室内电冰箱门打开,接通电源紧闭门窗(假设墙壁、门窗均不传热),是否能使室内温度降低?为何?

解:不能。该情况可以将室内看成一个绝热恒容系统,有 $Q = 0$,体积功 $W_e = 0$。接通电冰箱电源后相当于环境对系统做电功 W_f。$\Delta U = Q + W_e + W_f = W_f > 0$,故 $\Delta U > 0$,因此室内温度将会升高,而不是降低。

2.3.2　热力学第一定律在理想气体中的应用 —— 焦耳实验

焦耳于 1843 年设计了如下实验:在一水槽中放有一容器,其 A 侧充以低压气体(看作系统),B 侧抽成真空,中间以旋塞连接,如图 2.4 所示。

实验中打开旋塞,使气体向真空膨胀,直至平衡,然后通过水浴中的温度计观测水温的变化。实验中发现水温维持不变。

现用热力学第一定律对此过程进行分析。

向真空膨胀过程中,$p_{amb} = 0$,则有 $\delta W = 0$,系统与环境没有体积功的交换。而过程中没有观测到水温的变化,说明系统与环境之间无热量交换,即 $Q = 0$。根据热力学第一定

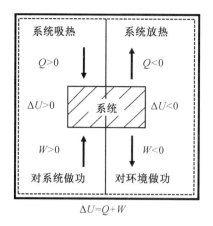

$$\Delta U = Q + W$$

图 2.3　热和功的取号与热力学能变化的关系

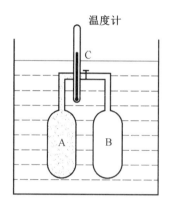

图 2.4　焦耳实验示意图

律,有 $\Delta U = Q + W = 0$,即该过程的热力学能保持不变。在整个过程中有 $\mathrm{d}U = 0, \mathrm{d}T = 0$,
代入式(2.2b) 可得

$$\left(\frac{\partial U}{\partial V}\right)_T \mathrm{d}V = 0 \tag{2.4a}$$

　　上式表明只要温度 T 恒定,理想气体的热力学能 U 就恒定,它不随体积 V 而变化。也就是说,理想气体的热力学能 U 只是温度 T 的函数,即

$$U = f(T) \quad (\text{理想气体}) \tag{2.4b}$$

　　焦耳实验得出的结论也可以用理想气体模型来解释:理想气体分子间无相互作用力,因此不存在分子间相互作用的势能,其热力学能只是分子平动、分子转动、分子内部各原子间的振动、电子的运动和核的运动的能量等,而这些能量只取决于温度。

2.4　恒容热、恒压热和焓

　　系统和环境之间的热交换 Q 不是状态函数,其值与具体过程有关。环境科学与工程相关的专业实验及生产中,常常遇到恒容过程(如在体积固定的密闭反应器或设备中进行的各种过程）和恒压过程（如敞开的容器中在大气压力下进行的过程等），下面对这两类典型过程中的热进行讨论。

2.4.1　恒容热 Q_V

当系统的变化是恒容过程时，与环境交换的热称为恒容热，用 Q_V 表示。

恒容过程 $dV = 0$，则过程的体积功为零，在封闭体系且过程中没有非体积功交换，即 $\delta W' = 0$ 的情况下，则有过程的总功 $\delta W = 0$。根据封闭体系的热力学第一定律 $dU = \delta Q + \delta W$，可得

$$\delta Q_V = dU \quad (dV = 0, \delta W' = 0) \tag{2.5a}$$

积分式有

$$Q_V = \Delta U \quad (dV = 0, \delta W' = 0) \tag{2.5b}$$

即系统在没有非体积功的恒容过程中，与环境交换的热与过程的 ΔU 在数值上相等。而 ΔU 只取决于始、终态，故恒容热 Q_V 也只取决于系统的始、终态。

【例2.2】 恒容热 $Q_V = \Delta U$ 只取决于系统的始态和终态，而与恒容过程的具体途径无关，是否能说恒容热 Q_V 具有状态函数的性质？

解：不能。状态函数的性质必须体现在任何变化过程中，而不仅仅是体现在某些特定的过程中。式（2.5b）只说明，在恒容不做非体积功的条件下，ΔU 与 Q_V 数值相等，而不是概念或性质上的等同。

2.4.2　恒压热 Q_p 及焓

恒压过程是指系统的压力与环境压力相等且恒定不变，即 $p_{系统} = p_{环境} = $ 常数（$dp = 0$）的过程。

当系统的变化是恒压过程时，与环境交换的热称为恒压热，用 Q_p 表示。由式（2.1a）可知，恒压过程的体积功 $\delta W = -p_{amb}dV = -pdV$，在封闭体系且非体积功 $\delta W' = 0$ 的情况下，根据封闭体系的热力学第一定律 $dU = \delta Q + \delta W$ 可得

$$\delta Q_p = d(U + pV) \quad (dp = 0, \delta W' = 0) \tag{2.6}$$

定义

$$H \xlongequal{def} U + pV \tag{2.7}$$

将 H 称为焓，单位为 J。由于 U、p、V 均为状态函数，故 H 也为状态函数，同时 U、V 的广度性质也决定了 H 是广度量。

对于封闭系统理想气体单纯的 pVT 变化过程，有 $H = U + pV = U + nRT$，因为热力学能 U 仅是温度的函数，故理想气体的焓 H 也仅是温度的函数，与体积和压力无关。

对于恒压过程，将式 $\delta Q_p = d(U + pT)$ 代入焓的定义式可得

$$\delta Q_p = dH \quad (dp = 0, \delta W' = 0) \tag{2.8a}$$

积分式

$$Q_p = \Delta H \quad (dp = 0, \delta W' = 0) \tag{2.8b}$$

即封闭体系过程中的恒压热 Q_p 与系统的焓变 ΔH 在数值上相等，焓是状态函数，其改变量

ΔH 只取决于体系的始态和终态,而与过程的途径无关,故恒压热 Q_p 也仅取决于系统的始态和终态,而与变化过程无关。

2.4.3 $Q_V = \Delta U$ 和 $Q_p = \Delta H$ 关系式的意义

$Q_V = \Delta U$ 和 $Q_p = \Delta H$ 两式的重要意义如下。

(1)上述两式左侧均为某一过程的热,是可测量的,而右侧是不可以直接测量,但又极为重要的状态函数的变化量,上述两式成立,为 ΔU 和 ΔH 在热力学中的计算及应用奠定了基础。通过恒容或恒压条件下的热测量,可获得一系列重要的基础热数据(热熔、相变焓等),有这些数据,就可以计算过程的 ΔU 和 ΔH,并应用其解决热力学问题,如图 2.5 所示。

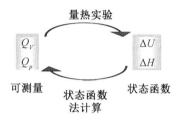

图 2.5 $Q_V = \Delta U$ 和 $Q_p = \Delta H$ 的意义

(2)上述两式的右侧是状态函数的变化量,而状态函数只取决于系统的始、终态,与途径无关,这个特性恰恰是公式左侧的热(途径函数)所不具备的。以上述两个公式为桥梁,使得有关热(Q_V 和 Q_p)的计算也可以使用"仅与始、终态有关,而与途径无关"这一特性。现举例说明如下:

下列反应在恒定温度 T、恒定压力 p 及非体积功 $W' = 0$ 的条件下,分别按计量式进行 1 mol 反应进度时,其摩尔恒压热分别为 $Q_{p,1}$、$Q_{p,2}$ 及 $Q_{p,3}$:

$$C(石墨) + O_2(g) = CO_2(g) \quad Q_{p,1} \tag{1}$$

$$C(石墨) + \frac{1}{2}O_2(g) = CO(g) \quad Q_{p,2} \tag{2}$$

$$CO(g) + \frac{1}{2}O_2(g) = CO_2(g) \quad Q_{p,3} \tag{3}$$

上述三个摩尔恒压热中,$Q_{p,1}$ 及 $Q_{p,3}$ 能够直接由实验测定,而 $Q_{p,2}$ 的实验测定却难以实现,因为 C(石墨)与 $O_2(g)$ 反应只停留在第(2)步而不产生 $CO_2(g)$ 几乎是不可能的。但是,在同样条件下进行的这三个反应的始态与终态间,存在着图 2.6 所示的联系,即从始态 C(石墨) + $O_2(g)$ 经实线表示的途径 a 直接反应生成终态 $CO_2(g)$(对应反应(1));还可以假设经虚线表示的途径 b,先生成 CO(g) + $\frac{1}{2}O_2(g)$,再反应到达终态 $CO_2(g)$。

由状态函数法,途径 a、b 的焓变应相等,即

$$\Delta H_1 = \Delta H_2 + \Delta H_3$$

又因恒压热与焓变相等,即 $\Delta H_1 = Q_{p,1}$、$\Delta H_2 = Q_{p,2}$ 及 $\Delta H_3 = Q_{p,3}$,可得

$$Q_{p,1} = Q_{p,2} + Q_{p,3}$$

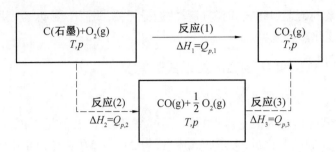

图 2.6　C(石墨)与 O$_2$(g) 的反应

所以

$$Q_{p,2} = Q_{p,1} - Q_{p,3}$$

该结果表明,通过实验测定 $Q_{p,1}$ 及 $Q_{p,3}$,即可计算得出实验难以测定的 $Q_{p,2}$。上述三个反应若在恒温恒容且非体积功为零的条件下进行时,它们的恒容热之间也存在着类似的关系。

早在 19 世纪中叶,俄国化学家盖斯(Hess)已在实验中发现上述两式的结论,即一确定的化学反应的恒容热或恒压热只取决于过程的始态与终态,该结论称为盖斯定律。依据盖斯定律,在恒容或恒压下,如果某一化学反应可通过其他化学反应线性组合得到,则在非体积功为零时,该反应的反应热遵循同样的代数关系。

2.5　摩尔热容

摩尔热容是热力学中一个很重要的基本概念,热不是状态函数,与过程的途径有关,所以热容一般也与途径有关,对于不同的途径,吸收的热量不同,热容值也不相同,这里主要介绍物理化学中常用到的摩尔定容热容 $C_{V,m}$ 和摩尔定压热容 $C_{p,m}$。

2.5.1　摩尔定容热容($C_{V,m}$)

1.定义

对于单纯的 pVT 变化的封闭系统,当系统的温度为 T、物质的量为 n 时,在恒容的条件下,将单位物质的量的物质,温度每升高(降低)1 K 所吸收(放出)的热定义为摩尔定容热容,用符号 $C_{V,m}$ 表示,单位为 $J \cdot mol^{-1} \cdot K^{-1}$,即

$$C_{V,m} = \frac{1}{n} \frac{\delta Q_V}{dT} \tag{2.9}$$

此式为 $C_{V,m}$ 的定义式。

对于恒容过程,$\delta Q_V = dU_V = n dU_{m,V}$,代入式(2.9) 有

$$C_{V,m} = \frac{1}{n} \frac{\delta Q_V}{dT} = \left(\frac{\partial U_m}{\partial T} \right)_V = f(T)$$

2.应用

单纯 pVT 变化过程 ΔU 的计算。

（1）恒容过程。

对于单纯的 pVT 变化的封闭体系的恒容过程，将 $C_{V,\mathrm{m}} = \dfrac{1}{n}\dfrac{\delta Q_V}{\mathrm{d}T}$ 代入式 $\delta Q_V = \mathrm{d}U$，整理可得

$$\mathrm{d}U = \delta Q_V = nC_{V,\mathrm{m}}\mathrm{d}T \quad (\mathrm{d}V = 0, \delta W' = 0) \tag{2.10a}$$

积分式有

$$\Delta U = Q_V = n\int_{T_1}^{T_2} C_{V,\mathrm{m}}\mathrm{d}T = nC_{V,\mathrm{m}}(T_2 - T_1) \quad (\mathrm{d}V = 0, \delta W' = 0) \tag{2.10b}$$

即封闭体系过程中的恒容热 Q_V 与系统的热力学能的变化量 ΔU 在数值上相等（$\Delta U = Q_V$）。

（2）非恒容过程。

对于理想气体单纯的 pVT 变化的非恒容过程，有

$$\Delta U = n\int_{T_1}^{T_2} C_{V,\mathrm{m}}\mathrm{d}T \tag{2.10c}$$

可见，在理想气体的单纯 pVT 变化过程中，不论过程恒容与否，系统热力学能的变化量 ΔU 均可由 $C_{V,\mathrm{m}}$ 借助式（2.10c）来计算，恒容与否的区别在于：恒容时过程的热 Q_V 与系统热力学能的变化量 ΔU 相等（$\Delta U = Q_V$），而非恒容过程的热 $Q \neq \Delta U$。

2.5.2 摩尔定压热容 $C_{p,\mathrm{m}}$

1.定义

对于单纯的 pVT 变化不做非膨胀功的封闭系统，当系统的温度为 T、物质的量为 n 时，在恒压的条件下，将单位物质的量的物质，温度每升高（降低）1 K 所吸收（放出）的热定义为摩尔定压热容，用符号 $C_{p,\mathrm{m}}$ 表示，单位为 $\mathrm{J \cdot mol^{-1} \cdot K^{-1}}$，即

$$C_{p,\mathrm{m}} = \frac{1}{n}\frac{\delta Q_p}{\mathrm{d}T} \tag{2.11}$$

此式为 $C_{p,\mathrm{m}}$ 的定义式。

对于恒压过程，$\delta Q_p = \mathrm{d}H_p = n\mathrm{d}H_{\mathrm{m},p}$，代入式（2.11）有

$$C_{p,\mathrm{m}} = \frac{1}{n}\left(\frac{\partial H}{\partial T}\right)_p = \left(\frac{\partial H_{\mathrm{m}}}{\partial T}\right)_p$$

2.应用

单纯 pVT 变化过程 ΔH 的计算。

（1）恒压过程。

对于单纯的 pVT 变化的封闭体系的恒压过程，将 $C_{p,\mathrm{m}} = \dfrac{1}{n}\dfrac{\delta Q_p}{\mathrm{d}T}$ 代入式 $\delta Q_p = \mathrm{d}H$，整理可得

$$\mathrm{d}H = \delta Q_p = nC_{p,\mathrm{m}}\mathrm{d}T \quad (\mathrm{d}p = 0, \delta W' = 0) \tag{2.12a}$$

积分式有

$$\Delta H = Q_p = n\int_{T_1}^{T_2}C_{p,\mathrm{m}}\mathrm{d}T = nC_{p,\mathrm{m}}(T_2 - T_1) \quad (\mathrm{d}p = 0, \delta W' = 0) \tag{2.12b}$$

即封闭体系过程中的恒压热 Q_p 与系统的焓变 ΔH 在数值上相等（$\Delta H = Q_p$）。

（2）非恒压过程。

① 理想气体。对于理想气体单纯的 pVT 变化的非恒压过程，有

$$\Delta H = n\int_{T_1}^{T_2}C_{p,\mathrm{m}}\mathrm{d}T \tag{2.12c}$$

可见，理想气体的单纯 pVT 变化过程中，不论过程恒压与否，系统焓变 ΔH 均可由 $C_{p,\mathrm{m}}$ 借助式（2.12c）来计算，恒压与否的区别在于：恒压时过程的热 Q_p 与系统的焓变 ΔH 相等（$\Delta H = Q_p$），而非恒压过程的热 $Q \ne \Delta H$。

② 凝聚态物质。凝聚态物质是指处于液态或固态的物质，如液态水、固态金属等。对该类物质，当 T 一定时，只要压力变化不大，压力 p 对 ΔH 的影响往往可忽略不计，故凝聚态物质发生单纯 pVT 变化时系统的焓变只取决于始、终态的温度，即

$$\Delta H = n\int_{T_1}^{T_2}C_{p,\mathrm{m}}\mathrm{d}T$$

对于过程的 ΔU，因 $\Delta H = \Delta U + \Delta(pV)$，而凝聚态系统 $\Delta(pV) \approx 0$，故

$$\Delta U \approx \Delta H = n\int_{T_1}^{T_2}C_{p,\mathrm{m}}\mathrm{d}T \quad （凝聚态物质）$$

值得注意的是，尽管凝聚态物质变温过程中系统体积改变很小，但也不能认为是恒容过程，更不能按 $Q = \Delta U = n\int_{T_1}^{T_2}C_{V,\mathrm{m}}\mathrm{d}T$ 计算过程的热和系统的热力学能变化量。

2.5.3 $C_{V,\mathrm{m}}$ 和 $C_{p,\mathrm{m}}$ 的关系

热容往往随温度的变化而变化，实测的 $C_{p,\mathrm{m}}$ 与 T 的数据通常用温度的二次或三次多项式来拟合，如 $C_{p,\mathrm{m}} = a + bT + cT^2$、$C_{p,\mathrm{m}} = a + bT + cT^2 + dT^3$ 等，式中的拟合参数 a、b、c、d 等是经验常数，是与物质相关的特性参数，可以从各种手册中查到。在温度变化范围不大时，可将 $C_{V,\mathrm{m}}$ 和 $C_{p,\mathrm{m}}$ 视为常数。

而对于理想气体，$C_{V,\mathrm{m}}$ 和 $C_{p,\mathrm{m}}$ 存在如下关系：

$$C_{p,\mathrm{m}} - C_{V,\mathrm{m}} = R \tag{2.13}$$

在常温下,对于单原子理想气体(如 He),$C_{V,\mathrm{m}} = \dfrac{3}{2}R$,$C_{p,\mathrm{m}} = \dfrac{5}{2}R$;对于双原子理想气体(如 O_2),$C_{V,\mathrm{m}} = \dfrac{5}{2}R$,$C_{p,\mathrm{m}} = \dfrac{7}{2}R$。

由 $C_{V,\mathrm{m}}$ 和 $C_{p,\mathrm{m}}$ 的定义,可直接导出两者的关系:

$$
\begin{aligned}
C_{p,\mathrm{m}} - C_{V,\mathrm{m}} &= \left(\frac{\partial H_{\mathrm{m}}}{\partial T}\right)_p - \left(\frac{\partial U_{\mathrm{m}}}{\partial T}\right)_V \\
&= \left[\frac{\partial(U_{\mathrm{m}} + pV_{\mathrm{m}})}{\partial T}\right]_p - \left(\frac{\partial U_{\mathrm{m}}}{\partial T}\right)_V \\
&= \left(\frac{\partial U_{\mathrm{m}}}{\partial T}\right)_p + p\left(\frac{\partial V_{\mathrm{m}}}{\partial T}\right)_p - \left(\frac{\partial U_{\mathrm{m}}}{\partial T}\right)_V
\end{aligned}
$$

式中 $\left(\dfrac{\partial U_{\mathrm{m}}}{\partial T}\right)_p$ 与 $\left(\dfrac{\partial U_{\mathrm{m}}}{\partial T}\right)_V$ 之间的关系可由 $\mathrm{d}U = \left(\dfrac{\partial U}{\partial T}\right)_V \mathrm{d}T + \left(\dfrac{\partial U}{\partial V}\right)_T \mathrm{d}V$ 得出:

$$
\mathrm{d}U_{\mathrm{m}} - \left(\frac{\partial U_{\mathrm{m}}}{\partial T}\right)_V \mathrm{d}T + \left(\frac{\partial U_{\mathrm{m}}}{\partial V_{\mathrm{m}}}\right)_T \mathrm{d}V_{\mathrm{m}}
$$

对其两边恒压下除以 $\mathrm{d}T$ 后,得

$$
\left(\frac{\partial U_{\mathrm{m}}}{\partial T}\right)_p = \left(\frac{\partial U_{\mathrm{m}}}{\partial T}\right)_V + \left(\frac{\partial U_{\mathrm{m}}}{\partial V_{\mathrm{m}}}\right)_T \left(\frac{\partial V_{\mathrm{m}}}{\partial T}\right)_p
$$

将此结果代入 $C_{p,\mathrm{m}} - C_{V,\mathrm{m}}$ 的推导式中,得

$$
C_{p,\mathrm{m}} - C_{V,\mathrm{m}} = \left[\left(\frac{\partial U_{\mathrm{m}}}{\partial V_{\mathrm{m}}}\right)_T + p\right]\left(\frac{\partial V_{\mathrm{m}}}{\partial T}\right)_p
$$

式中,$\left(\dfrac{\partial V_{\mathrm{m}}}{\partial T}\right)_p$ 为恒压 1 mol 物质温度升高 1 K 时的体积变化量。从此式可以看出 $C_{p,\mathrm{m}}$ 和 $C_{V,\mathrm{m}}$ 的差距来自两个方面:前一项 $\left(\dfrac{\partial U_{\mathrm{m}}}{\partial V_{\mathrm{m}}}\right)_T \left(\dfrac{\partial V_{\mathrm{m}}}{\partial T}\right)_p$ 相当于 1 mol 物质恒压升温单位热力学温度时,由于体积膨胀,要克服分子之间的吸引力,因此热力学能增加而从环境吸收的热量;后一项 $p\left(\dfrac{\partial V_{\mathrm{m}}}{\partial T}\right)_p$ 相当于体积膨胀时对环境做功而从环境吸收的热量。

对于理想气体,由理想气体状态方程可得 $\left(\dfrac{\partial V_{\mathrm{m}}}{\partial T}\right)_p = \dfrac{R}{p}$,又因对于理想气体 $\left(\dfrac{\partial U_{\mathrm{m}}}{\partial V_{\mathrm{m}}}\right)_T = 0$,代入 $C_{p,\mathrm{m}} - C_{V,\mathrm{m}} = \left[\left(\dfrac{\partial U_{\mathrm{m}}}{\partial V_{\mathrm{m}}}\right)_T + p\right]\left(\dfrac{\partial V_{\mathrm{m}}}{\partial T}\right)_p$ 可得

$$
C_{p,\mathrm{m}} - C_{V,\mathrm{m}} = R
$$

对于凝聚态物质,一般情况下其 $\left(\dfrac{\partial V_{\mathrm{m}}}{\partial T}\right)_p$ 很小,但有时 $\left(\dfrac{\partial U_{\mathrm{m}}}{\partial V_{\mathrm{m}}}\right)_T$ 很大,即恒温下改变体积时,因要克服较大的分子间引力而使热力学能有较大的变化。一般凝聚态物质的 $C_{p,\mathrm{m}}$ 很容易测定,$C_{V,\mathrm{m}}$ 可根据 $C_{p,\mathrm{m}} - C_{V,\mathrm{m}} = \left[\left(\dfrac{\partial U_{\mathrm{m}}}{\partial V_{\mathrm{m}}}\right)_T + p\right]\left(\dfrac{\partial V_{\mathrm{m}}}{\partial T}\right)_p$ 计算。

【例 2.3】 1 mol 的单原子理想气体由 101.325 kPa、300 K 恒温恒外压的条件下达到平衡,然后再恒容升温至 1 000 K,此时系统压力为 1 628.247 kPa,求此过程的 Q、W、ΔU、ΔH。

解:系统的状态变化如图 2.7 所示:

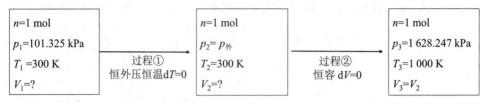

图 2.7 系统的状态变化

单原子理想气体

$$C_{V,m} = \frac{3}{2}R = 12.471 \text{ J} \cdot \text{mol}^{-1} \cdot \text{K}^{-1}, \quad C_{p,m} = \frac{5}{2}R = 20.785 \text{ J} \cdot \text{mol}^{-1} \cdot \text{K}^{-1}$$

则

$$\Delta U = n\int_{T_1}^{T_3} C_{V,m} dT = nC_{V,m}(T_3 - T_1) = 1 \times 12.471 \times (1\,000 - 300) \text{J} = 8.73 \text{ kJ}$$

$$\Delta H = n\int_{T_1}^{T_3} C_{p,m} dT = nC_{p,m}(T_3 - T_1) = 1 \times 20.785 \times (1\,000 - 300) \text{J} = 14.55 \text{ kJ}$$

由理想气体状态方程 $pV = nRT$ 可知

$$V_1 = \frac{nRT_1}{p_1} = \frac{1 \times 8.314 \times 300}{101.325} \text{ dm}^3 = 24.62 \text{ dm}^3$$

$$V_2 = V_3 = \frac{nRT_3}{p_3} = \frac{1 \times 8.314 \times 1\,000}{1\,628.247} \text{ dm}^3 = 5.11 \text{ dm}^3$$

则

$$p = p_2 = \frac{p_3}{T_3}T_2 = \frac{1\,628.247}{1\,000} \times 300 \text{ kPa} = 488.474 \text{ kPa}$$

$$W = W_1 + W_2 = -p(V_2 - V_1) + 0 = -488.474 \times (5.11 - 24.62) \text{J} = 9.53 \text{ kJ}$$

$$Q = W - \Delta U = 9.53 - 8.73 \text{ kJ} = 0.80 \text{ kJ}$$

2.5.4 $Q_{p,m}$ 与 $Q_{V,m}$ 的关系

设有一恒温反应,分别在恒压且非体积功为零、恒容且非体积功为零条件下进行 1 mol 反应进度,如图 2.8 所示。

若在恒压条件下反应引起的热力学能变化量为 $\Delta_r U'_m$,则由状态函数法,有

$$\Delta_r U_m = \Delta_r U'_m - \Delta_T U_m$$

式中,$\Delta_T U_m$ 为如图 2.8 所示的恒温过程热力学能改变量。

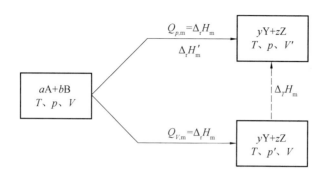

图 2.8　恒温反应引起的热力学变化

恒压过程的反应焓变与其热力学能变化量有如下关系：

$$\Delta_r H_m = \Delta_r U'_m + p\Delta V$$

式中，ΔV 为恒压下进行 1 mol 反应进度时产物与反应物体积之差。

将上述两式相减，得

$$\Delta_r H_m - \Delta_r U_m = p\Delta V + \Delta_T U_m \qquad (2.14a)$$

即

$$Q_{p,m} - Q_{V,m} = p\Delta V + \Delta_T U_m \qquad (2.14b)$$

　　对于理想气体，$\Delta_T U_m = 0$；对于液体、固体等凝聚态物质，恒容与恒压过程终态压力变化不大时，可忽略压力对热力学能的影响，即有 $\Delta_T U_m = 0$，则式（2.14b）变为

$$Q_{p,m} - Q_{V,m} = p\Delta V \qquad (2.14c)$$

又因液体、固体等凝聚态物质与气体相比所引起的体积变化可忽略，故恒压条件下进行 1 mol 反应进度的 ΔV 只考虑进行 1 mol 反应进度前后气态物质引起的体积变化。按理想气体处理时，有 $p\Delta V = \sum v_{B(g)} RT$，代入式（2.14c）有

$$Q_{p,m} - Q_{V,m} = \sum v_{B(g)} RT \qquad (2.14d)$$

式中，$\sum v_{B(g)}$ 仅为参与反应的气态物质计量数代数和。

2.5.5　平均摩尔热容

　　工程上引入平均摩尔热容 $\overline{C}_{p,m}$ 或 $\overline{C}_{V,m}$，可以避免利用 $\overline{C}_{p,m} - T$ 函数关系计算 Q_p、Q_V 以及 ΔU、ΔH 等需要积分的麻烦。以 $\overline{C}_{p,m}$ 为例：物质的量为 n 的物质，在恒压且非体积功为零的条件下，若温度由 T_1 升至 T_2 时吸热 Q_p，则该温度范围内的平均摩尔定压热容 $\overline{C}_{p,m}$ 的定义式为

$$\overline{C}_{p,m} = \frac{Q_p}{n(T_2 - T_1)} \qquad (2.15a)$$

即 $\overline{C}_{p,m}$ 为单位物质的量的物质在恒压且非体积功为零的条件下，在 $T_1 \sim T_2$ 温度范围内，平均升高单位温度所需要的热量。

　　整理式（2.15a），得到恒压热的计算式

$$Q_p = n\bar{C}_{p,m}(T_2 - T_1) \tag{2.15b}$$

式(2.15b)中的Q_p如果用物质各温度下的热容$C_{p,m}$计算,有$Q_p = n\displaystyle\int_{T_1}^{T_2} C_{p,m}\mathrm{d}T$,将其代入式(2.15a),有

$$\bar{C}_{p,m} = \frac{\displaystyle\int_{T_1}^{T_2} C_{p,m}\mathrm{d}T}{T_2 - T_1} \tag{2.16}$$

式(2.16)给出了$T_1 \sim T_2$温度范围内平均摩尔定压热容$\bar{C}_{p,m}$与$C_{p,m}$之间的关系,由于热容是温度的函数,式(2.16)表明,同一种物质,在不同的温度起止范围,$\bar{C}_{p,m}$可能不同($C_{p,m} - T$为线性关系除外)。

2.6　可逆过程和可逆体积功

任何过程的进行都需要推动力。传热过程的推动力是环境与系统间的温度差,气体膨胀压缩过程的推动力是环境与系统间的压力差。本节主要讨论一类推动力无限小的理想化过程即可逆过程。可逆过程在热力学中是非常重要的。

2.6.1　可逆过程

将推动力无限小、系统内部及系统与环境之间在无限接近平衡条件下进行的过程,称为可逆过程。

下面以一定量理想气体在气缸内恒温膨胀和恒温压缩为例来讨论可逆过程的特点。

设 1 mol 理想气体,置于一带有理想活塞的气缸内,活塞为单位面积,整个气缸置于温度为T的恒温热源中,活塞上放置有两堆极细的砂粒(每堆砂粒产生的压力与大气压力p_0相同)。现将理想气体在恒T下由始态$(T, 3p_0, V_0)$膨胀至终态$(T, p_0, 3V_0)$,如图 2.9 所示。

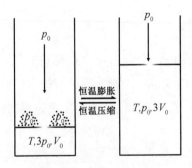

图 2.9　可逆过程示意图

假设此膨胀过程沿如下三条途径实现。

(1)途径 a。将两堆细砂一次拿掉,即系统在反抗大气压力p_0下由V_0直接膨胀至

$3V_0$，此时系统对环境做功

$$W_a = -p_0(3V_0 - V_0) = -2p_0V_0$$

因气缸内气体满足理想气体状态方程：

$$3p_0V_0 = RT，即 p_0V_0 = \frac{RT}{3}$$

代入 W_a 的计算公式，有

$$W_a = -\frac{2}{3}RT$$

即图 2.10(a) 中阴影部分面积。

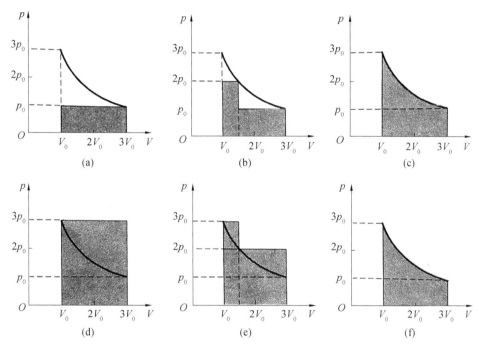

图 2.10　可逆与不可逆体积功

（2）途径 b。将两堆细砂分两次拿掉，如图 2.10(b) 所示，系统先反抗外压 $2p_0$ 膨胀至气缸内外压力相等时体积为 $1.5V_0$，然后再反抗压力 p_0 膨胀至 $3V_0$。此时系统对环境做功

$$W_b = -[2p_0(1.5V_0 - V_0) + p_0(3V_0 - 1.5V_0)] = -2.5p_0V_0 = -\frac{2.5}{3}RT$$

即图 2.10(b) 中阴影部分面积。

（3）途径 c。每次拿掉一无限小的细砂，体积有限小膨胀后重新达到平衡，以此类推，直至将细砂全部拿完，体积膨胀至 $3V_0$。此过程中，每拿掉一粒细砂，环境压力减小无限小量 $\mathrm{d}p$，系统在反抗压力 $(p - \mathrm{d}p)$ 下体积有无限小的膨胀 $\mathrm{d}V$，使系统达到平衡。此微小过程的功

$$\delta W_c = -(p - \mathrm{d}p)\,\mathrm{d}V = -p\mathrm{d}V + \mathrm{d}p\mathrm{d}V$$

忽略二阶无穷小量 $\mathrm{d}p\mathrm{d}V$，有

$$\delta W_c = - p\mathrm{d}V$$

将所有细砂全部拿掉后，整个膨胀过程的功为

$$W_c = - \int_{V_0}^{3V_0} p\mathrm{d}V = - \int_{V_0}^{3V_0} \frac{RT}{V}\mathrm{d}V = - RT\ln 3$$

即图 2.10(c) 中阴影部分面积。

与途径 a、b 相比，途径 c 中，无论是系统内部，还是系统与环境之间，均是在无限接近平衡条件下进行的，变化过程的任何瞬间均无限接近平衡，因而过程可认为是可逆过程，而途径 a、b 则是不可逆过程。

比较过程的功，有 $|W_a| < |W_b| < |W_c|$，即恒温膨胀中可逆功最大，或说恒温可逆膨胀时，系统对环境做最大功。

为了理解"可逆"两字的含义，现将系统由终态再压缩至始态，途径如下。

（1）途径 a′。将两堆细砂一次加上，使系统在反抗外压 $3p_0$ 下体积由 $3V_0$ 变至 V_0，则环境对系统做功

$$W_{a'} = - 3p_0(V_0 - 3V_0) = 6p_0V_0 = 2RT$$

即图 2.10(d) 中阴影部分面积。

（2）途径 b′。分两次将两堆细砂加上，即加上一堆细砂后，系统在外压 $2p_0$ 下其体积由 $3V_0$ 减小至 $1.5V_0$，然后加上另一堆细砂，系统在外压 $3p_0$ 下被压缩，体积由 $1.5V_0$ 变为 V_0。此时环境对系统做功

$$W_{b'} = - 2p_0(1.5V_0 - 3V_0) - 3p_0(V_0 - 1.5V_0) = 4.5p_0V_0 = 1.5RT$$

即图 2.10(e) 中阴影部分面积。

（3）途径 c′。将细砂一粒粒加到活塞上直至加完，系统体积逐渐变至 V_0，此过程中环境对系统做功

$$W_{c'} = - \int_{3V_0}^{V_0} p\mathrm{d}V = RT\ln 3$$

即图 2.10(f) 中阴影部分面积。与途径 c 类似，该压缩过程可视为可逆过程。

比较三个被压缩过程功的大小，有 $W_{a'} > W_{b'} > W_{c'}$，说明在恒温可逆压缩过程中，环境对系统做最小功。

现将上述各途径的膨胀与压缩过程的功相加，即得各途径进行一次循环后的总功，有

a + a′ 途径的总功：

$$W = \frac{4}{3}RT$$

b + b′ 途径的总功：

$$W = \frac{2}{3}RT$$

c + c′ 途径的总功：

$$W = 0$$

可见，只有可逆循环过程的 $W = 0$，又因循环过程的 $\Delta U = 0$，由热力学第一定律 $\Delta U =$

$Q + W$ 可知,可逆循环过程的 $Q = 0$,这表明系统经可逆膨胀及沿原途径的可逆压缩这一循环过程后,总的结果是:系统与环境既没有得功,也没有失功;既没有吸热,也没有放热。系统与环境完全复原,没有留下任何"能量痕迹",这正是"可逆"二字意所在。而不可逆过程 a + a′ 及 b + b′,经循环过程后,系统复原,环境的功转化为等量的热,留下了"痕迹",所不同的是 a + a′ 的功损失更大,即不可逆程度更大。

总结起来,可逆过程有下面几个特点:

(1)可逆过程是以无限小的变化进行的,整个过程是由一连串非常接近于平衡态的状态所构成。

(2)在反向的过程中,用同样的手段,循着原来过程的逆过程,可以使系统和环境都完全恢复到原来的状态,而无任何耗散效应。

(3)在恒温可逆膨胀过程中系统对环境做最大功,在恒温可逆压缩过程中环境对系统做最小功。

2.6.2　可逆体积功的计算

由前面可逆过程的定义及其分析可知,在可逆过程中,$p_{amb} = p$,在计算体积功时可以用系统压力 p 代替环境压力 p_{amb},则可逆体积功为

$$W_r = - \int_{V_1}^{V_2} p \mathrm{d}V \tag{2.17}$$

应用式(2.17)计算气体的可逆体积功时,只要将相应气体的状态方程 $p = f(T, V)$ 代入式(2.17)并积分即可。

现针对理想气体的恒温可逆及绝热可逆情况予以讨论。

1.理想气体恒温可逆体积功 $W_{T,r}$

物质的量为 n 的理想气体在温度 T 下由始态 (p_1, V_1, T_1) 恒温可逆变化到 (p_2, V_2, T_2) 时过程的体积功为

$$W_{T,r} = - \int_{V_1}^{V_2} p \mathrm{d}V = - \int_{V_1}^{V_2} \frac{nRT}{V} \mathrm{d}V$$

积分得

$$W_{T,r} = nRT \ln \frac{V_1}{V_2} = nRT \ln \frac{p_2}{p_1} \tag{2.18}$$

2.理想气体绝热可逆体积功 $W_{a,r}$

(1)理想气体绝热可逆过程方程式。

根据热力学第一定律,对绝热、非体积功为零的过程有

$$\mathrm{d}U = \delta W$$

当理想气体进行可逆变化时,因 $\mathrm{d}U = nC_{V,m}\mathrm{d}T$,体积功 $\delta W = - p\mathrm{d}V = - \frac{nRT}{V}\mathrm{d}V$,故有

$$nC_{V,\text{m}}\text{d}T = -\frac{nRT}{V}\text{d}V$$

即

$$\frac{C_{V,\text{m}}}{T}\text{d}T = -\frac{R}{V}\text{d}V$$

当理想气体由始态(p_1, V_1, T_1)绝热可逆变化到终态(p_2, V_2, T_2)时,积分得

$$\int_{T_1}^{T_2}\frac{C_{V,\text{m}}}{T}\text{d}T = -\int_{V_1}^{V_2}\frac{R}{V}\text{d}V$$

对理想气体,若其$C_{V,\text{m}}$为常数,则有

$$C_{V,\text{m}}\ln\frac{T_2}{T_1} = R\ln\frac{V_1}{V_2}$$

即

$$\frac{T_2}{T_1} = \left(\frac{V_1}{V_2}\right)^{R/C_{V,\text{m}}}$$

将$\dfrac{V_1}{V_2} = \dfrac{T_1}{T_2}\cdot\dfrac{p_2}{p_1}$代入,并利用理想气体摩尔热容间的关系$C_{p,\text{m}} - C_{V,\text{m}} = R$,可得

$$\frac{T_2}{T_1} = \left(\frac{p_2}{p_1}\right)^{R/C_{p,\text{m}}}$$

以上两式合并得

$$\frac{T_2}{T_1} = \left(\frac{p_2}{p_1}\right)^{R/C_{p,\text{m}}} = \left(\frac{V_1}{V_2}\right)^{R/C_{V,\text{m}}} \tag{2.19a}$$

即为理想气体绝热可逆过程方程式。称为过程方程式,是因为该过程描述了理想气体绝热可逆过程始、终态状态变量p、T、V间的关系。

将上述绝热可逆过程方程式进行整理还会得到其他形式,如:

$$\frac{T_2}{T_1} = \left(\frac{V_1}{V_2}\right)^{\gamma-1} \quad \text{或} \quad TV^{\lambda-1} = \text{常数} \tag{2.19b}$$

$$\frac{T_2}{T_1} = \left(\frac{p_1}{p_2}\right)^{\frac{1-\gamma}{\gamma}} \quad \text{或} \quad Tp^{\frac{1-\gamma}{\gamma}} = \text{常数} \tag{2.19c}$$

$$\frac{p_2}{p_1} = \left(\frac{V_1}{V_2}\right)^{\gamma} \quad \text{或} \quad pV^{\gamma} = \text{常数} \tag{2.19d}$$

式中,γ称为理想气体热容比,$\gamma = \dfrac{C_{p,\text{m}}}{C_{V,\text{m}}}$。以上三式也称为理想气体绝热可逆过程方程式。

(2)理想气体绝热可逆体积功$W_{\text{a,r}}$。

理想气体绝热可逆体积功可由可逆体积功计算通式(2.17)结合过程方程式(2.19d)求得:将理想气体绝热可逆方程式$\dfrac{p_2}{p_1} = \left(\dfrac{V_1}{V_2}\right)^{\gamma}$代入式(2.17)并积分,有

$$W_{a,r} = - \int_{V_1}^{V_2} p \, dV$$

$$= - p_1 V_1^\gamma \int_{V_1}^{V_2} \frac{1}{V^\gamma} dV$$

$$= \frac{p_1 V_1^\gamma}{\gamma - 1} \left(\frac{1}{V_2^{\gamma-1}} - \frac{1}{V_1^{\gamma-1}} \right) \tag{2.20}$$

但用式(2.20)计算 $W_{a,r}$ 比较烦琐,简便的方法如下:因绝热过程 $W_{a,r} = \Delta U$,故可通过计算过程的 ΔU 计算 $W_{a,r}$,即有

$$W_{a,r} = \Delta U = n C_{V,m} (T_2 - T_1) \tag{2.21}$$

2.7　相 变 焓

系统中物理性质和化学性质完全相同的均匀部分称为相。如 0 ℃,101.325 kPa 下水与冰平衡共存的系统,尽管水和冰的化学组成相同,但其物理性质不同,水和冰各自为性质完全相同的均匀部分,故水是一个相,冰是另一个相。

系统中的同一种物质在不同相之间的转变称为相变。对纯物质,常遇到的相变过程如图 2.11 所示。

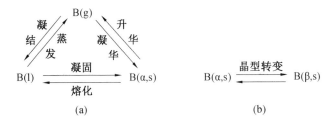

图 2.11　相变过程

2.7.1　摩尔相变焓

摩尔相变焓是指单位物质的量的物质在恒定温度 T 及该温度平衡压力下发生相变所对应的焓变,记作 $\Delta_\alpha^\beta H_m$(α 为相变的始态;β 为相变的终态),其 SI 单位为 $J \cdot mol^{-1}$ 或 $kJ \cdot mol^{-1}$。若物质的量为 n,在温度 T 及该温度平衡压力下发生相变,则对应的焓变为

$$\Delta_\alpha^\beta H = n \, \Delta_\alpha^\beta H_m \tag{2.22}$$

有关摩尔相变焓需要说明以下几点:

(1) $\Delta_\alpha^\beta H_m = Q_{p,m}$,因为摩尔相变焓的定义中的相变过程是恒压且无非体积功,所以过程的系统焓变 $\Delta_\alpha^\beta H_m$ 在数值上与摩尔相变热 $Q_{p,m}$ 相等。

(2) $\Delta_\alpha^\beta H_m = - \Delta_\beta^\alpha H_m$,焓为状态函数,由状态函数的性质可知,同一种物质,在相同条件下互为相反的两个相变过程,其摩尔相变焓数值相等,符号相反。例如:水在同样条件下的摩尔蒸发焓和摩尔凝结焓、摩尔升华焓和摩尔凝华焓、摩尔熔化焓和摩尔凝固焓等。

（3）对于纯物质两相平衡体系，温度 T 一旦确定，则该温度对应的平衡压力即确定，故摩尔相变焓仅仅是温度 T 的函数，即 $\Delta_\alpha^\beta H_m = f(T)$。

同一种物质常压（大气压力 101.325 kPa）及其平衡温度下的摩尔相变焓可通过手册查到，其他任意温度及其平衡压力下的摩尔相变焓可利用状态函数法计算。

由相变焓 $\Delta_\alpha^\beta H = n\,\Delta_\alpha^\beta H_m = Q_p$，对于由凝聚相到其气相的相变化（如蒸发和升华），由于气体的体积 V_g 远远大于固体 V_s 或液体 V_l，故有

$$W = -p_{amb}\Delta V \approx -p_{amb}V_g \approx -nRT$$

$$\Delta U = Q + W \approx \Delta H - nRT$$

【例 2.4】 101.325 kPa 下，冰（H_2O,s）的熔点为 0 ℃。在此条件下的摩尔融化热 $\Delta_s^l H_m = 6.012\ \text{kJ} \cdot \text{mol}^{-1} \cdot \text{K}^{-1}$，已知在 $-10 \sim 0$ ℃ 范围内过冷水（H_2O,l）和冰的摩尔定压热容分别为 $C_{p,m}(H_2O,l) = 76.28\ \text{J} \cdot \text{mol}^{-1} \cdot \text{K}^{-1}$ 和 $C_{p,m}(H_2O,s) = 37.20\ \text{J} \cdot \text{mol}^{-1} \cdot \text{K}^{-1}$。求在 -10 ℃ 常压下过冷水凝结成冰的摩尔凝固焓。

解：因为焓为状态函数，只与系统的始态和终态有关，因此可通过设计如下途径来计算。系统的状态变化如图 2.12 所示。计算如下。

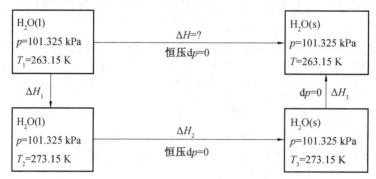

图 2.12　系统的状态变化

$$\Delta H_2 = \Delta_l^s H_m = -\Delta_s^l H_m = -6.012\ \text{kJ} \cdot \text{mol}^{-1} \cdot \text{K}^{-1}$$

$$\Delta H_1 = C_{p,m}(H_2O,l)(T_2 - T_1) = 76.28 \times (273.15 - 263.15)\text{J} = 0.763\ \text{kJ}$$

$$\Delta H_3 = C_{p,m}(H_2O,s)(T - T_3) = 37.20 \times (263.15 - 273.15)\text{J} = -0.372\ \text{kJ}$$

$$\Delta H = \Delta H_1 + \Delta H_2 + \Delta H_3 = 0.763 + (-6.012) + (-0.372)\text{kJ} = -5.621\ \text{kJ}$$

2.7.2　摩尔相变焓随温度的变化

以某物质 B 从 α 相变至 β 相的摩尔相变焓 $\Delta_\alpha^\beta H_m$ 为例，已知温度 T_0 及其平衡压力 p_0 下的摩尔相变焓 $\Delta_\alpha^\beta H_m(T_0)$，求温度 T 及其平衡压力 p 下的摩尔相变焓 $\Delta_\alpha^\beta H_m(T)$。两相的摩尔定压热容分别为 $C_{p,m}(\alpha)$ 及 $C_{p,m}(\beta)$。设计途径如下。

根据图 2.13，有

$$\Delta_\alpha^\beta H_m(T) = \Delta H_m(\alpha) + \Delta_\alpha^\beta H_m(T_0) + \Delta H_m(\beta)$$

计算 $\Delta H_m(\alpha)$、$\Delta H_m(\beta)$ 时，无论 α、β 是气态、液态还是固态，只要气相可视为理想气体，凝聚态物质（l 或 s）的焓随 p 的变化可忽略，均有

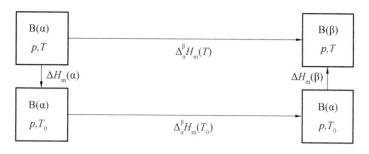

图 2.13　某物质 B 从 α 相变至 β 相的设计图

$$\Delta H_{\mathrm{m}}(\alpha) = \int\limits_{T}^{T_0} C_{p,\mathrm{m}}(\alpha)\,\mathrm{d}T = -\int\limits_{T_0}^{T} C_{p,\mathrm{m}}(\alpha)\,\mathrm{d}T$$

$$\Delta H_{\mathrm{m}}(\beta) = -\int\limits_{T_0}^{T} C_{p,\mathrm{m}}(\beta)\,\mathrm{d}T$$

代入前式并整理,得

$$\Delta_{\alpha}^{\beta}H_{\mathrm{m}}(T) = \Delta H_{\mathrm{m}}(\alpha) + \int\limits_{T_0}^{T} [C_{p,\mathrm{m}}(\beta) - C_{p,\mathrm{m}}(\alpha)]\,\mathrm{d}T$$

若令 $\Delta_{\alpha}^{\beta}C_{p,\mathrm{m}}$ 为相变终态、始态摩尔定压热容之差,即

$$\Delta_{\alpha}^{\beta}C_{p,\mathrm{m}} = C_{p,\mathrm{m}}(\beta) - C_{p,\mathrm{m}}(\alpha) \tag{2.23}$$

则

$$\Delta_{\alpha}^{\beta}H_{\mathrm{m}}(T) = \Delta H_{\mathrm{m}}(\alpha) + \int\limits_{T_0}^{T} \Delta_{\alpha}^{\beta}C_{p,\mathrm{m}}\,\mathrm{d}T \tag{2.24a}$$

式(2.24a)给出了两个不同温度下摩尔相变焓之间的关系。式(2.24a)的微分式为

$$\frac{\mathrm{d}\,\Delta_{\alpha}^{\beta}H_{\mathrm{m}}(T)}{\mathrm{d}T} = \Delta_{\alpha}^{\beta}C_{p,\mathrm{m}} \tag{2.24b}$$

由以上两式可知,若 $\Delta_{\alpha}^{\beta}C_{p,\mathrm{m}} = 0$,则表明摩尔相变焓 $\Delta_{\alpha}^{\beta}H_{\mathrm{m}}(T)$ 不随温度变化。

2.8　化学反应焓

化学反应是治理环境问题的重要途径,而化学反应常伴随着热的交换。测定或计算一个反应的热对于实际生产极为重要。考虑到实际生产常常是在恒压或恒容条件下进行的,故对这两种情况下的热 Q_p 和 Q_V 进行讨论是必要的。又因为 Q_p、Q_V 间存在定量关系,故这里只需讨论 Q_p。在非体积功为零的前提下,恒压反应热 Q_p 与反应的焓变 ΔH 在数值上相等,故恒压反应热也称为反应焓。

2.8.1　反应进度

反应进度是描述反应进行程度的物理量,以 ξ 表示。

设有某反应:

$$aA + bB \Longrightarrow yY + zZ$$

移项有

$$aA + bB - yY - zZ = 0$$

因此该反应的反应计量通式为

$$0 = \sum \nu_B B$$

式中,B 为任一化学组分;ν_B 为其化学计量数,化学计量数表示的是反应过程中各物质的量的转化的相对比例关系,而非绝对值。对产物 ν_B 规定为正值,而对反应物 ν_B 规定为负值。ν_B 是量纲为一的量,其单位为1。同一化学反应,其化学反应方程式的写法不同,同一物质的化学计量数不同。

对于反应 $0 = \sum\limits_B \nu_B B$,反应进度 ξ(单位为 mol) 的定义式如下:

$$d\xi = \frac{dn_B}{\nu_B} \tag{2.25a}$$

式中,n_B 为反应方程式中任意物质 B 的物质的量;ν_B 为该物质在方程中的化学计量数。

将式(2.25a) 积分,若规定反应开始时 $\xi = 0$,则有

$$\int_0^\xi d\xi = \int_{n_{B,0}}^{n_{B,t}} \frac{dn_B}{\nu_B}$$

$$\xi = \frac{n_{B,t} - n_{B,0}}{\nu_B} = \frac{\Delta n_B}{\nu_B} \tag{2.25b}$$

式中,$n_{B,0}$ 为反应前 B 的物质的量;$n_{B,t}$ 为 t 时刻 B 的物质的量。对产物 Δn_B、ν_B 均为正值,而对反应物 Δn_B、ν_B 均为负值,故反应进度 ξ 总是正值。又因各反应组分物质的量的变化量正比于各自的化学计量数 ν_B,则有

$$\xi = \frac{\Delta n_A}{\nu_A} = \frac{\Delta n_B}{\nu_B} = \frac{\Delta n_Y}{\nu_Y} = \frac{\Delta n_Z}{\nu_Z}$$

即对同一化学反应方程式,ξ 的大小与选用哪种物质来表示无关。但对于同一化学反应,若其化学反应方程式的写法不同,则 ν_B 不同,故 ξ 也不同。因此,应用反应进度时须指明化学反应方程式。

【例2.5】 酸雨形成过程中会发生反应,当 $\Delta n(H_2SO_3) = -1$ mol 时,若化学方程式写为

$$H_2SO_3(aq) + 2Fe^{3+}(aq) + H_2O(l) \Longrightarrow H_2SO_4(aq) + 2Fe^{2+}(aq) + 2H^+(aq)$$

则

$$\xi = \frac{\Delta n_{H_2SO_3}}{\nu_{H_2SO_3}} = \frac{-1 \text{ mol}}{-1} = 1 \text{ mol}$$

若化学方程式写为

$$\frac{1}{2}H_2SO_3(aq) + Fe^{3+}(aq) + \frac{1}{2}H_2O(l) \Longrightarrow \frac{1}{2}H_2SO_4(aq) + Fe^{2+}(aq) + \frac{1}{2}H^+(aq)$$

则

$$\xi = \frac{\Delta n_{H_2SO_3}}{\nu_{H_2SO_3}} = \frac{-1 \text{ mol}}{-0.5} = 2 \text{ mol}$$

所以,应用反应进度时须指明化学反应方程式。

2.8.2 摩尔反应焓

反应热的大小可用摩尔反应焓来衡量。

设有一气相化学反应 $aA + bB \Longrightarrow yY + zZ$,在温度 T、压力 p 及各组分摩尔分数 y_A、y_B、y_Y、y_Z 均确定的条件下,参与反应的各物质的摩尔焓均有定值,分别记作 H_A、H_B、H_Y、H_Z。反应在恒定 T、p 下进行微量反应进度 $d\xi$,无限小的变化不致引起任何物质 B 的 y_B 发生有意义的变化,此时可认为 H_B 仍保持不变。反应进度 $d\xi$ 引起系统广度量 H 的微变为

$$H = (yH_Y + zH_Z - aH_A - bH_B)d\xi$$

即

$$H = \left(\sum \nu_B H_B \right) d\xi$$

移项可得

$$\frac{dH}{d\xi} = \sum \nu_B H_B$$

式中左端为变化率,表示在恒定 T、p 以及各反应组分组成不变的情况下,若进行微量反应进度 $d\xi$ 引起反应焓的变化为 dH,则折合为进行单位反应进度引起的焓变 $\frac{dH}{d\xi}$ 即为该条件下的摩尔反应焓,记作 $\Delta_r H_m$,单位为 $kJ \cdot mol^{-1}$,$\Delta_r H_m$ 是 T、p 及反应系统组成的函数:

$$\Delta_r H_m = \sum \nu_B H_B \tag{2.26}$$

对于物质的量为无限大量的反应系统,恒定 T、p 条件下进行单位反应进度时,可以认为反应前后各组分的组成不变,其对应的焓变即为摩尔反应焓 $\Delta_r H_m$。

2.8.3 标准摩尔反应焓

反应中的各个组分均处在温度 T 的标准态下,其摩尔反应焓即称为该温度下的标准摩尔反应焓,用 $\Delta_r H_m^{\ominus}(T)$ 表示。结合标准态的固定可知,各种物质的 $H_B^{\ominus}$ 只是温度的函数,则

$$\Delta_r H_m^{\ominus}(T) = \sum \nu_B H_B^{\ominus}(T) = f(T) \tag{2.27}$$

反应各组分均处于温度 T 的标准态下,它们均为纯态,这与我们所理解的"一个反应系统中的反应物应当是混合的"不同。

【例 2.6】 已知反应

$$SO_2(g) + \frac{1}{2}O_2(g) \Longrightarrow SO_3(g), \quad \Delta_r H_m^{\ominus}(298.15 \text{ K}) = -98.29 \text{ kJ} \cdot mol^{-1}$$

该式的物理意义为:在 25 ℃,各处于标准态且不相混合的 1 mol $SO_2(g)$ 与 0.5 mol $O_2(g)$ 完全反应生成 25 ℃ 处于标准态的 1 mol $SO_3(g)$ 时的焓变为 -98.29 kJ·mol^{-1}。

现以反应 $aA + bB \Longrightarrow yY + zZ$ 为例示意说明同样温度 T 下 $\Delta_r H_m^{\ominus}(T)$ 与 $\Delta_r H_m$ 的差别:

$\Delta_r H_m^{\ominus}(T)$ 的定义中,由于要求各个反应组分均处在标准态下,因而其对应的过程如图 2.14 Ⅰ 所示;而 $\Delta_r H_m$ 对应实际反应过程则如图 2.14 Ⅱ 所示。

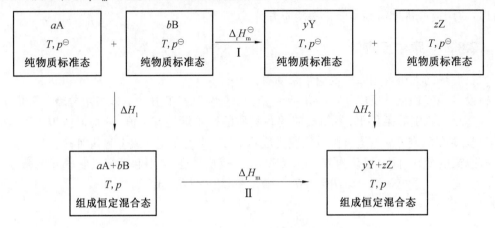

图 2.14 $aA + bB \Longrightarrow yY + zZ$ 反应过程示意图

由状态函数法,有

$$\Delta_r H_m^{\ominus} + \Delta H_2 = \Delta_r H_m + \Delta H_1$$

即

$$\Delta_r H_m^{\ominus} = \Delta_r H_m + \Delta H_1 - \Delta H_2$$

式中,ΔH_1、ΔH_2 分别为反应物与产物恒温混合、变压过程中的焓变。由于是理想气体反应,故 $\Delta H_1 = 0$、$\Delta H_2 = 0$,则 $\Delta_r H_m^{\ominus} = \Delta_r H_m$;若系统不是理想气体,则要具体情况具体分析。

由此可看出,尽管 $\Delta_r H_m^{\ominus}(T)$ 为一个假想反应(即反应前后各反应物组分单独存在,生成的产物组分也单独存在)过程的焓变,但它与相同温度 T 下的 $\Delta_r H_m$(实际反应的焓变)有定量关系,且多数情况下 $\Delta_r H_m^{\ominus} = \Delta_r H_m$(理想气体)或 $\Delta_r H_m^{\ominus} \approx \Delta_r H_m$。因而后面讨论 $\Delta_r H_m^{\ominus}$ 的计算是有意义的。

在温度为 T 的标准态下,由稳定相态的单质生成化学计量数 $\nu_B = 1$ 的 β 相态的化合物 B(β),该生成反应的焓变即为该化合物 B(β) 在温度 T 时的标准摩尔生成焓,以 $\Delta_f H_m^{\ominus}(B, β, T)$ 表示,单位为 $kJ \cdot mol^{-1}$。

在温度为 T 的标准态下,由化学计量数 $\nu_B = -1$ 的 β 相态的化合物 B(β),与氧进行完全氧化反应时,该反应的焓变即为该物质在温度 T 时的标准摩尔燃烧焓,以 $\Delta_c H_m^{\ominus}(B, β, T)$ 表示,单位为 $kJ \cdot mol^{-1}$。

【例 2.7】 (1) 写出同一温度下,一定聚集状态分子式为 C_nH_{2n} 的物质的 $\Delta_f H_m^{\ominus}$ 和 $\Delta_c H_m^{\ominus}$ 之间的关系式;

(2) 若 25 ℃ 下,气态环丙烷的 $\Delta_c H_m^{\ominus} = -2\ 091.5\ kJ \cdot mol^{-1}$,求该温度下气态环丙烷的 $\Delta_f H_m^{\ominus}$ (25 ℃ 时,$\Delta_f H_m^{\ominus}(H_2O, l) = -285.830\ kJ \cdot mol^{-1}$,$\Delta_f H_m^{\ominus}(CO_2, l) = -393.509\ kJ \cdot mol^{-1}$)。

解:(1) 如图 2.15 所示,设 C_nH_{2n} 的聚集状态为 α,其生成反应与燃烧反应的化学计量式关系如下:

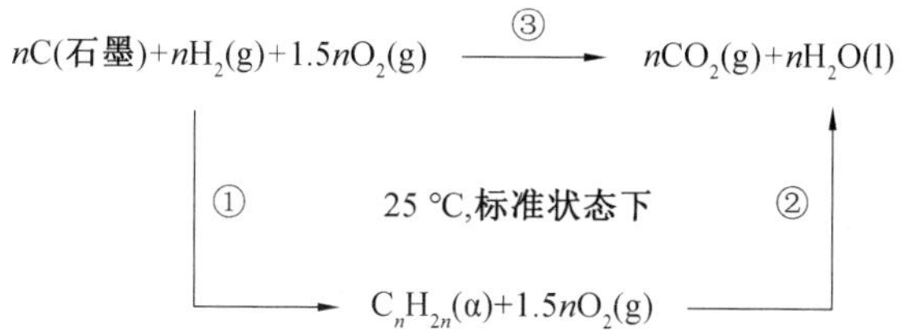

$$nC(石墨)+nH_2(g)+1.5nO_2(g) \xrightarrow{\text{③}} nCO_2(g)+nH_2O(l)$$

①　　　25 ℃,标准状态下　　　②

$$C_nH_{2n}(\alpha)+1.5nO_2(g)$$

图 2.15　C_nH_{2n} 生成燃烧过程设计示意图

反应 ① 为 $C_nH_{2n}(\alpha)$ 的生成反应,故 $\Delta H_1 = \Delta_f H_m^{\ominus}(C_nH_{2n},\alpha)$;

反应 ② 为 $C_nH_{2n}(\alpha)$ 的燃烧反应,故 $\Delta H_2 = \Delta_c H_m^{\ominus}(C_nH_{2n},\alpha)$;

反应 ③ 为 $nCO_2(g)$ 和 $nH_2O(l)$ 的生成反应,故 $\Delta H_3 = n\,\Delta_f H_m^{\ominus}(CO_2,g) + n\,\Delta_f H_m^{\ominus}(H_2O,l) = \Delta H_1 + \Delta H_2$。

因此,在一定温度的标准态下,有

$$\Delta_f H_m^{\ominus}(C_nH_{2n},\alpha) + \Delta_c H_m^{\ominus}(C_nH_{2n},\alpha) = n\,\Delta_f H_m^{\ominus}(CO_2,g) + n\,\Delta_f H_m^{\ominus}(H_2O,l)$$

（2）由（1）可知

$$\Delta_f H_m^{\ominus}(C_3H_6,g) = 3\,\Delta_f H_m^{\ominus}(CO_2,g) + 3\,\Delta_f H_m^{\ominus}(H_2O,l) - \Delta_c H_m^{\ominus}(C_3H_6,g)$$
$$= [-3 \times (393.509 + 285.830) - (-2\,091.5)]\,kJ \cdot mol^{-1}$$
$$= 53.483\,kJ \cdot mol^{-1}$$

化学反应系统多为混合物,其中任一组分B的 H_B 不仅与混合物中B的状态参数 T、p、y_B 有关,还应与存在的其他组分的种类有关,因不同种类,组成的分子间相互作用有所差别。然而理想气体除外,因为理想气体分子间无相互作用力,分子本身也没有体积,在 T、p、y_B 确定后,B 的性质不受其他物种存在的影响。客观世界中并无理想气体,为了使同一物种在不同的化学反应中能够有一个公开的参考状态,以此作为建立基础数据的严格基准,热力学规定了物质的标准态:

① 气体的标准态:任意温度 T、标准压力 $p^{\ominus} = 100\ kPa$ 下表现出理想气体性质的纯气体状态。

② 液、固体的标准态:任意温度 T、标准压力 $p^{\ominus} = 100\ kPa$ 的纯液体或纯固体状态。

标准态对温度不做规定,即物质每一个温度 T 下都有各自的标准态。

本 章 小 结

（1）本章介绍了三种体系的区别、联系及应用条件;状态函数定义的理解及应用;与理想气体 pVT 变化相关的定义及热力学能、焓的计算;理想气体的可逆过程的定义、特点及计算;相变化过程计算;不同温度相变焓公式的理解和运用。

（2）本章明确了热力学的一些基本概念,如系统、环境、功、热、状态函数和过程及途径等。

（3）本章介绍了系统中的物质在单纯 pVT 变化、相变化和化学变化这三类不同过程中系统的热力学能变化量、焓变以及过程的热和体积功的计算。

本 章 习 题

1.300 K 时,有 1 mol 理想气体从始态压力 100 kPa,在恒温下分别经历如下三个过程:
(1) 在 10 kPa 的恒压下体积胀大 1 dm³;(2) 在 10 kPa 的恒压下气体膨胀到终态压力也等于 10 kPa;(3) 恒温可逆膨胀至压力为 10 kPa。分别计算每个过程的 W、Q、ΔU、ΔH。

2.373 K 时,将 100 dm³ 压力为 50 kPa 的 $H_2O(g)$,第一步恒温可逆压缩至 100 kPa,第二步恒温、恒压压缩至终态体积为 10 dm³,求整个过程的 W、Q、ΔU、ΔH(已知 $H_2O(l)$ 的摩尔蒸发焓 $\Delta_{vap}H_m(\alpha) = 40.6 \text{ kJ} \cdot \text{mol}^{-1}$。设 $H_2O(g)$ 为理想气体,$H_2O(l)$ 的体积可忽略)。

3.1 mol 单原子分子理想气体,从 273 K 和 100 kPa 经可逆过程到达终态,现不知这一过程的性质,只知终态压力是始态的两倍,$\Delta U = -3\ 600$ J,$Q = 1\ 600$ J。试计算:

(1) 终态的温度 T_2、体积 V_2 和过程的 ΔH 及 W。

(2) 假设将气体先按恒压可逆然后按恒温可逆到达相同的终态,计算这两步总的 W、Q、ΔU、ΔH 的值。

4.(1) 将 100 ℃ 和 101 325 Pa 的 1 g 水在恒外压 0.5 × 101 325 Pa 下恒温汽化为水蒸气,然后将此水蒸气慢慢加压(近似看作可逆)变为 100 ℃ 和 101 325 Pa 的水蒸气,求此过程的 Q、W 和该体系的 ΔU、ΔH(100 ℃、101 325 Pa 下水的汽化热为 2 259.4 J·g⁻¹)。

(2) 将 100 ℃ 和 101 325 Pa 的 1 g 水突然放到 100 ℃ 的恒温真空箱中,液态水很快蒸发为水蒸气并充满整个真空箱,测得其压力为 101 325 Pa。求此过程的 Q、W 和体系的 ΔU、ΔH(水蒸气可视为理想气体)。

5.1 mol 某单原子分子理想气体从 $T_1 = 298$ K、$p_1 = 5p^{\ominus}$ 的初态,经绝热可逆膨胀(途径 a) 和绝热恒外压膨胀(途径 b) 到达终态压力 $p_2 = 2p^{\ominus}$。计算各途径的终态温度 T_2,以及 W、Q、ΔU、ΔH。

第 3 章 热力学第二定律和热力学第三定律

本章重点、难点：

（1）卡诺循环及卡诺定理。

（2）各种变化（简单pVT变化、相变化、化学变化）过程的方向和限度的各类热力学判据（熵判据、亥姆霍兹自由能判据、吉布斯自由能判据和化学势判据）、适用条件及其应用。

（3）根据过程条件（如简单pVT变化、相变化或化学变化）准确选择相应公式，或设计相应途径计算过程的 ΔS、ΔA 或 ΔG 等。

本章实际应用：

（1）对环境污染问题的理解：热力学第二定律阐释了环境污染的本质是熵的增加。环境问题的热力学本质是，总体上生态系统的负熵小于人类活动的正的熵增，导致了污染及其他环境问题产生。

（2）环境污染治理：对比末端治理、循环经济和清洁生产，清洁生产是目前最符合熵增最小的原则的一种方案。另外，提高资源利用率、增加清洁能源的使用比例、从地球外部引进负熵也可以降低熵增，缓解环境污染。

知识框架图

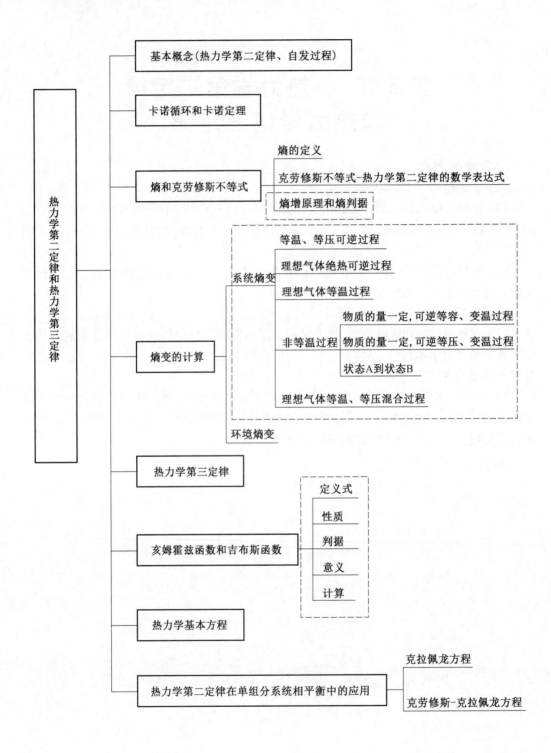

3.1　引　言

热力学第一定律即能量转化与守恒定律,作为自然界的普遍规律之一,已经被证明是完全正确的。违背热力学第一定律的变化与过程不一定能发生,但不违背热力学第一定律的变化与过程却未必能自动发生。例如:温度不同的两个物体相接触,最后达到平衡态,两物体具有相同的温度。但其逆过程是不可能的,即具有相同温度的两个物体,不会自动回到温度不同的状态,尽管该逆过程不违背热力学第一定律。可见热力学第一定律并不能判断一定条件下什么过程不可能进行,什么过程可能进行,进行的最大限度是什么。要解决此类过程方向与限度的判断问题,就需要用到自然界的另一普遍规律 —— 热力学第二定律。

3.2　热力学第二定律

随着蒸汽机的发明、应用及热机效率等理论研究的发展,热力学第二定律被逐步建立起来。卡诺(Carnot)、克劳修斯(Clausius)、开尔文(Kelvin)等人在该建立过程中做出了重要贡献。

热力学第二定律是人类长期生产、生活实践经验的总结;反过来,它可以指导生产实践活动。如开发新的工艺路线时,首先应对其热力学可能性进行判断,若通过热力学计算证明其从热力学上根本不可能,则没有必要再去研究与开发。

热力学第二定律关于一过程不能发生的断言是十分肯定的。而关于一过程可能发生的断言仅指有发生的可能性。例如:热力学第二定律断言常温下不加入功(如不电解、不光照等),水分解成氢和氧是不可能的,此断言是不能违背的。然而,热力学第二定律关于氢氧混合物可能生成水的断言,则不能肯定某时间内一定发生。虽然一个火花就足以引起适当比例的氢氧混合物爆炸,但事实上如无明火或催化剂等因素的存在,氢氧混合物仍能在常温下长时间不发生可觉察到的反应。原因是某种动力学因素在起作用,而经典热力学不涉及速率问题。

3.2.1　自发过程

在自然条件(不需要外力帮助)下能够发生的过程,称为自发过程。自发过程都有一定的变化方向,其逆过程都是不可能自动进行的。即自发过程是热力学中的不可逆过程,这是自发过程的共同特征,也是热力学第二定律的基础。同时,自发过程的限度为其在该条件下系统的平衡态。

例如:一定温度下,将 Zn 放入 $CuSO_4$ 溶液中,Zn 可以自动地将 $CuSO_4$ 溶液中的 Cu^{2+} 还原为 Cu,而 Zn 失去电子变成 Zn^{2+}。在同样条件下相反的过程,即 Cu 与 Zn^{2+} 变成 Cu^{2+} 和 Zn 的过程,却不可能自动进行。虽然在自然条件下自发过程的逆过程不能自动进行,但并不是在其他条件下逆过程也不能进行,如果对系统做功,就可以使自发过程的逆过程能够进行。例如:将 Cu 和 $CuSO_4$ 溶液作为正极,Zn 和 $ZnSO_4$ 溶液作为负极,通过电解做

功就可以实现 $Cu + Zn^{2+} \longrightarrow Zn + Cu^{2+}$ 这一反应。可见要使自发过程的逆过程能够进行,环境必须对系统做功。

自发过程的逆过程即为非自发过程。

3.2.2 热、功转换

热力学第二定律是人们在研究热机效率的基础上建立起来的,所以早期的研究都与热、功转换有关。热、功转换的方向性是指功可以自发地完全转化为热,而在不引起其他变化的情况下,热不能自发地完全转化为功。热机是将热能转换为机械能的机械装置。热机效率是指对外做的功与从高温热源吸收的热量 Q_h 之比,用 η 表示,即

$$\eta = \frac{-W}{Q_h} \tag{3.1}$$

若热机不向低温热源散热,$Q_c = 0$,即吸收的热全部用来对外做功,此时热机效率可达到100%。实践证明,这样的热机是根本不可能实现的。人们将这种从单一热源吸热全部用来对外做功的机器,或者热机效率为 100% 的机器称为第二类永动机。但第二类永动机是不可能存在的,第二类永动机的不可能性说明热转化为功是有限度的。既然第二类永动机不可能,热机效率不可能无限制提高到 100%,那么它是否存在一个理论极限呢?答案是肯定的,这个极限是由法国工程师卡诺于 1824 年研究可逆热机时发现的,下节将予以详细介绍。

假设有一带活塞的气缸,其内的气体通过吸热导致气缸内的气体温度、压力升高,进而气体膨胀推动活塞对外做功,吸收的热转换为功。但上述热转换为功的同时,气体膨胀,如果使气体回到原来的状态,必须把活塞压回来,而这需要环境对系统做功,从而使得在膨胀过程中环境得到的功要被消耗一部分,所以一个总的循环结果是热没有完全转化为功。

3.3 卡诺循环和卡诺定理

3.3.1 卡诺循环

1824 年,卡诺设计了一个循环,以理想气体为工作介质,从高温(T_h)热源吸收 Q_h 的热量,一部分通过理想热机用来对外做功 W,另一部分 Q_c 的热量放给低温(T_c)热源,这种循环称为卡诺循环,将按照卡诺循环工作的热机称为卡诺热机。卡诺循环示意图如图 3.1 所示。现推导以物质的量为 n mol 的理想气体为工作介质,工作于 T_h 和 T_c 两个热源之间的卡诺热机的热机效率。

1.恒温可逆膨胀(A → B)

气缸中物质的量为 n 的理想气体由状态 A(p_1, V_1, T_h)经恒温可逆膨胀至状态 B(p_2, V_2, T_h),此过程中,系统从高温热源 T_h 吸收热量 Q_h,对外做功 $-W_1$。

因

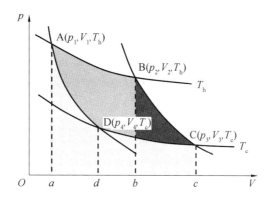

图 3.1　卡诺循环示意图

$$\Delta U_1 = 0 \quad （理想气体、恒温过程）$$

故

$$Q_h = -W_1 = nRT_h \ln \frac{V_2}{V_1} \tag{3.2a}$$

所做功如图 3.1 中 AB 曲线下的面积所示。

2.绝热可逆膨胀(B → C)

上述理想气体由状态 $B(p_2, V_2, T_h)$ 经绝热可逆膨胀至状态 $C(p_3, V_3, T_c)$，因此过程绝热，$Q = 0$，故

$$W_2 = \Delta U_2 = nC_{V,m}(T_c - T_h) \tag{3.2b}$$

即系统消耗了自身的热力学能而膨胀，对外做功。所做功如图 3.1 中 BC 曲线下的面积所示。

3.恒温可逆压缩(C → D)

将温度降为 T_c 的理想气体由状态 $C(p_3, V_3, T_c)$ 经恒温可逆压缩至状态 $D(p_4, V_4, T_c)$，此过程中，系统向低温热源 T_c 放热 Q_c。

因

$$\Delta U_3 = 0 \quad （理想气体、恒温过程）$$

故

$$Q_c = -W_3 = nRT_c \ln \frac{V_4}{V_3} \tag{3.2c}$$

环境对系统做功如图 3.1 中 CD 曲线下的面积所示。

4.绝热可逆膨胀(D → A)

上述理想气体由状态 $D(p_4, V_4, T_c)$ 经绝热可逆膨胀至状态 $C(p_1, V_1, T_h)$，完成一个循环操作。因此过程绝热，$Q = 0$，故

$$W_4 = \Delta U_4 = nC_{V,m}(T_h - T_c) \tag{3.2d}$$

所做功如图 3.1 中 DA 曲线下的面积所示。

整个循环过程能量转化即从高温热源 T_h 吸热 Q_h，一部分对外做功 $-W$（图 3.1 中阴影部分），另一部分 Q_c 传给了低温热源 T_c。

整个过程系统对外所做的功

$$-W = -(W_1 + W_2 + W_3 + W_4)$$

$$= nRT_h\ln\frac{V_2}{V_1} + nRT_c\ln\frac{V_4}{V_3} \tag{3.3a}$$

因 B→C 过程和 D→A 过程为绝热可逆过程，应用理想气体绝热可逆方程式，分别有

$\dfrac{T_h}{T_c} = \left(\dfrac{V_4}{V_3}\right)^{R/C_{V,m}}$ 和 $\dfrac{T_c}{T_h} = \left(\dfrac{V_3}{V_2}\right)^{R/C_{V,m}}$，将这两式联立并移项，有 $\dfrac{V_3}{V_4} = \dfrac{V_2}{V_1}$，将其代入式（3.3a）有

$$-W = nR(T_h - T_c)\ln\frac{V_2}{V_1} \tag{3.3b}$$

现将 $-W$ 表达式（3.3b）以及 Q_h 表达式（3.3a）代入热机效率的定义式，有

$$\eta = \frac{-W}{Q_h} = \frac{nR(T_h - T_c)\ln\dfrac{V_2}{V_1}}{nRT_h\ln\dfrac{V_2}{V_1}} = \frac{T_h - T_c}{T_h} = 1 - \frac{T_c}{T_h} \tag{3.4}$$

由式（3.4）可知：

（1）卡诺热机的热机效率仅与两个热源的温度有关。

（2）在低温热源 Q_c 相同的条件下，高温热源的温度 T_h 越高，热机效率越大。

（3）在卡诺循环中，因 $\Delta U = 0$，则有 $-W = Q + Q_c + Q_h$，将其代入式（3.4），有

$$\frac{Q_h + Q_c}{Q_h} = \frac{T_h - T_c}{T_h}$$

即

$$\frac{Q_c}{Q_h} = \frac{-T_c}{T_h}$$

整理得

$$\frac{Q_h}{T_c} + \frac{Q_c}{T_h} = 0 \tag{3.5}$$

式中，Q 为可逆热；T 为热源温度，因过程可逆，故 T 亦为系统的温度；Q/T 称为热温熵。式（3.5）表明，在卡诺循环中，可逆热温熵之和等于 0，这一重要结果将被用于后面熵函数的导出。

（4）由于卡诺循环为可逆循环，故当所有四步都逆向进行时，W 和 Q 仅改变符号，绝对值不变，故 η 不变。因此若环境对系统做功，则可把热从低温物体转移到高温物体，这就是冷冻机的工作原理。

3.3.2　卡诺定理

卡诺定理：在两个不同温度的热源之间工作的所有热机，可逆热机效率最大。

现基于热力学第二定律利用反证法予以证明。

设在两个不同热源 T_h 和 T_c 之间有一任意热机 i 和可逆热机 r(这里是卡诺热机),如图 3.2(a) 所示。

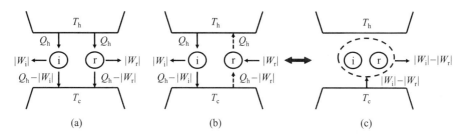

图 3.2　卡诺定理证明

假设任意热机的热机效率大于可逆热机的热机效率,即

$$\eta_i > \eta_r$$

则当两个热机从高温热源吸收相同的热 Q_h 时,任意热机会对环境做较大的功,即

$$|W_i| > |W_r|$$

相应地,任意热机向低温 T_c 热源传递的热就少于可逆热机,即

$$Q_h - |W_i| < Q_h - |W_r|$$

令可逆热机逆向运行,如图 3.2(b) 所示,即从低温 T_c 热源吸热 $Q_h - |W_r|$,从环境得功 $|W_r|$,然后向高温 T_h 散热 Q_h。当该逆向可逆热机与任意热机 i 联合工作进行一循环后,总的结果是:高温 T_h 热源复原了,低温 T_c 热源有热的损失(得少、失多),并全部转化成了环境所得的功 $|W_i| - |W_r|$(图 3.2(c)),这样,从单一热源 T_c 吸热全部用来对外做功的第二类永动机实现了,这显然违背了热力学第二定律。这说明前面的假设 $\eta_i > \eta_r$ 是不能成立的,只能有

$$\eta_i \leqslant \eta_r$$

由此证明了卡诺定理。

卡诺热机的推论:在两个不同热源之间工作的所有可逆热机中,其效率都相等,且与工作介质、变化的种类无关。

卡诺定理的意义:① 引入了一个不等号,原则上解决了化学反应的方向问题;② 解决了热机效率的极限值问题。

3.3.3　热力学第二定律

在卡诺理论工作的基础上,克劳修斯(Clausius) 和开尔文(Kelvin) 先后对热力学第二定律的内容进行了明确的表述,并被后人广泛采用。

克劳修斯说法:"热不能自动从低温物体传给高温物体而不产生其他变化。"

开尔文说法:"不可能从单一热源吸热使之全部对外做功而不产生其他变化。"

Clausius 说法指明了高温向低温传热过程的不可逆性;Kelvin 说法指明了功、热转换的不可逆性。两种说法完全等价,一个说法成立,另一个说法也成立;违反其中一个说法,则必违反另一个说法。

如果违反 Clausius 说法,假设热能自动由低温物体流向高温物体,则工作于两个热源

间的热机,其向低温热源散的热可自动流回高温热源,使低温热源得以恢复,总的结果相当于热机从单一高温热源吸热而全部对外做功,这显然违反 Kelvin 说法。

若违反了 Kelvin 说法,即存在从单一热源吸热而全部对外做功的永动机,则可通过这种永动机从低温热源吸热做功,再将永动机做的功全部转化为高温热源的热,总的结果实现了热由低温向高温的传递,这又违反了 Clausius 说法。

3.4　熵和克劳修斯不等式

卡诺循环在热力学上的研究中占有极为重要的地位,不仅因为它给出了热功转化的极限,更重要的是,在此基础上克劳修斯推导出了一个在热力学中应用很广的状态函数 —— 熵,进而建立了热力学第二定律的数学表达式,使得人们可以定量地对过程的方向和限度进行判断。

3.4.1　熵的定义

1.熵的导出

在前面的卡诺循环中,推导出一个重要结果,即式(3.5)

$$\frac{Q_{\mathrm{h}}}{T_{\mathrm{c}}} + \frac{Q_{\mathrm{c}}}{T_{\mathrm{h}}} = 0$$

对一个无限小的卡诺循环,工质只从热源吸收或放出微量的热 δQ,故有

$$\frac{\delta Q_{\mathrm{h}}}{T_{\mathrm{c}}} + \frac{\delta Q_{\mathrm{c}}}{T_{\mathrm{h}}} = 0$$

即任何卡诺循环的可逆热温熵之和为零。

现利用此结果对任意可逆循环进行讨论。

假设有一任意可逆循环,如图 3.3 中 $ABCDA$ 所示。若在此 p - V 图上引入许多绝热可逆线(虚线)和恒温可逆线(实线),则可将这个任意的可逆循环分割成许多由两条绝热可逆线和两条恒温可逆线所构成的小卡诺循环。如图中阴影部分即为其中一个,前一个循环的绝热可逆膨胀线就是下一个循环的绝热可逆压缩线,这两个过程的功恰好抵消。所有这些小卡诺循环的总和就形成了一条沿 $ABCDA$ 闭合的封闭折线。当卡诺循环无限多时,封闭折线就和曲线 $ABCDA$ 完全重叠,这样的可逆循环 $ABCDA$ 完全可用无限多个小卡诺循环之和来代替。

由于每个小卡诺循环的可逆热温熵之和均为 0,即

$$\frac{\delta Q_1}{T_1} + \frac{\delta Q_2}{T_2} = 0$$

$$\frac{\delta Q_1'}{T_1'} + \frac{\delta Q_2'}{T_2'} = 0$$

$$\cdots$$

式中,T_1,T_2,T_1',T_2',$\cdots$ 为各小卡诺循环中热源的温度。上述各式相加,有

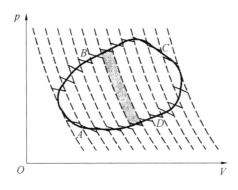

图 3.3　任意可逆循环的分割

$$\left(\frac{\delta Q_1}{T_1} + \frac{\delta Q_2}{T_2}\right) + \left(\frac{\delta Q_1'}{T_1'} + \frac{\delta Q_2'}{T_2'}\right) + \cdots = 0$$

即

$$\sum \frac{\delta Q_r}{T} = 0 \tag{3.6a}$$

式中,δQ_r 代表各小卡诺循环中系统与温度为 T 的热源交换的微量可逆热。因过程是可逆的,故 T 也是系统的温度。在极限的情况下,式(3.6a) 可写成

$$\oint \frac{\delta Q_r}{T} = 0 \tag{3.6b}$$

即任意可逆循环的可逆热温熵 $\dfrac{\delta Q_r}{T}$ 沿封闭曲线的环积分为 0。

根据高等数学中的积分定理,若沿封闭曲线的环积分为零,则所积变量应当是某函数的全微分。该变量的积分值就应当只取决于系统的始、终态,而与过程的具体途径无关。即该变量是状态函数。

2.熵的定义

克劳修斯根据可逆过程的热温熵值取决于始态和终态而与可逆过程无关这一事实定义了熵,以 S 表示,单位为 $\text{J} \cdot \text{K}^{-1}$,即

$$dS = \frac{\delta Q_r}{T} \tag{3.7a}$$

此式为熵的定义式。

对于一个由状态 1 到状态 2 的宏观变化过程,其熵变为

$$\Delta S = \int_1^2 \frac{\delta Q_r}{T} \tag{3.7b}$$

对于无非体积功的微小可逆过程,应用热力学第一定律,有 $\delta Q_r = dU - pdV$,代入熵的定义式(3.7a) 得

$$dS = \frac{dU + pdV}{T}$$

右边出现的变量 U、p、V、T 均为系统的状态函数,状态确定后,它们就有确定的值,故熵 S 必然也是状态函数;又因 U、V 为广度量,则 S 也是广度量。

由熵的定义可知,绝热可逆过程熵变均为 0,即绝热可逆过程为等熵过程。

3.熵的物理意义

在熵的定义式 $dS = \dfrac{\delta Q_r}{T}$ 中,温度 T 总是正值,对于可逆吸热过程,有 $\delta Q_r > 0$,故 $dS > 0$,即系统在可逆吸热后熵增加。以一定量的纯物质由固态变为液态再变为气态($s \rightarrow l \rightarrow g$)的可逆相变为例,系统在整个过程中不断地吸热,致使系统的熵不断增加,结果使得 $S_g > S_l > S_s$。而物质的固、液、气三种聚集状态中,气态的无序度最大,因为气体分子可在整个空间自由运动;固态的无序度最小,分子只能在其平衡位置附近振动;液体的无序度介于气态、固态之间。由此可见,熵是与系统的无序度有关的,系统的无序度增加时,熵即增加。分析其他过程也会得出同样的结果,因而熵可以看成是系统无序度的量度。

3.4.2　克劳修斯不等式

工作于 T_h、T_c 两个热源间的任意热机 i 和可逆热机 r,其热机效率分别为 $\eta_i = \dfrac{Q_h + Q_c}{Q_h} = 1 + \dfrac{Q_c}{Q_h}$;$\eta_r = \dfrac{T_h - T_c}{T_h} = 1 - \dfrac{T_c}{T_h}$。

根据卡诺定理,有

$$\eta_i \leqslant \eta_r$$

若其取"=",则过程可逆,否则过程不可逆,以下公式含义均类似。对于判断自发过程和平衡过程的情况,若式子取"=",则过程为平衡过程,否则过程为自发过程,后续不再赘述。

整理得

$$\frac{Q_h}{T_h} + \frac{Q_c}{T_c} \leqslant 0$$

对于微小循环,有

$$\frac{\delta Q_h}{T_h} + \frac{\delta Q_c}{T_c} \leqslant 0$$

即任意热机完成一微小循环后,其热温熵之和小于或等于零,不可逆时小于零,可逆时等于零。将任意一个循环用无限多个微小循环代替,则有

$$\oint \frac{\delta Q_r}{T} = 0$$

设有下列循环:如图 3.4 所示,系统经过不可逆过程 A → B,然后经过可逆循环由 B → A。因为前一过程是不可逆的,所以,就整个循环来说仍旧是一个不可逆循环,将其拆成两项,有

$$\int_A^B \frac{\delta Q_i}{T} + \int_B^A \frac{\delta Q_r}{T} < 0$$

对于可逆途径 r,有

$$\int_B^A \frac{\delta Q_r}{T} = -\int_A^B \frac{\delta Q_r}{T}$$

故有

$$\int_A^B \frac{\delta Q_r}{T} > \int_A^B \frac{\delta Q_i}{T}$$

式中,下标 r 表示可逆过程;下标 i 表示不可逆过程;δQ_r、δQ_i 分别为 A → B 过程对应的可逆热、不可逆热。

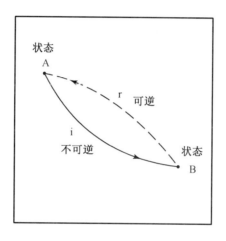

图 3.4　不可逆循环过程示意图

利用熵的定义式,可得

$$\Delta_A^B S \geqslant \int_A^B \frac{\delta Q}{T} \tag{3.8a}$$

该式称为克劳修斯不等式,δQ 为实际过程中的热效应;T 为环境温度。在可逆过程中用等号,此时环境温度等于系统温度,δQ 也是可逆过程中的热效应。利用克劳修斯不等式,可由过程的热温熵与可逆热温熵的比较来判断过程的方向与限度,若过程的热温熵小于可逆热温熵,则过程不可逆;若过程的热温熵等于可逆热温熵,则过程可逆。而热力学第二定律的核心问题是解决过程的方向和限度,故克劳修斯不等式也称为热力学第二定律的数学表达式。

若把式(3.8a) 应用到微小过程上,则

$$dS \geqslant \frac{\delta Q}{T} \tag{3.8b}$$

这是热力学第二定律最普遍的表达式。因为这个式子所涉及的过程是微小的变化,它相当于组成其他任何过程的基元过程。

3.4.3　熵增原理

对于绝热系统中所发生的变化，$\delta Q = 0$，所以克劳修斯不等式为

$$\Delta S \geq 0$$

即在绝热过程中熵不可能减小，这就是熵增原理。

大多数情况下，系统与环境间往往并不绝热，这时可将系统（sys）与环境（amb）组成的隔离系统作为一个整体，它显然满足绝热的条件，因此有

$$\Delta S_{\text{iso}} = \Delta S_{\text{sys}} + \Delta S_{\text{amb}}$$

$$\Delta S_{\text{iso}} = \Delta S_{\text{sys}} + \Delta S_{\text{amb}} \geq 0 \tag{3.9}$$

即隔离系统的熵不可能减小，这就是熵增原理的一种说法。

不可逆过程可以是前面提到的自发过程，也可以是靠环境做功进行的非自发过程。而隔离系统与环境间没有任何能量交换，若其内部发生不可逆过程，那一定是自发过程，不可逆过程的方向也就是自发过程的方向。而可逆过程则是式中处于平衡态的过程，即

$$\Delta S_{\text{iso}} = \Delta S_{\text{sys}} + \Delta S_{\text{amb}} \geq 0 \tag{3.10a}$$

$$\mathrm{d} S_{\text{iso}} = \mathrm{d} S_{\text{sys}} + \mathrm{d} S_{\text{amb}} \geq 0 \tag{3.10b}$$

式（3.10a）和式（3.10b）是利用隔离系统的熵差来判断过程的方向与限度，故又称熵判据。若其取"＞"，则过程为自发过程；若其取"＝"，则过程为平衡过程。

3.5　熵变的计算

3.5.1　系统熵变的计算

1.恒温、恒压可逆相变熵的计算

由可逆过程的定义可知，可逆相变是无限接近平衡条件下进行的相变。如果一个相变过程中始终保持在某一温度及其平衡压力下进行，则该相变即为可逆相变，也称平衡相变。第 2 章介绍了相变过程的基础热数据摩尔相变焓 $\Delta_\alpha^\beta H_{\text{m}}$。由其定义可知，它即为摩尔可逆相变焓。封闭系统过程中的恒压热 Q_p 与系统的焓变 ΔH 在数值上相等，有 $Q_p = \Delta H = n\,\Delta_\alpha^\beta H_{\text{m}}$，则

$$\Delta_\alpha^\beta S = \frac{\Delta H}{T} = \frac{n\,\Delta_\alpha^\beta H_{\text{m}}}{T} \tag{3.11}$$

2.理想气体绝热可逆过程熵的计算

对于绝热系统中所发生的变化，$\delta Q_{\text{r}} = 0$，所以理想气体绝热可逆过程为等熵过程，$\Delta S = 0$。

3.理想气体恒温可逆变化过程熵的计算

$$\Delta U = 0, \quad Q_r = -W_{\max}, \quad W_{\mathrm{mix}} = nRT\ln\frac{V_1}{V_2} = nRT\ln\frac{p_2}{p_1}$$

$$\Delta S = \frac{Q_r}{T} = -\frac{W_{\max}}{T} = nRT\ln\frac{V_2}{V_1} = nRT\ln\frac{p_1}{p_2} \tag{3.12}$$

由于熵是状态函数,只与系统的始、终态相关,因此,恒温不可逆过程也可用上述过程计算。

4.非恒温过程中熵的计算

若对系统加热或冷却,使其温度发生变化,则系统的熵值也发生变化。有以下几种情况。

（1）物质的量一定的可逆恒容变温过程。

$$\delta Q_{V,r} = nC_{V,m}\mathrm{d}T, \quad \mathrm{d}S = \frac{nC_{V,m}\mathrm{d}T}{T}$$

$$\Delta S = \int_{T_1}^{T_2}\frac{nC_{V,m}}{T}\mathrm{d}T = nC_{V,m}\ln\frac{T_2}{T_1} \tag{3.13}$$

（2）物质的量一定的可逆恒压变温过程。

$$\delta Q_{p,r} = nC_{p,m}\mathrm{d}T, \quad \mathrm{d}S = \frac{nC_{p,m}\mathrm{d}T}{T}$$

$$\Delta S = \int_{T_1}^{T_2}\frac{nC_{p,m}}{T}\mathrm{d}T = nC_{p,m}\ln\frac{T_2}{T_1} \tag{3.14}$$

（3）状态 $A(p_1, V_1, T_1)$ 到状态 $B(p_2, V_2, T_2)$。

一定量理想气体从状态 $A(p_1, V_1, T_1)$ 到状态 $B(p_2, V_2, T_2)$ 的熵变,用一步无法计算,要由两种可逆过程的加和求得,有多种分步计算方法,可得相同结果。

如图 3.5 所示,由状态 A 至 B 有如下途径:

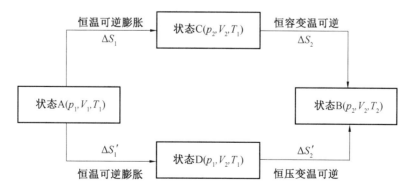

图 3.5　由不同的可逆过程计算熵

途径 1:在 T_1 时恒温可逆膨胀由 A 至 C,再恒容可逆变温至 B。

$$\Delta S = \Delta S_1 + \Delta S_2 = nR\ln \frac{V_2}{V_1} + \int_{T_1}^{T_2} \frac{nC_{V,m}}{T}\mathrm{d}T \tag{3.15}$$

途径 2:在 T_1 时恒温可逆膨胀由 A 至 D,再恒压可逆变温至 B。

$$\Delta S = \Delta S_1' + \Delta S_2' = nR\ln \frac{p_1}{p_2} + \int_{T_1}^{T_2} \frac{nC_{p,m}}{T}\mathrm{d}T \tag{3.16}$$

5.理想气体恒温、恒压混合过程熵的计算

理想气体的恒温、恒压混合过程,符合分体积定律,即 $x_B = V_B/V_{总}$,这时每种气体单独存在时的压力都相等,并等于气体的总压力。

当每种气体单独存在时的压力都相等而且又等于混合气体的总压力时,上述混合过程一般可写为

$$\Delta_{mix}S = -R\sum_B n_B\ln x_B \tag{3.17}$$

3.5.2　环境熵变的计算

一般所指的环境往往是大气或者很大的热源,当系统与环境间发生有限的热量交换时,仅引起环境温度、压力无限小的变化,环境可认为时刻处于无限接近平衡的状态。这样,整个热交换过程对环境而言可看成是在恒温下的可逆过程,则由熵的定义,有

$$\Delta S_{amb} = \frac{Q_{amb}}{T_{amb}}$$

式中,T_{amb} 为环境温度。

又因 $Q_{amb} = -Q_{sys}$,得

$$\Delta S_{amb} = \frac{-Q_{sys}}{T_{amb}} \tag{3.18}$$

此式即环境熵变计算式。式(3.18) 表明,系统与环境交换热量的负值与环境温度的熵即为环境熵变。

3.6　热力学第三定律及化学过程中熵变的计算

3.6.1　热力学第三定律

1.热力学第三定律的实验基础

在 20 世纪初,人们通过对低温下凝聚系统电池反应的测量发现,随着温度的降低,凝聚系统恒温反应对应的熵变 $\Delta_r S$ 在下降,当温度趋于 0 K 时,$\Delta_r S$ 趋于最小。在此基础上,能斯特(Nernst) 于 1906 年提出如下假定:

凝聚系统在恒温过程中的熵变,随温度趋于 0 K 而趋于 0,即

$$\lim_{T \to 0\,K} \Delta_T S = 0 \qquad (3.19)$$

此假定被称为能斯特热定律,它奠定了热力学第三定律的基础。

在不违背能斯特热定律的前提下,为了应用方便,1911 年普朗克(Planck)进一步做了如下假设:0 K 下凝聚相、纯物质的熵为零,即

$$S^*(0\,K,凝聚相) = 0$$

这就是普朗克有关热力学第三定律最初的说法。这里,0 K 下的凝聚相没有特别明确,而玻璃体、晶体等又都是凝聚相,故为了更严格起见,路易斯(Lewis)和吉布斯在 1920 年对此进行了严格界定,提出了完美晶体的概念,使得热力学第三定律的表述更加科学、严谨。

2.热力学第三定律

纯物质、完美晶体、0 K 时的熵为零,即

$$S^*(0\,K,完美晶体) = 0 \qquad (3.20)$$

这就是热力学第三定律最普遍的表述。它是由普朗克提出,经路易斯和吉布斯等人修正后完成的。这里的完美晶体是指没有任何缺陷的晶体,即所有质点均处于最低能级且规则地排列在完全有规律的点阵结构中,以形成具有唯一排布方式的晶体。

上述表述与熵的物理意义是一致的。0 K 下、纯物质、完美晶体的有序度是最大的、其熵是最小的,热力学第三定律将其熵规定为零也就顺理成章了。

3.6.2　规定熵、标准熵与标准摩尔反应熵

热力学第三定律实际是对熵的基准进行了规定。有了这个基准,就可以计算出一定量的 B 物质在某一状态(T,p)下的熵,称为该物质在该状态下的规定熵,亦称为第三定律熵。1 mol 物质在标准态下、温度 T 时的规定熵即为温度 T 时的标准摩尔熵,记作 $S_m^{\ominus}(T)$。

通过物质的标准摩尔熵 $S_m^{\ominus}(T)$,可以很方便地计算化学变化过程的熵变。

1.298.15 K 下标准摩尔反应熵

若反应是在恒定温度 298.15 K 下进行且各组分均处于标准态,则反应

$$aA(\alpha) + bB(\beta) \xrightarrow{298.15\,K} yY(\gamma) + zZ(\delta)$$

进行了 1 mol 反应进度时,对应的熵变即为标准摩尔反应熵,它可以直接利用 298.15 K 下各物质的 $S_m^{\ominus}$ 通过下式进行计算:

$$\Delta_r S_m^{\ominus} = [yS_m^{\ominus}(Y) + zS_m^{\ominus}(Z)] - [aS_m^{\ominus}(A) + bS_m^{\ominus}(B)] = \sum \nu_B S_m^{\ominus}(B) \qquad (3.21)$$

即 298.15 K 下标准摩尔反应熵 $\Delta_r S_m^{\ominus}$ 等于终态各产物标准摩尔熵之和减去始态各反应物标准摩尔熵之和。

需要注意的是,由于物质在恒温恒压条件下混合时存在熵变,故利用式(3.21)计算的 $\Delta_r S_m^{\ominus}$ 并非物质 A 与物质 B 混合后发生反应,生成混合的产物 Y 与产物 Z 时的熵变,而

是假定反应物和产物均处于各自标准态时,进行 1 mol 反应进度这一假想过程所对应的熵变,如图 3.6 所示。

图 3.6　标准摩尔反应熵变

2.任意温度 T 下的 $\Delta_r S_m^{\ominus}$

多数情况下,反应并非在 298.15 K 下进行,此时要利用 298.15 K 下各物质的 $S_m^{\ominus}$ 计算任意温度下的标准摩尔反应熵 $\Delta_r S_m^{\ominus}(T)$,就需要借助如下的状态函数法,如图 3.7 所示。

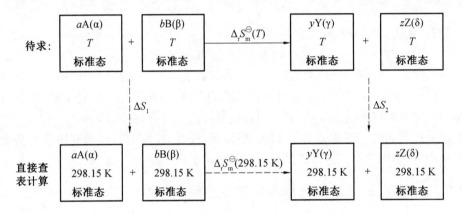

图 3.7　任意温度下的标准摩尔反应熵

$$\Delta_r S_m^{\ominus}(T) = \Delta_r S_m^{\ominus}(298.15\ \text{K}) + \Delta S_1 + \Delta S_2$$

$$= \Delta_r S_m^{\ominus}(298.15\ \text{K}) + \int_T^{298.15\ \text{K}} \frac{aC_{p,m}(A) + bC_{p,m}(B)}{T}\mathrm{d}T +$$

$$\int_{298.15\ \text{K}}^{T} \frac{yC_{p,m}(Y) + zC_{p,m}(Z)}{T}\mathrm{d}T$$

整理得

$$\Delta_r S_m^{\ominus}(T) = \Delta_r S_m^{\ominus}(298.15\ \text{K}) + \int_{298.15\ \text{K}}^{T} \frac{\Delta_r C_{p,m}}{T}\mathrm{d}T \qquad (3.22)$$

式中

$$\Delta_r C_{p,m} = \sum \nu_B C_{p,m}(B)$$
$$= [yC_{p,m}(Y) + zC_{p,m}(Z)] - [aC_{p,m}(A) + bC_{p,m}(B)]$$

由式(3.22)可知,如果反应的 $\Delta_r C_{p,m} = 0$,则反应的熵变 $\Delta_r S_m^{\ominus}(T)$ 不随温度变化。

3.7　亥姆霍兹函数和吉布斯函数

当我们用熵增加原理来判别自发变化的方向以及平衡条件时,系统必须是隔离的。但反应总是在恒温、恒压或恒温、恒容的条件下进行的,而且对非隔离系统必须同时考虑环境的熵变,这很不方便。因此,有必要引进新的热力学函数,以便仅依靠系统自身的此种函数的变化量,就可以在一定的条件下判别自发变化的方向,而无须再考虑环境。亥姆霍兹(Helmholtz)和吉布斯(Gibbs)分别定义了两个状态函数。这两个函数和焓一样都是辅助函数,它们都不是热力学第二定律的直接结果。

3.7.1　亥姆霍兹函数

根据克劳修斯不等式

$$dS \geqslant \frac{\delta Q}{T}$$

对恒温恒容且 $W' = 0$ 的过程,有

$$\delta Q_V = dU$$

将其代入克劳修斯不等式中,有

$$dS \geqslant \frac{dU}{T} \quad \begin{matrix} \text{不可逆} \\ \text{可逆} \end{matrix}$$

两边乘 T 并移项,得

$$dU - TdS \leqslant 0 \quad \begin{matrix} \text{不可逆} \\ \text{可逆} \end{matrix}$$

因 T 恒定,故有

$$d(U - TS) \leqslant 0 \quad \begin{matrix} \text{不可逆} \\ \text{可逆} \end{matrix} \tag{3.23}$$

1.定义

$$A \xlongequal{\text{def}} U - TS \tag{3.24}$$

这里 A 称为亥姆霍兹函数。显然,因为 U、T、S 均为状态函数,故 A 亦为状态函数,它是一个广度量,其单位为 J 或 kJ。

2.判据

将定义式(3.24)代入式(3.23),有

$$dA_{T,V} \leqslant 0 \quad \begin{matrix} \text{自发} \\ \text{平衡} \end{matrix} \quad W' = 0 \tag{3.25a}$$

对宏观过程,则有

$$\Delta A_{T,V} \leqslant 0 \quad \begin{matrix} \text{自发} \\ \text{平衡} \end{matrix} \quad W' = 0 \tag{3.25b}$$

以上两式即亥姆霍兹函数判据,该判据表明:恒温恒容且 $W' = 0$ 条件下,一切可能自发进行的过程,其亥姆霍兹函数减小;而对平衡过程,亥姆霍兹函数不变。即在上述条件下,若对系统任其自然,则自发变化总是朝向亥姆霍兹自由能减少的方向进行,直到减至该情况下所允许的最小值,达到平衡为止。系统不可能自动地发生 $\Delta A_{T,V} > 0$ 的变化。利用亥姆霍兹自由能可以在上述条件下判别自发变化的方向和限度。

3.7.2 吉布斯函数

对恒温恒压且 $W' = 0$ 的过程,有

$$\delta Q_p = \mathrm{d}H$$

将其代入克劳修斯不等式 $\mathrm{d}S \geqslant \dfrac{\delta Q}{T}$ 中,有

$$\mathrm{d}S \geqslant \frac{\mathrm{d}H}{T} \quad \begin{array}{l}\text{不可逆}\\ \text{可逆}\end{array}$$

两边乘 T 并移项,得

$$\mathrm{d}H - T\mathrm{d}S \leqslant 0 \quad \begin{array}{l}\text{不可逆}\\ \text{可逆}\end{array}$$

因 T 恒定,故有

$$\mathrm{d}(H - TS) \leqslant 0 \quad \begin{array}{l}\text{不可逆}\\ \text{可逆}\end{array} \tag{3.26}$$

1.定义

$$G \xlongequal{\text{def}} H - TS \tag{3.27}$$

这里 G 称为吉布斯(Gibbs)函数。它同 A 一样,也是一个具有广度性质的状态函数,其单位为 J 或 kJ。

2.判据

将定义式(3.27)代入式(3.26),有

$$\mathrm{d}G_{T,p} \leqslant 0 \quad \begin{array}{l}\text{自发}\\ \text{平衡}\end{array} \quad W' = 0 \tag{3.28a}$$

对宏观过程,则有

$$\Delta G_{T,p} \leqslant 0 \quad \begin{array}{l}\text{自发}\\ \text{平衡}\end{array} \quad W' = 0 \tag{3.28b}$$

以上两式即吉布斯函数判据,该判据应用非常广泛,因为许多相变化、化学反应变化均是在恒温恒压、$W' = 0$ 下进行的,且它与亥姆霍兹函数判据一样,也无须考虑环境,仅由系统状态函数的变化量 ΔG 即可对过程的可能性进行判断:在恒温恒压且 $W' = 0$ 条件下,系统吉布斯函数减小的过程能够自发进行,吉布斯函数不变时处于平衡态,不可能发生吉布斯函数增大的过程。

3.7.3　反应的方向和平衡条件

前面已经介绍了 5 个热力学函数 U、H、S、A 和 G，在 5 个函数中，热力学能和熵是最基本的，其他 3 个状态函数是衍生的。但在 5 个热力学函数中，熵具有特殊的地位，热力学中用以判别变化的方向和过程的可逆性的一些不等式，最初就是从讨论熵函数时开始的。从有关熵函数的不等式，进而导出了亥姆霍兹自由能和吉布斯自由能的不等式。据此可以在更常见的条件下判别变化的方向和平衡条件，而其中吉布斯自由能用得最多。

从以上几节的讨论，可以归纳出如下几点。

1.熵判据

对于隔离系统或绝热系统

$$dS \geqslant 0 \tag{3.29a}$$

等号表示可逆，不等号表示不可逆。在隔离系统中，如果发生了不可逆的变化，则必定是自发的。即在隔离系统中，自发变化总是朝着熵增加的方向进行。自发变化的结果是使系统趋向丁平衡态。当系统到达平衡态之后，如果有任何过程发生，必定都是可逆的。此时 $dS = 0$，熵值不变。由于隔离系统的 U、V 不变，所以，以上判据也可写为

$$(dS)_{U,V} \geqslant 0 \tag{3.29b}$$

2.亥姆霍兹函数判据

在恒温、恒容不做其他功的条件下，若系统任其自然，则自发变化总是朝向 A 减少的方向进行，直至系统达到平衡。亥姆霍兹自由能判据也可以写为

$$(dA)_{T,V,W_f=0} \leqslant 0 \tag{3.30}$$

3.吉布斯函数判据

在恒温、恒压不做其他功的条件下，若系统任其自然，则自发变化总是朝向吉布斯自由能减少的方向进行，直至系统达到平衡。

$$(dG)_{T,p,W_f=0} \leqslant 0 \tag{3.31}$$

在式（3.31）中，不等式判别变化方向，等式可以作为平衡的标志。用熵来判别时必须是隔离系统，除了考虑系统自身的熵变外，还要考虑环境的熵变，但是由亥姆霍兹自由能和吉布斯自由能来判别，则只需要考虑系统自身的性质即可。

应该注意，恒温恒压下 $\Delta G > 0$ 的变化是可能发生的，但不会自动发生。在恒温恒压不做其他功的情况下，氢和氧可以自发地反应变成水，这一反应的 $\Delta G < 0$。逆反应的 $\Delta G > 0$，因此逆反应不能自动发生。但是如果外界给予帮助，例如输入电功，则可使水电解而得到氢和氧。

3.7.4 ΔA 和 ΔG 的计算

1.恒温物理变化中的 ΔA 和 ΔG

亥姆霍兹自由能和吉布斯自由能是状态函数,在指定的始态和终态之间 ΔA 和 ΔG 是定值。因此,总是可以拟定一个可逆过程来计算。计算一个过程的 ΔA 和 ΔG,最基本的是从其定义式出发,即

$$A = U - TS$$
$$G = H - TS = U + pV - TS = A + pV$$

对微小变化

$$\mathrm{d}A = \mathrm{d}U - T\mathrm{d}S - S\mathrm{d}T$$
$$\mathrm{d}G = \mathrm{d}H - T\mathrm{d}S - S\mathrm{d}T \text{ 或 } \mathrm{d}G = \mathrm{d}A + p\mathrm{d}V + V\mathrm{d}p$$

或根据具体过程,代入相应的计算式,就可求得 ΔA 和 ΔG。

(1)恒温、恒压可逆相变。

因为相变过程不做非体积功,所以

$$\mathrm{d}A = \mathrm{d}(U - TS) = \delta W_e = -p\mathrm{d}V$$
$$\mathrm{d}G = \mathrm{d}A + p\mathrm{d}V + V\mathrm{d}p = V\mathrm{d}p$$

又因为是恒压过程,则 $\mathrm{d}p = 0$,所以 $\mathrm{d}G = 0$。

(2)恒温下,系统从 p_1、V_1 改变到 p_2、V_2 且不做非体积功。

这时

$$\Delta A = \Delta(U - TS) = W_e = -p_{\mathrm{amb}}\Delta V$$
$$\mathrm{d}G = \mathrm{d}A + p\mathrm{d}V + V\mathrm{d}p = V\mathrm{d}p$$

则

$$\Delta G = \int_{p_1}^{p_2} V\mathrm{d}p$$

此式可适用于物质的各种状态。要对其进行积分,需要知道 V 与 p 间的关系。对于理想气体,根据其状态方程,得

$$\Delta G = \int_{p_1}^{p_2} \frac{nRT}{p}\mathrm{d}p = nRT\ln\frac{p_2}{p_1} = nRT\ln\frac{V_1}{V_2}$$

【例 3.1】 在标准压力 100 kPa 和 373 K 时,把 1.0 mol 水蒸气可逆压缩为液体水,计算该过程的 Q、W、ΔH、ΔU、ΔG、ΔA 和 ΔS(已知该条件下水的蒸发热为 2 258 kJ $\cdot$ kg^{-1},$M(\mathrm{H_2O}) = 18.0$ g $\cdot$ mol^{-1},水蒸气可视为理想气体)。

解:

$$W = -p\Delta V = -p[V(\mathrm{l}) - V(\mathrm{g})] \approx pV(\mathrm{g}) = nRT$$
$$= 1 \text{ mol} \times 8.314 \text{ J} \cdot \text{mol}^{-1} \cdot \text{K}^{-1} \times 373 \text{ K} = 3.10 \text{ kJ}$$
$$Q_p = -2 258 \text{ kJ} \cdot \text{kg}^{-1} \times 18.0 \times 10^{-3} \text{ kg} = -40.6 \text{ kJ}$$
$$\Delta H = Q_p = -40.6 \text{ kJ}$$

$$\Delta U = \Delta H - \Delta(pV) = \Delta H - pV(g) = (-40.6 + 3.10)\ \text{kJ} = -37.5\ \text{kJ}$$

$$\Delta S = \frac{Q_r}{T} = \frac{-40.6\ \text{kJ}}{373\ \text{K}} = -109\ \text{J} \cdot \text{K}^{-1}$$

$$\Delta G = \Delta H - \Delta(ST) = 0\ \text{或}\ \Delta G = \int V \text{d}p = 0$$

2. 化学反应过程中的 ΔG 的计算

式 $\Delta G = \Delta U - \Delta(TS)$ 也适用于化学反应过程 ΔG 的计算。对恒温、标准态下的反应，有

$$\Delta_r G_m^{\ominus} = \Delta_r H_m^{\ominus} - T\Delta_r S_m^{\ominus} \tag{3.32}$$

其中化学反应过程的标准摩尔反应焓 $\Delta_r H_m^{\ominus}$、标准摩尔反应熵 $\Delta_r S_m^{\ominus}$ 的计算前面已经介绍。

此外，化学反应过程的 $\Delta_r G_m^{\ominus}$ 还可以通过参与反应的各物质的标准摩尔生成吉布斯函数 $\Delta_f G_m^{\ominus}$ 来直接计算。

在温度为 T 的标准态下，由稳定相态的单质生成化学计量数 $\nu_B = 1$ 的 β 相态的化合物 $B(\beta)$，该生成反应的吉布斯函数即为该化合物 $B(\beta)$ 在温度 T 时的标准摩尔生成吉布斯函数，以 $\Delta_f G_m^{\ominus}(B、\beta、T)$ 表示，单位为 $\text{kJ} \cdot \text{mol}^{-1}$。显然，对于热力学稳定相态的单质，$\Delta_f G_m^{\ominus} = 0$。

由各物质的 $\Delta_f G_m^{\ominus}(B)$，可直接利用下式计算反应的 $\Delta_r G_m^{\ominus}$：

$$\Delta_r G_m^{\ominus} = \sum \nu_B \Delta_f G_m^{\ominus}(B) \tag{3.33}$$

即一定温度下化学反应的标准摩尔反应吉布斯函数 $\Delta_r G_m^{\ominus}$ 等于同样温度下参与反应各组分标准摩尔生成吉布斯函数 $\Delta_f G_m^{\ominus}(B)$ 与其化学计量数的乘积之和。

3.8　热力学基本方程

将封闭系统热力学第一定律应用于可逆、$W' = 0$ 的过程，有
$$\text{d}U = \delta Q_r - p\text{d}V$$
又由熵的定义式有
$$\delta Q_r = T\text{d}S$$
两式联立，得
$$\text{d}U = T\text{d}S - p\text{d}V \tag{3.34}$$
由焓的定义式 $H = U + pV$，因 $\text{d}H = \text{d}U + p\text{d}V + V\text{d}p$，将式(3.34)代入得
$$\text{d}H = T\text{d}S + V\text{d}p \tag{3.35}$$
由亥姆霍兹函数的定义式 $A = U - TS$，因 $\text{d}A = \text{d}U - T\text{d}S - S\text{d}T$，将式(3.34)代入得
$$\text{d}A = -S\text{d}T - p\text{d}V \tag{3.36}$$
由吉布斯函数的定义式 $G = H - TS$，因 $\text{d}G = \text{d}H - T\text{d}S - S\text{d}T$，将式(3.35)代入得
$$\text{d}G = -S\text{d}T + V\text{d}p \tag{3.37}$$
式(3.34) ~ (3.37)即为热力学基本方程。称之为基本方程，不仅因为这些方程是热

力学第一、第二定律的结合式,更是因为后面的许多热力学关系式都是由这四个微分形式的方程出发导出的。

由推导过程可知,热力学基本方程的适用条件为封闭系统、$W' = 0$ 的可逆过程。它不仅适用于系统发生的可逆单纯 pVT 变化,也适用于可逆相变化和可逆化学反应。

由于热力学基本方程中所有物理量均为状态函数,而状态函数的变化仅仅取决于始、终态,故系统从同一始态到同一终态间不论过程可逆与否,状态函数变化均可由热力学基本方程计算,但积分时要找出可逆途径时 $V - p$ 及 $T - S$ 间的函数关系。

3.9 热力学第二定律在单组分系统相平衡中的应用

3.9.1 克拉佩龙方程

设纯物质 B 的 α 相与 β 相在恒定温度 T、压力 p 下处于平衡:

$$B(\alpha, T, p) \xrightleftharpoons{\text{平衡}} B(\beta, T, p)$$

这里 α 和 β 分别代表两个不同的相,可以是气、液、固或不同的晶型。

由吉布斯函数判据式(3.28)知,恒温恒压下 α 和 β 两相平衡时,两相的吉布斯函数相等,如图 3.8(a)所示,即

$$G_m(\alpha) = G_m(\beta)$$

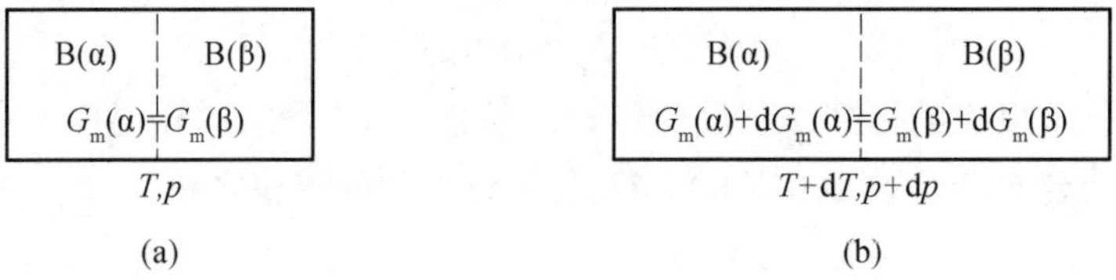

图 3.8 纯物质的两相平衡

现将上述两相平衡的温度 T 变为 $T + dT$,要使系统仍维持两相平衡,则压力 p 必须相应地随之变化,设压力变为 $p + dp$。两相在新的温度($T + dT$)和压力($p + dp$)下处于新的平衡:

$$B(\alpha, T + dT, p + dp) \xrightleftharpoons{\text{平衡}} B(\beta, T + dT, p + dp)$$

新平衡下两相的摩尔吉布斯函数应相等,如图 3.8(b)所示,即

$$G_m(\alpha) + dG_m(\alpha) = G_m(\beta) + dG_m(\beta)$$

这里 $dG_m(\alpha)$、$dG_m(\beta)$ 分别为新、旧平衡间两相摩尔吉布斯函数的变化量。

上述两式相减,有

$$dG_m(\alpha) = dG_m(\beta)$$

将热力学基本方程应用于每一相,有

$$-S_m(\alpha)dT + V_m(\alpha)dp = -S_m(\beta)dT + V_m(\beta)dp$$

移项整理得

$$[V_m(\beta) - V_m(\alpha)]dp = [S_m(\beta) - S_m(\alpha)]dT$$

令 $\Delta_\alpha^\beta V_m = V_m(\beta) - V_m(\alpha)$，$\Delta_\alpha^\beta S_m = S_m(\beta) - S_m(\alpha)$，则

$$\frac{\mathrm{d}p}{\mathrm{d}T} = \frac{\Delta_\alpha^\beta S_m}{\Delta_\alpha^\beta V_m}$$

又因 $\Delta_\alpha^\beta S_m = \dfrac{\Delta_\alpha^\beta H_m}{T}$，代入得

$$\frac{\mathrm{d}p}{\mathrm{d}T} = \frac{\Delta_\alpha^\beta H_m}{T \Delta_\alpha^\beta V_m} \tag{3.38}$$

此式称为克拉佩龙（Clapeyron）方程。它描述的是纯物质两相平衡时，平衡压力 p 与平衡温度 T 之间应满足的关系。上述关系适用于纯物质任何两相平衡，如蒸发、熔化、升华、晶型转变等。在蒸发、升华过程中，平衡压力 p 即为温度 T 时的饱和蒸气压，$\dfrac{\mathrm{d}p}{\mathrm{d}T}$ 即为气 - 液、气 - 固平衡时，饱和蒸气压随 T 的变化率。而对熔化、晶型转变过程，通常关注熔点、晶型转变温度 T 随 p 的变化过程，此时，克拉佩龙方程（式（3.38））常改写成如下形式：

$$\frac{\mathrm{d}T}{\mathrm{d}p} = \frac{T \Delta_\alpha^\beta V_m}{\Delta_\alpha^\beta H_m} \tag{3.39}$$

两者是完全等价的。

在单组分 p - T 相图中，气 - 液、气 - 固、液 - 固等两相平衡线的变化趋势可通过克拉佩龙方程分析。

3.9.2　克劳修斯 - 克拉佩龙方程

克拉佩龙方程适用于纯物质任何两相平衡且是严格成立的，因推导过程中没有做任何假设与近似处理，将其用于气 - 液、气 - 固平衡，并做合理近似，可导出描述气 - 液、气 - 固平衡时饱和蒸气压 p 与温度 T 关系的克劳修斯 - 克拉佩龙方程。

以液体蒸发过程为例，其克拉佩龙方程形式为

$$\frac{\mathrm{d}p}{\mathrm{d}T} = \frac{\Delta_l^g H_m}{T \Delta_l^g V_m} \tag{3.40}$$

在远低于临界温度的条件下，与蒸气的摩尔体积 $V_m(g)$ 相比，液体的摩尔体积 $V_m(l)$ 很小，可以近似认为 $\Delta_l^g V_m = V_m(g) - V_m(l) \approx V_m(g)$。假设蒸气为理想气体，由理想气体状态方程，有 $V_m(g) = \dfrac{RT}{p}$。将其代入克拉佩龙方程（式（3.38））中，有

$$\frac{\mathrm{d}p}{\mathrm{d}T} = \frac{\Delta_l^g H_m}{RT^2} p$$

即

$$\frac{\mathrm{d}\ln p}{\mathrm{d}T} = \frac{\Delta_l^g H_m}{RT^2} \tag{3.41}$$

此式即为克劳修斯 - 克拉佩龙方程（简称克 - 克方程）的微分式。

当温度变化不大时，假设摩尔蒸发焓 $\Delta_l^g H_m$ 不随温度 T 变化，将式（3.41）积分，可得

克-克方程的积分形式如下:

不定积分式:

$$\ln p = -\frac{\Delta_l^g H_m}{R} \cdot \frac{1}{T} + C \qquad (3.42)$$

定积分式:

$$\ln \frac{p_2}{p_1} = -\frac{\Delta_l^g H_m}{R} \cdot \left(\frac{1}{T_2} - \frac{1}{T_1}\right) \qquad (3.43)$$

若实验测得某液体或固体一系列不同 T 下的饱和蒸气压数据时,可利用不定积分式 (3.42),将 $\ln p$ 对 $\frac{1}{T}$ 作图,得一直线,由直线斜率及截距可求得液体的摩尔蒸发焓 $\Delta_l^g H_m$ 和积分常数 C。

若已知两个不同温度下的饱和蒸气压,可利用定积分式(3.43)计算摩尔蒸发焓 $\Delta_l^g H_m$;若已知摩尔蒸发焓 $\Delta_l^g H_m^{\ominus}$ 及一个温度 T_1 的饱和蒸气压 p_1,则可计算另一个温度 T_2 的饱和蒸气压 p_2。

本 章 小 结

(1)本章引入一个重要的状态函数——熵,两个新的状态函数——亥姆霍兹函数和吉布斯函数。推导出了热力学能、焓、亥姆霍兹函数和吉布斯函数这四个状态函数随平衡系统状态变化的热力学基本方程。

(2)本章明确了热力学第二定律的两种说法和物理意义。

(3)本章介绍了可逆热机效率的应用和计算;熵的意义及其大小判断,熵增原理与可逆的关系,以及熵变的计算。

(4)本章介绍了亥姆霍兹函数和吉布斯函数的应用条件和意义与相关计算以及克拉佩龙方程的定义和计算。

本 章 习 题

1.373 K 时,将 1 mol 纯净水蒸气小心加压到 200 kPa,然后在这个温度和压力下变成同温、同压的水,即 $H_2O(g, 373\ K, 200\ kPa) \longrightarrow H_2O(l, 373\ K, 200\ kPa)$,试计算该变化过程的 ΔH、ΔG 和 ΔS(已知 $H_2O(l)$ 在该温度下的摩尔蒸发焓为 40.6 kJ·mol^{-1},设 $H_2O(g)$ 可作为理想气体处理,$H_2O(l)$ 的体积不会因压力变化而变化)。

2.298 K 和 100 kPa 时,将 1.0 dm^3 双原子分子理想气体经绝热不可逆过程压缩至终态压力为 500 kPa,做功 502 J。已知该气体在 298 K 时的标准摩尔熵 $S_m^{\ominus}$ = 205.1 J·K^{-1}·mol^{-1},试求:

(1)该气体的物质的量和终态温度。

(2)该过程的 ΔU、ΔH、ΔG 和 ΔS。

3.4 mol 理想气体,其 $C_{V,m} = 2.5R$,由始态 600 K、1 000 kPa 依次经历下列过程:

（1）绝热、反抗 600 kPa 恒定的环境的压力，膨胀至平衡态；

（2）再恒容加热至 800 kPa；

（3）最后绝热可逆膨胀至 500 kPa 的终态。

试求整个过程的 Q、W、ΔU、ΔH 和 ΔS。

4.绝热恒压条件下，将一小块冰投入 263 K、100 g 过冷水中，最终形成 273 K 的冰水体系，以 100 g 水为体系，求在此过程中的 Q、ΔH、ΔS。上述过程是否为可逆过程？通过计算说明（已知：$\Delta_f H_m(273\ \text{K}) = 6.0\ \text{kJ} \cdot \text{mol}^{-1}$；$C_{p,m}(273\ \text{K},l) = 75.3\ \text{J} \cdot \text{K}^{-1} \cdot \text{mol}^{-1}$；$C_{p,m}(273\ \text{K},s) = 37.2\ \text{J} \cdot \text{K}^{-1} \cdot \text{mol}^{-1}$）。

5.物质的量为 n 的单原子分子理想气体，在 300 K 时从 100 kPa、122 dm³ 反抗 50 kPa 的外压恒温膨胀到 50 kPa，试计算过程的 Q_r、W_r、Q_{ir}、W_{ir}、V_2、ΔU、ΔH、ΔS_{sys}、ΔS_{amb}、ΔS_{iso}。

6.计算 1 mol $O_2(g)$ 在 100 ℃、$10 \times p^{\ominus}$ 下按下述方式膨胀至压力为 $p^{\ominus}$ 而体积为 V_2 时的 V_2、T_2、Q、W、ΔU、ΔH、ΔS、ΔA、ΔG：

（1）恒外压 $p^{\ominus}$ 下的恒温膨胀过程；

（2）可逆恒温过程。

第4章　多组分系统热力学

本章重点、难点：

(1) 溶液浓度的各种表示方法及其换算。

(2) 偏摩尔量的定义与性质。

(3) 化学势的定义与换算。

(4) 理想气体、理想气体混合物、真实气体混合物的化学势。

(5) 应用拉乌尔定律或亨利定律进行液相组成和气相分压之间的运算。

(6) 理想液体混合物中各组分化学势表达式及标准态的选取。

(7) 理想稀溶液的溶剂、溶质化学势表达式及标准态的选取。

(8) 真实液体混合物与真实溶液(溶剂、溶质)的化学势表达式。

(9) 理想稀溶液的依数性及其应用。

本章实际应用：

(1) 液体混合物和溶液是化学学科研究的主体体系，其研究成果为相平衡、溶液化学反应及化学平衡建立了理论基础。

(2) 稀溶液的依数性在生活中的药品保存、道路除冰、金属热处理等方面具有广泛的实际应用。

(3) 反渗透可用于海水淡化或工业废水的深度处理。人体中肾和微生物的细胞膜具有反渗透的作用。

(4) 引入逸度和活度的概念后，可将理想体系的热力学公式在形式不变的情况下应用于非理想体系，这是重要的热力学方法。

知识框架图

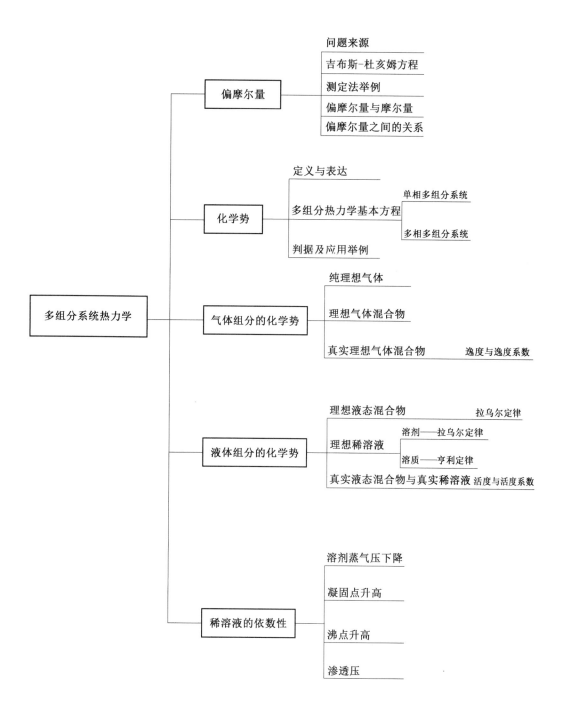

4.1　引　言

两种或两种以上物质（或称为组分）组成的系统称为多组分系统。多组分系统分为单相系统和多相系统。对于多相系统，可以把它看作几个单相的多组分系统的组合来计算。所以单相的多组分系统是本章讨论的重点。

单相多组分系统是由两种或两种以上物质以分子形式混合而成的均匀系统。按处理方法的不同，区分为混合物和溶液。混合物是指含有一种以上组分的系统，它可以是气相、液相或固相，是多组分的均匀系统。而溶液是指含有一种以上组分的液体相和固体相的分散系统，通常将其中含量多的组分称为溶剂，而将其余组分称为溶质。从本质上来看，溶液与液态混合物并无不同，它们都是由多种组分的物质以分子形式混合在一起而形成的均相系统。但是在分析时，对混合物中任何组分都可以选用同样的标准态加以研究；而对于溶液，将溶剂和溶质按照不同的标准态加以研究。

下文除非特别指明，混合物即指液态混合物，溶液即指液态溶液。对于溶液，按溶质是否导电又将其分为电解质溶液和非电解质溶液。本章只讨论混合物与非电解质溶液，电解质溶液将在第 6 章讨论。进一步，溶液可分为理想稀溶液和真实溶液。理想稀溶液即无限稀薄的稀溶液，有着简单的规律性可循，而真实溶液的性质则会偏离理想规律。下面均为先讨论理想的情况，然后推广到真实的情况。

4.2　偏摩尔量

4.2.1　溶质的浓度表示

溶液由溶剂和溶质组成。通常，将其中相对量小的组分区分为溶质；如果是气体或固体溶解于液体中构成溶液，通常把被溶解的气体或固体称为溶质。水溶液中溶质常用的浓度表示方法如下。

1.B 的质量浓度

$$\rho_B = \frac{m_B}{V} \tag{4.1}$$

式中，m_B 代表溶质 B 的质量；V 代表溶液的体积。ρ_B 的单位为 $mg \cdot L^{-1}$。

2.B 的质量摩尔浓度

$$b_B = \frac{n_B}{m_A} \tag{4.2}$$

式中，n_B 代表溶质 B 的物质的量；m_A 代表溶剂 A 的质量。b_B 的单位为 $mol \cdot kg^{-1}$。

3.B 的物质的量浓度,即浓度

$$c_B = \frac{n_B}{V} \tag{4.3}$$

式中,n_B 代表溶质 B 的物质的量;V 代表溶液的体积。c_B 的单位为 $mol \cdot L^{-1}$。

4.B 的摩尔分数

$$x_B = \frac{n_B}{n} \tag{4.4}$$

$$\sum x_i = 1 \tag{4.5}$$

式中,n_B 代表混合物中物质 B 的物质的量;n 代表混合物的总物质的量。x_B 的单位为 1。

此外,溶解度 S 也常用于溶质浓度的换算中,与浓度的换算可表示为

$$c_B = \frac{1\ 000\,\rho_A S}{(100 + S)M_B} \tag{4.6}$$

式中,ρ_A 代表溶液中溶质 A 的密度;S 代表溶质 B 的溶解度;M_B 代表溶质 B 的相对分子质量;c_B 代表 B 的浓度。

4.2.2　偏摩尔量

对于由一个以上的纯组分混合构成的多组分均相系统(混合物或溶液),其广度性质与混合前的纯组分的广度性质的总和通常并不相等(质量除外)。考察 20 ℃ 及常压下 50 cm^3 的水(H_2O,l) 和 50 cm^3 的乙醇(CH_3CH_2OH,l) 混合(图4.1),结果只得到96.5 cm^3 的混合物,即恒温恒压下混合后,混合物的体积不等于混合前纯组分体积之和:

$$V \neq n_B V_{m,B}^* + n_C V_{m,C}^* \text{(真实混合物)} \tag{4.7}$$

这是由于液态混合物或溶液混合前后各组分的分子间力有所改变。因此,用摩尔量(物质的量)的概念已不能描述多组分系统的热力学性质,而必须引入新的概念,即偏摩尔量(partial molar quantity)。

各广度量 V、U、H、S、A 和 G 均有偏摩尔量。设 Z 代表系统任一广度量,则对多组分均相系统,其为温度、压力及各组分的物质的量的函数,即 $Z(T,p,n_B,n_C,n_D,\cdots)$。

假设系统中有 $1,2,3,\cdots,k$ 个组分,系统中任一容量性质 $Z = Z(T,p,n_1,n_2,\cdots,n_k)$。如果温度、压力和组成有微小的变化,则系统中任一容量性质 Z 的变化为

$$dZ = \left(\frac{\partial Z}{\partial T}\right)_{p,n_1,n_2,n_3,\cdots,n_k} dT + \left(\frac{\partial Z}{\partial p}\right)_{T,n_1,n_2,n_3,\cdots,n_k} dp + \left(\frac{\partial Z}{\partial n_1}\right)_{T,p,n_2,n_3,\cdots,n_k} dn_1 + \left(\frac{\partial Z}{\partial n_2}\right)_{T,p,n_1,n_3,\cdots,n_k} dn_2 +$$
$$\cdots + \left(\frac{\partial Z}{\partial n_k}\right)_{T,p,n_1,n_2,n_3,\cdots,n_{k-1}} dn_k$$

在恒温、恒压的条件下:

$$dZ = \left(\frac{\partial Z}{\partial n_1}\right)_{T,p,n_2,\cdots,n_k} dn_1 + \left(\frac{\partial Z}{\partial n_2}\right)_{T,p,n_1,\cdots,n_k} dn_2 + \cdots + \left(\frac{\partial Z}{\partial n_k}\right)_{T,p,n_1,n_2,\cdots,n_{k-1}} dn_k$$

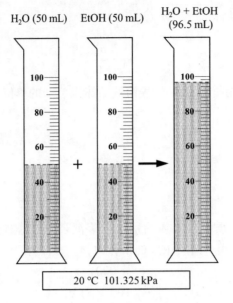

图 4.1 水和乙醇(EtOH) 混合

$$dZ = \sum_{B=1}^{k} \left(\frac{\partial Z}{\partial n_B} \right)_{T,p,n_C(C \neq B)} dn_B \qquad (4.8)$$

定义系统中 B 组分的偏摩尔量 Z_B:

$$Z_B \xlongequal{def} \left(\frac{\partial Z}{\partial n_B} \right)_{T,p,n_C(C \neq B)} \qquad (4.9)$$

根据定义,偏摩尔量 Z_B 为在恒温恒压及除组分 B 以外其余各组分的量均保持不变的条件下,系统广度量 Z 随组分 B 的物质的量的变化率,简称为物质 B 的某种容量性质 Z 的偏摩尔量。

根据定义式(4.9),对多组分系统中组分 B,有

偏摩尔体积

$$V_B \xlongequal{def} \left(\frac{\partial V}{\partial n_B} \right)_{T,p,n_C(C \neq B)}$$

偏摩尔热力学能

$$U_B \xlongequal{def} \left(\frac{\partial U}{\partial n_B} \right)_{T,p,n_C(C \neq B)}$$

偏摩尔焓

$$H_B \xlongequal{def} \left(\frac{\partial H}{\partial n_B} \right)_{T,p,n_C(C \neq B)}$$

偏摩尔熵

$$S_B \xlongequal{def} \left(\frac{\partial S}{\partial n_B} \right)_{T,p,n_C(C \neq B)}$$

偏摩尔亥姆霍兹函数

$$A_B \xlongequal{\text{def}} \left(\frac{\partial A}{\partial n_B} \right)_{T,p,n_C(C \neq B)}$$

偏摩尔吉布斯函数

$$G_B \xlongequal{\text{def}} \left(\frac{\partial G}{\partial n_B} \right)_{T,p,n_C(C \neq B)}$$

通常情况下,默认 Z_B 代表偏摩尔量,$Z_{m,B}^*$ 代表纯物质的摩尔量。

需要强调以下几点:

(1)偏摩尔量的含义:在恒温、恒压条件下,向大量的某一定组成的系统中,加入单位物质的量的 B 所引起的系统的广度性质 Z 的变化值;或在恒温、恒压、保持 B 物质以外的所有组分的物质的量不变的有限系统中,改变 $\mathrm{d}n_B$ 所引起广度性质 Z 的变化值。

(2)只有系统的广度性质才有偏摩尔量,而偏摩尔量是强度性质。

(3)纯物质的偏摩尔量就是摩尔量,即 $Z_B = Z_{m,B}^*$。

(4)任何偏摩尔量都是 T、p 和组成的状态函数。

根据偏摩尔量 Z_B 的定义式,可得到:

$$\mathrm{d}Z = Z_1 \mathrm{d}n_1 + Z_2 \mathrm{d}n_2 + \cdots + Z_k \mathrm{d}n_k = \sum_{B=1}^{k} Z_B \mathrm{d}n_B$$

在保持偏摩尔量不变的情况下进行积分:

$$Z = Z_1 \int_0^{n_1} \mathrm{d}n_1 + Z_2 \int_0^{n_2} \mathrm{d}n_2 + \cdots + Z_k \int_0^{n_k} \mathrm{d}n_k$$

$$= n_1 Z_1 + n_2 Z_2 + \cdots + n_k Z_k = \sum_{B=1}^{k} n_B Z_B$$

则得到偏摩尔量的加和式:

$$Z = \sum_{B=1}^{k} n_B Z_B \tag{4.10}$$

即系统广度量 Z 为系统各组分的物质的量 n_B 与其偏摩尔量 Z_B 乘积的加和。如在恒温恒压下,系统仅有两个组分,其物质的量和偏摩尔体积分别为 n_1、V_1 和 n_2、V_2,则系统的总体积为:$V = n_1 V_1 + n_2 V_2$。

但要注意,V_B 可正可负,如在 $MgSO_4$ 的稀溶液($b_B < 0.07 \ \mathrm{mol \cdot kg^{-1}}$)中添加 $MgSO_4$,溶液的总体积减小,此时溶质 $MgSO_4$ 的 V_B 为负值,所以不能简单地把 V_B 看作溶质在溶液中体积的贡献。

Z 能代表系统的任何容量性质,因此应有

$$V = \sum_{B=1}^{k} n_B V_B, \qquad\qquad U = \sum_{B=1}^{k} n_B U_B$$

$$H = \sum_{B=1}^{k} n_B H_B, \qquad\qquad S = \sum_{B=1}^{k} n_B S_B$$

$$A = \sum_{B=1}^{k} n_B A_B, \qquad\qquad G = \sum_{B=1}^{k} n_B G_B$$

4.2.3 吉布斯－杜亥姆方程

如果在溶液中不按比例地添加各组分,则溶液浓度会发生改变,这时各组分的物质的量和偏摩尔量均会改变。根据加和公式 $Z = n_1 Z_1 + n_2 Z_2 + \cdots + n_k Z_k$,对 Z 进行微分:

$$dZ = n_1 dZ_1 + Z_1 dn_1 + \cdots + n_k dZ_k + Z_k dn_k$$

在恒温、恒压下某均相系统任一容量性质的全微分为

$$dZ = Z_1 dn_1 + Z_2 dn_2 + \cdots + Z_k dn_k$$

上述两式相比,得

$$n_1 dZ_1 + n_2 dZ_2 + \cdots + n_k dZ_k = 0$$

即

$$\sum_{B=1}^{k} n_B dZ_B = 0 \tag{4.11a}$$

将此式除以 $n = \sum_{B=1}^{k} n_B$,可得

$$\sum_{B=1}^{k} x_B dZ_B = 0 \tag{4.11b}$$

式(4.11a) 和式(4.11b) 称为吉布斯－杜亥姆(Gibbs－Duhem) 方程,表示混合物或溶液中不同组分同一偏摩尔量间的关系。某一偏摩尔量的变化可从其他偏摩尔量的变化中求得。

4.2.4 偏摩尔量的测定法举例

以二组分系统偏摩尔体积为例,在一定温度、压力下,向物质的量为 n_C 的液体组分 C 中不断地加入组分 B 形成混合物,测量出加入 B 物质的量 n_B 不同时混合物的体积 V,作 $V-n_B$ 图,如图 4.2 所示。过 $V-n_B$ 曲线上某点作切线,此切线的斜率为 $(\partial V/\partial n_B)_{T,p,n_C}$。根据定义,这就是组成为 $x_B = n_B(n_B + n_C)$ 的混合物中组分 B 的偏摩尔体积 V_B。由式(4.10) 可知,组分 C 在此组成下的偏摩尔体积 $V_C = (V - n_B V_B)/n_C$。

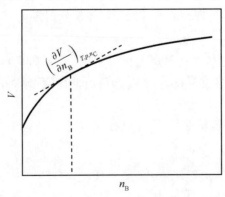

图 4.2 偏摩尔体积求取示意图

显然,此法亦适用于溶液。

4.2.5　偏摩尔量与摩尔量的差别

偏摩尔量与摩尔量的差别如图 4.3 所示。此图表示在一定温度、压力下，B、C 两种液体混合物的摩尔体积 V_m 随组成 x_C 变化的情形。$V_{m,B}^*$ 和 $V_{m,C}^*$ 为两纯液体的摩尔体积。若混合物的体积对纯组分 B、C 的体积具有加和性，即

$$V_m = x_B V_{m,B}^* + x_C V_{m,C}^* = V_{m,B}^* + (V_{m,C}^* - V_{m,B}^*) x_C$$

则 V_m 与 x_C 的关系应为由 $V_{m,B}^*$ 至 $V_{m,C}^*$ 的一条直线，如图 4.3 中虚线所示。而实际上其为图中由 $V_{m,B}^*$ 至 $V_{m,C}^*$ 的曲线。任一组成 a 时两组分的偏摩尔体积可用下法表示：过组成点 a 所对应的系统的体积点 d 作 $V_m - x_C$ 曲线的切线，此切线在左右两纵坐标轴上的截距即分别为该组成下两组分的偏摩尔体积 V_B、V_C。从图上看出，$\overline{ab} = x_B V_B$，$\overline{ac} = x_C V_C$，故组成 a 的系统的体积为

$$\begin{aligned} V_m &= \overline{ad} = \overline{ab} + \overline{bd} = \overline{ab} + \overline{ac} \\ &= x_B V_B + x_C V_C \end{aligned} \tag{4.12}$$

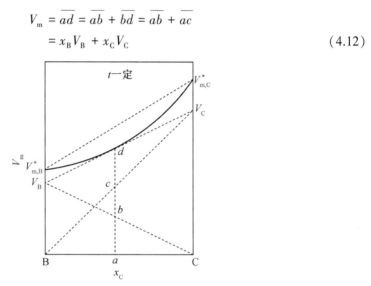

图 4.3　二组分液态混合物的偏摩尔体积示意图

从图中还可以看出：混合物的组成改变时，两组分的偏摩尔体积也在变化，组成越接近某一纯组分时，该组分的偏摩尔体积也越接近于该组分的摩尔体积；并且两组分偏摩尔体积的变化是有联系的。

4.2.6　偏摩尔量之间的函数关系

前两章介绍了热力学函数之间存在着一定的函数关系，如 $H = U + pV, A = U - TS, G = H - TS = A + pV$，以及 $\left(\dfrac{\partial G}{\partial p}\right)_T = V, \left(\dfrac{\partial G}{\partial T}\right)_p = -S$ 等。这些公式均适用于纯物质或组成不变的系统。将这些公式对于混合物中任一组分 B 的物质的量求偏导数，可知各偏摩尔量之间也有着同样的关系，即

$$H_B = U_B + pV_B$$

$$A_B = U_B - TS_B$$

$$G_B = H_B - TS_B = U_B - TS_B + pV_B = A_B + pV_B$$

$$\left(\frac{\partial G_B}{\partial p}\right)_T = V_B$$

$$\left(\frac{\partial G_B}{\partial T}\right)_p = -S_B$$

这里举一例加以证明。

【例 4.1】 求证：$\left(\dfrac{\partial G_B}{\partial p}\right)_T = V_B$。

证明:已知公式 $\left(\dfrac{\partial G}{\partial p}\right)_T = V$ 适用于纯组分或组成不变的系统,此式的限制条件除了 T 恒定外,对混合物还要求组成不变,即 $T, n_B, n_C, \cdots$ 均恒定,为了明确起见,这里写成 $\left(\dfrac{\partial G_B}{\partial p}\right)_{T, n_B} = V_B$。于是

$$\left(\frac{\partial G_B}{\partial p}\right)_{T, n_B} = \left[\frac{\partial}{\partial p}\left(\frac{\partial G_B}{\partial n_B}\right)_{T, p, n_C}\right]_{T, n_B} = \left[\frac{\partial}{\partial n_B}\left(\frac{\partial G}{\partial p}\right)_{T, n_B}\right]_{T, p, n_C} = \left(\frac{\partial V}{\partial n_B}\right)_{T, p, n_C} = V_B$$

4.3　化　学　势

热力学第二定律可以用于判断化学反应的方向和限度,而化学反应很多情况下都是在恒温恒压条件下进行的,所以由熵判据引出的恒温恒压条件下的吉布斯函数判据在化学中有着重要地位。而将吉布斯函数判据用于多组分系统时,需要使用偏摩尔吉布斯函数来进行计算,所以偏摩尔吉布斯函数 G_B 是化学热力学中一个最为重要的偏摩尔量。由于恒温恒压条件下,偏摩尔吉布斯函数的变化决定了系统中物质传递的方向,所以又被称为化学势。

4.3.1　化学势的定义

混合物(或溶液)中组分 B 的偏摩尔吉布斯函数 G_B 定义为 B 的化学势,并用符号 μ_B 表示:

$$\mu_B \xlongequal{\text{def}} G_B = \left(\frac{\partial G}{\partial n_B}\right)_{T, p, n_C} \tag{4.13}$$

对于纯物质,其化学势即为其摩尔吉布斯函数。

化学势是最重要的热力学函数之一,系统中其他偏摩尔量均可通过化学势、化学势的偏导数或它们的组合表示:

$$S_B = -\left(\frac{\partial \mu_B}{\partial T}\right)_p, \quad V_B = \left(\frac{\partial \mu_B}{\partial p}\right)_T$$

$$A_B = \mu_B - pV_B = \mu_B - p\left(\frac{\partial \mu_B}{\partial p}\right)_T$$

$$H_B = \mu_B + TS_B = \mu_B - T\left(\frac{\partial \mu_B}{\partial T}\right)_p$$

$$U_B = A_B + TS_B = \mu_B - p\left(\frac{\partial \mu_B}{\partial p}\right)T - T\left(\frac{\partial \mu_B}{\partial T}\right)_p$$

4.3.2　多组分系统热力学基本方程

1.单相多组分系统

若将混合物的吉布斯函数 G 表示为 T、p 及构成此混合物组分 B,C,D,$\cdots$ 的物质的量 n_B,n_C,n_D,$\cdots$ 的函数,即

$$G = G(T,p,n_B,n_C,n_D,\cdots) \tag{4.14}$$

而根据式(4.8) 则有

$$dG = \left(\frac{\partial G}{\partial T}\right)_{p,n_B} dT + \left(\frac{\partial G}{\partial p}\right)_{T,n_B} dp + \sum_B \left(\frac{\partial G}{\partial n_B}\right)_{T,p,n_C} dn_B \tag{4.15a}$$

由于 G 对 T 和 p 的偏导数是在系统组成不变的条件下进行,故

$$\left(\frac{\partial G}{\partial T}\right)_{p,n_B} = -S, \quad \left(\frac{\partial G}{\partial p}\right)_{T,n_B} = V$$

结合式(4.13) 可得

$$dG = -SdT + Vdp + \sum_B \mu_B dn_B \tag{4.15b}$$

式(4.15b) 称为单相多组分的热力学基本方程,该方程适用于系统处于热平衡、力平衡及非体积功为零的情况;既适用于组成可变的封闭系统,又适用于开放系统。

将式(4.15b) 代入 $dU = d(G - pV + TS)$,$dH = d(G + TS)$,$dA = d(G - pV)$ 的展开式,可得

$$dU = TdS - pdV + \sum_B \mu_B dn_B \tag{4.16}$$

$$dH = TdS + Vdp + \sum_B \mu_B dn_B \tag{4.17}$$

$$dA = -SdT - pdV + \sum_B \mu_B dn_B \tag{4.18}$$

式(4.16) ~ (4.18) 和式(4.15b) 具有相同的适用条件。由上述基本方程可知:

$$\mu_B = \left(\frac{\partial G}{\partial n_B}\right)_{T,p,n_C} = \left(\frac{\partial U}{\partial n_B}\right)_{S,V,n_C} = \left(\frac{\partial H}{\partial n_B}\right)_{S,p,n_C} = \left(\frac{\partial A}{\partial n_B}\right)_{T,V,n_C}$$

上述包含化学势的四个公式中,式(4.15b) 用得最多,因为无论在实际生产中或是在实验室里,所进行的各种物理的或化学的过程常常是在恒温、恒压下,所以常用 ΔG 来判断过程的方向。如果没有特别注明,化学势一般是指 $\mu_B = \left(\frac{\partial G}{\partial n_B}\right)_{T,p,n_C}$。这是一个较为特殊的,也是用得最多的化学势。

2.多相多组分系统

多相多组分系统由若干个单相多组分系统组成,对于系统中每一个相,式(4.15) ~

(4.18)均成立。如果忽略相之间界面现象的影响,则多相系统的热力学函数为各相热力学函数之和:

$$\sum_{\alpha} dG(\alpha) = -\sum_{\alpha} S(\alpha) dT + \sum_{\alpha} V(\alpha) dp + \sum_{\alpha} \sum_{B} \mu_B(\alpha) dn_B(\alpha)$$

由于系统处于热平衡及力平衡态,系统中各相的温度 T 和压力 p 相同。此外,有 $\sum_{\alpha} dG(\alpha) = d\sum_{\alpha} G(\alpha) = dG$, $\sum_{\alpha} S(\alpha) = S$, $\sum_{\alpha} V(\alpha) = V$,故

$$dG = -SdT + Vdp + \sum_{\alpha} \sum_{B} \mu_B(\alpha) dn_B(\alpha) \tag{4.19}$$

类似地,可得

$$dU = TdS - pdV + \sum_{\alpha} \sum_{B} \mu_B(\alpha) dn_B(\alpha) \tag{4.20}$$

$$dH = TdS + Vdp + \sum_{\alpha} \sum_{B} \mu_B(\alpha) dn_B(\alpha) \tag{4.21}$$

$$dA = -SdT - pdV + \sum_{\alpha} \sum_{B} \mu_B(\alpha) dn_B(\alpha) \tag{4.22}$$

式(4.19) ～ (4.22)称为多相多组分的热力学基本方程,适用于封闭的多组分多相系统发生 pVT 变化、相变化和化学变化过程,也适用于开放系统。

4.3.3 化学势判据及应用举例

1.化学势判据

如图 4.4 所示,对于一个封闭系统,如果非体积功为零,则系统任一恒温恒容过程有 $dA_{T,V} \leqslant 0$,式(4.22)给出 $\sum_{\alpha} \sum_{B=1} \mu_B(\alpha) dn_B(\alpha) \leqslant 0$;而对于系统任意的恒温恒压过程 $dG_{T,p} \leqslant 0$,将之应用于式(4.19),同样得到 $\sum_{\alpha} \sum_{B=1} \mu_B(\alpha) dn_B(\alpha) \leqslant 0$。也就是说,在非体积功为零的情况下,无论是在恒温恒容或是恒温恒压下,当系统达到平衡时均有

$$\sum_{B=1} \mu_B dn_B = 0 \tag{4.23}$$

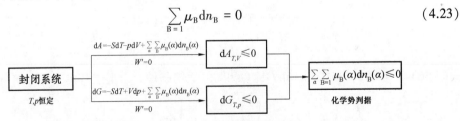

图 4.4　化学势判据推导流程图

事实上,可以证明,式(4.23)为非体积功为零的情况下一个系统是否达到平衡(化学势判据),即系统物质平衡的条件,它与系统达到平衡的方式(任意过程)无关。但是,系统的热力学函数在平衡时的极值性质却与系统达到平衡的方式有关。例如:平衡若在恒温恒容下达到,平衡时系统的 A(亥姆霍兹函数)为极小;若在恒温恒压下达到,则系统的 G(吉布斯函数)取极小值。

2.化学势的应用举例

下面以单组分封闭系统的相变过程为例,说明化学势判据的应用。

设物质 B 在某一温度、压力下可以有 α、β 两种相态存在,两相态中 B 的分子形式相同,但其化学势分别为 $\mu(\alpha)$ 和 $\mu(\beta)$,现有物质的量为 dn_B 的 B 由 β 相迁移至 α 相,即

$$B(\beta) \xrightarrow{dn_B} B(\alpha)$$

则 $dn_B(\alpha) = - dn_B(\beta)$ 。由化学势判据可给出:

$$\sum_\alpha \sum_B \mu_B(\alpha) dn_B(\alpha) = \mu_B(\alpha) dn_B(\alpha) + \mu_B(\beta) dn_B(\beta)$$

$$= [\mu_B(\beta) - \mu_B(\alpha)] dn_B(\beta) \leq 0$$

由于 $dn_B(\beta) < 0$,故

$$\mu_B(\alpha) \geqslant \mu_B(\beta) \tag{4.24}$$

由此可见,物质总是从其化学势高的相向化学势低的相迁移,这一过程将持续至物质迁移达平衡时为止,此时系统中每个组分在其所处的相中的化学势相等。

4.4   气体组分的化学势

由于许多化学反应是在气相中进行的,因此我们需要知道气体混合物中各组分的化学势,这也有益于了解溶液中各组分的化学势。我们先讨论理想气体混合物,然后再讨论非理想气体混合物。

4.4.1   纯理想气体的化学势

使一种纯理想气体 B 在温度 T 下由标准压力 $p^{\ominus}$ 变至某一压力 p,其化学势由 $\mu^{\ominus}(T, p^{\ominus})$ 变至 $\mu(T, p)$ 。已知 $\mu = \left(\dfrac{\partial G}{\partial n_B}\right)_{T,p}$、$dG = - SdT + Vdp$,则

$$\left(\frac{\partial \mu}{\partial p}\right)_T = \left[\frac{\partial}{\partial p}\left(\frac{\partial G}{\partial n_B}\right)_{T,p}\right]_T = \left[\frac{\partial}{\partial n_B}\left(\frac{\partial G}{\partial p}\right)_T\right]_{T,p} = \left[\frac{\partial V}{\partial n_B}\right]_{T,p} = V_m$$

即

$$\int_{p^{\ominus}}^{p} d\mu = \int_{p^{\ominus}}^{p} V_m dp = \int_{p^{\ominus}}^{p} \frac{RT}{p} dp$$

得到

$$\mu(T, p) = \mu^{\ominus}(T, p^{\ominus}) + RT\ln\frac{p}{p^{\ominus}} \tag{4.25}$$

式(4.25)是单个理想气体化学势的表达式。化学势 $\mu(T, p)$ 是 T、p 的函数,$\mu^{\ominus}(T, p^{\ominus})$ 是温度为 T,压力为 $p^{\ominus}$ 时理想气体的化学势,仅是温度的函数。这个状态就是气体的标准态。

4.4.2   理想气体混合物中各组分的化学势

对于混合理想气体,可以想象用半透膜平衡条件来求混合气中某一种气体 B 的化学

势 μ_B(图 4.5)。盒子左侧为 k 种理想气体混合物,盒子右侧是纯物质 B 的理想气体,半透膜只允许 B 气体通过。设达到平衡时 B 组分在混合气体中的化学势为 μ_B,而右侧纯物质 B 的化学势为 μ_B^*,压力分别为 p_B 和 p_B^*。则

$$\mu_B = \mu_B^*, \quad p_B = p_B^*$$

根据式(4.25),右侧纯物质 B 气体的化学势为

$$\mu_B^* = \mu_B^\ominus(T) + RT\ln\frac{p_B^*}{p^\ominus}$$

所以左侧混合气体中组分 B 的化学势为

$$\mu_B = \mu_B^\ominus(T) + RT\ln\frac{p_B}{p^\ominus} \tag{4.26a}$$

式(4.26a)就是理想气体混合物中任一气体 B 的化学势表示式,式(4.26a)也可以看作理想气体混合物的定义。

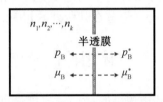

图 4.5 气体在半透膜两边的平衡示意图

对于理想气体混合物,将道尔顿分压定律 $p_B = px_B$ 代入式(4.26a),得

$$\mu_B(T,p) = \mu_B^\ominus(T) + RT\ln\frac{p}{p^\ominus} + RT\ln x_B = \mu_B^*(T,p) + RT\ln x_B \tag{4.26b}$$

式中,$\mu_B^*(T,p)$ 是纯气体 B 在指定 T 和 p 时的化学势,显然这不是标准态。其标准态为该气体单独存在于该混合物的温度及标准压力下的状态。

4.4.3 真实气体混合物的化学势 —— 逸度的概念

设真实气体的状态方程可用卡末林 – 昂尼斯(Kamerlingh – Onnes)式表示:

$$pV_m = RT + Bp + Cp^2 + \cdots$$

将 $V_m = \left(\dfrac{\partial\mu}{\partial p}\right)_T$ 代入后,作不定积分,得

$$\mu(T,p) = \int V_m dp = \int\left(\frac{RT}{p} + B + Cp + \cdots\right)dp$$

$$= RT\ln p + Bp + \frac{C}{2}p^2 + \cdots + I(T) \tag{4.27}$$

积分常数 I 是 T 的函数,可以从边界条件求得。当 p 很低时,式(4.27)化为

$$\mu(T,p) = RT\ln p + I(T)$$

当 $p \to 0$ 时,就是理想气体。其化学势为 $\mu(T,p) = \mu^\ominus(T,p^\ominus) + RT\ln\dfrac{p}{p^\ominus}$,比较两式,即可求得积分常数 $I(T)$:

$$I(T) = \mu^{\ominus}(T,p^{\ominus}) - RT\ln p^{\ominus}$$

代入式(4.27)可得

$$\mu(T,p) = \mu^{\ominus}(T,p^{\ominus}) + RT\ln\frac{p}{p^{\ominus}} + Bp + \frac{C}{2}p^2 + \cdots \tag{4.28}$$

用式(4.28)表示真实气体的化学势极不方便,而且不同气体有不同的状态方程,无法得到较为统一的式,因此把所有的校正项集中变成一个校正项,即令

$$Bp + \frac{C}{2}p^2 + \cdots = RT\ln\gamma$$

则式(4.28)可写为

$$\mu(T,p) = \mu^{\ominus}(T,p^{\ominus}) + RT\ln\frac{p\gamma}{p^{\ominus}}$$

令 $p\gamma = f$,f 称为逸度,则

$$\mu(T,p) = \mu^{\ominus}(T,p^{\ominus}) + RT\ln\frac{f}{p^{\ominus}} \tag{4.29}$$

其中

$$RT\ln f = RT\ln p + Bp + \frac{C}{2}p^2 + \cdots$$

f 可看作校正过的压力,γ 相当于压力的校正因子,称为逸度因子,也称为逸度系数。当 $p\rightarrow 0$ 时,$\gamma = 1$,$f = p$。式(4.29)就是真实气体化学势的表示式。当真实气体由状态(1)变到状态(2)时,

$$\Delta\mu = RT\ln\frac{f_2}{f_1}$$

对于真实气体混合物中任意组分的化学势,由于各种气体的状态方程不同,其化学势的表示式较为复杂。在引进了逸度的概念后,则非理想气体中任一组分的化学势原则上可以表示为一种形式,即

$$\mu_B(T,p) = \mu_B^{\ominus}(T,p^{\ominus}) + RT\ln\frac{f_B}{p^{\ominus}} \tag{4.30}$$

4.5　拉乌尔定律和亨利定律

4.5.1　拉乌尔定律

在一定温度下,稀溶液达气液两相平衡时,稀溶液中溶剂的蒸气压等于同一温度下纯溶剂的饱和蒸气压与溶液中溶剂的摩尔分数的乘积,此即拉乌尔定律。用公式表示为

$$p_A = p_A^* x_A \tag{4.31}$$

式中,p_A^* 为同样温度下纯溶剂的饱和蒸气压;x_A 为溶液中溶剂的摩尔分数。

若只有两组分 A(溶剂)、B(溶质)的稀溶液,则 $x_A + x_B = 1$,有 $p_A = p_A^* x_A = p_A^*(1 - x_B)$,整理可得

$$\frac{p_A^* - p_A}{p_A^*} = x_B$$

即

$$\Delta p_A = p_A^* x_B$$

这表明,稀溶液和纯溶剂相比,溶剂蒸气压的降低值与纯溶剂的蒸气压之比等于溶质的摩尔分数。理想液态混合物的任一组分在全部组成范围内均符合拉乌尔定律。

有关拉乌尔定律的几点说明:

(1)p_A^* 仅与溶剂本身的性质有关,与溶质的性质以及溶质是否挥发无关。

(2)拉乌尔定律适用于非电解质稀溶液的溶剂。

(3)影响 p_A 的因素有温度 T、溶剂本身的性质、溶质的摩尔分数。

(4)在计算溶剂的摩尔分数时,溶剂的摩尔质量应使用对应气态的摩尔质量。例如:尽管水在液态时有缔合分子,但仍以 $18\ g \cdot mol^{-1}$ 计算。

(5)拉乌尔定律是溶液的最基本的经验定律之一,溶液的其他性质如凝固点降低、沸点升高等都可以用溶剂蒸气压降低来解释。

4.5.2 亨利定律

亨利定律可表述为,在一定温度下,稀溶液中挥发性溶质在气相中的平衡气压与其在溶液中的摩尔分数(或质量摩尔浓度)成正比。比例系数称为亨利系数,它与温度有关,温度升高,挥发性溶质的挥发能力增强,亨利系数增大。亨利定律用公式表示为

$$p_B = k_{x,B} x_B \tag{4.32a}$$

$$p_B = k_{b,B} b_B \tag{4.32b}$$

$$p_B = k_{c,B} c_B \tag{4.32c}$$

式中,$k_{x,B}$、$k_{b,B}$ 和 $k_{c,B}$ 为亨利系数,单位分别为 Pa、$Pa \cdot mol^{-1} \cdot kg$ 和 $Pa \cdot mol^{-1} \cdot m^3$。

有关亨利定律的几点说明:

(1)p_B 是挥发性溶质在溶液上方的分压力或微溶气体在气相中的分压力。

(2)亨利定律的溶质在两相中的分子形态必须是相同的。

(3)对大多数气体,其溶于水时,溶解度随温度的升高而降低,因此升高温度,气体分压降低,使溶液更稀薄,更服从亨利定律。

【例 4.2】 25 ℃ 时氧气在水中的亨利系数 $k_{x,B} = 4.44 \times 10^6$ kPa,在大气中占比为20.947%,水在 25 ℃ 时的密度 $\rho = 997.044\ g \cdot L^{-1}$,求水中溶解氧的质量浓度。

解:

$$p_B = 101.325\ kPa \times 20.947\% = 21.224\ 55\ kPa$$

$$x_B = p_B / k_{x,B} = 4.78 \times 10^{-6}$$

$$p_B = k_{c,B} c_B$$

水的浓度:

$$c = \frac{997.004\ g \cdot L^{-1}}{18\ g \cdot mol^{-1}} = 55.39\ mol \cdot L^{-1}$$

近似认为水中溶解氧的浓度

$$c_B = x_B c = 4.78 \times 10^{-6} \times 55.39 \ mol \cdot L^{-1} = 2.65 \times 10^{-4} \ mol \cdot L^{-1}$$

$M_B = 32 \ g \cdot mol^{-1}$，水中溶解氧的质量浓度为

$$DO = 0.000\ 264\ 8 \ mol \cdot L^{-1} \times 32 \ g \cdot mol^{-1} = 0.008\ 47 \ g \cdot L^{-1} = 8.47 \ mg \cdot L^{-1}$$

即 101.325 kPa、25 ℃ 时水中溶解氧的质量浓度为 8.47 mg·L^{-1}。

4.5.3　拉乌尔定律与亨利定律的对比

拉乌尔定律与亨利定律的差别可由图 4.6 形象地表示出来。系统由 A、B 两种液体在一定温度下混合而成，纵坐标为压力 p，横坐标为组成 x_B。图中左、右两侧各有一稀溶液区，p_A^* 和 p_B^* 分别代表纯液体 A 和 B 的饱和蒸气压；$k_{x,A}$ 和 $k_{x,B}$ 分别代表 A 溶于 B 的溶液和 B 溶于 A 的溶液中溶质的亨利系数。图中两条实线分别为 A 和 B 在气相中的蒸气分压 p_A 和 p_B 随组成的关系；实线下面的两条虚线分别代表按拉乌尔定律计算的 A 和 B 的蒸气压。

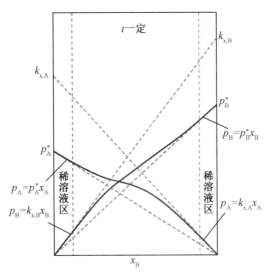

图 4.6　二组分液态混合物的偏摩尔体积示意图

从图 4.6 可以看出，对于组分 A，它在左侧稀溶液区作为溶剂，p_A 与 x_A 成正比，比例系数为 p_A^*，符合拉乌尔定律；在稀溶液区以外，p_A 的实际值与按拉乌尔定律计算的值有明显的偏差；到了右侧稀溶液区，A 作为溶质，虽然 p_A 与 x_A 并不符合拉乌尔定律，但 p_A 与 x_A 还是成正比的，比例系数为 $k_{x,A}$，符合亨利定律。显然 $k_{x,A} \neq p_A^*$。

4.5.4　理想液态混合物

不区分溶剂和溶质，若液态混合物中任一组分在全部浓度范围内都符合拉乌尔定律，则该混合物称为理想液态混合物。从分子模型上看，理想液态混合物的各组分分子大小和作用力彼此相似，在混合时没有热效应和体积变化，即 $\Delta_{mix}H = 0$；$\Delta_{mix}V = 0$。光学异构体、同位素、立体异构体和紧邻同系物混合物属于这种类型。

利用气、液两相平衡时任一组分在两相的化学势相等，结合气体化学势表达式及理想液态混合物的定义式，可推导出理想液态混合物中任一组分的化学势与混合物组成的关

系式。

设在温度 T 下，组分 B，C，D，… 形成理想液态混合物。各组分的摩尔分数分别为 x_B，x_C，x_D，…。

气、液两相平衡时，理想液态混合物中任一组分 B 在液相中的化学势 $\mu_{B(l)}$ 等于它在气相中的化学势 $\mu_{B(g)}$，即

$$\mu_{B(l)} = \mu_{B(g)}$$

当与理想液态混合物成平衡的蒸气压力 p 不大时，气相可以近似认为是理想气体混合物，则按照式（4.26）：

$$\mu_{B(l)} = \mu_{B(g)} = \mu_{B(g)}^{\ominus} + RT\ln\frac{p_B}{p^{\ominus}}$$

理想液态混合物中任一组分都服从拉乌尔定律，有 $p_B = p_B^* x_B$，代入可得

$$\mu_{B(l)} = \mu_{B(g)}^{\ominus} + RT\ln\frac{p_B^*}{p^{\ominus}} + RT\ln x_B \tag{4.33}$$

对于纯液体：

$$x_B = 1$$

$$\mu_{B(l)}^* = \mu_{B(g)}^{\ominus} + RT\ln\frac{p_B^*}{p^{\ominus}} \tag{4.34}$$

代入式（4.34），得

$$\mu_{B(l)} = \mu_{B(l)}^* + RT\ln x_B \tag{4.35}$$

式（4.35）即理想液态混合物中任一组分 B 的化学势表达式。式中，$\mu_{B(l)}^*$ 不是标准态化学势，而是在温度为 T、液面上总压力为 p 时纯物质 B 的化学势。

已知 $\left(\dfrac{\partial \mu_B}{\partial p}\right)_{T,n_i} = V_B$，对其从 $p^{\ominus}$ 到 p 进行积分，得

$$\int_{\mu_{B(l)}^{\ominus}}^{\mu_{B(l)}^*} d\mu_{B(l)} = \int_{p^{\ominus}}^{p} V_{B(l)}\, dp$$

即

$$\mu_{B(l)}^* = \mu_{B(l)}^{\ominus} + \int_{p^{\ominus}}^{p} V_{B(l)}\, dp \tag{4.36}$$

由于压力对凝聚相影响不大，略去积分项，得

$$\mu_{B(l)}^* = \mu_{B(l)}^{\ominus}$$

则

$$\mu_{B(l)} = \mu_{B(l)}^{\ominus}(T) + RT\ln x_B \tag{4.37}$$

式中，$\mu_{B(l)}^{\ominus}$ 是在温度为 T、液面上总压力为 $p^{\ominus}$ 时纯物质 B 的标准态化学势。此式即理想液态混合物中任一组分化学势的表示式。换言之，任一组分的化学势可以用式（4.37）表示的则称为理想液态混合物。

4.6　理想稀溶液

理想稀溶液,即无限稀薄溶液,指的是溶质相对含量趋于零的溶液。对于理想稀溶液,其溶剂符合拉乌尔定律,而溶质则符合亨利定律。对于微污染水体,水体中污染物浓度很低,可以看成理想稀溶液,因为对理想稀溶液相关性质的了解尤为必要。

4.6.1　溶剂的化学势

由于理想稀溶液的溶剂遵循拉乌尔定律,可知其化学势表达式与理想液态混合物中任一组分的化学势表达式形式相同。则溶剂 A 的化学势为

$$\mu_{A(l)} = \mu^{*}_{A(l)} + RT\ln x_A \tag{4.38a}$$
$$\mu_{A(l)} = \mu^{\ominus}_{A(l)} + RT\ln x_A \tag{4.38b}$$

式中,μ^{*}_A 的物理意义是在 T、p 时纯物质 A(即 $x_A = 1$)的化学势;$\mu^{\ominus}_{A(l)}$ 是压力为 $p^{\ominus}$ 时纯物质 A 的化学势,仅是温度的函数。

但是对于溶液,组成用质量摩尔浓度 b_A 表示,它与摩尔分数 x_A 间的关系为

$$x_A = \frac{n_A}{n_A + \sum_B n_B} = \frac{m_A/M_A}{m_A/M_A + \sum_B n_B} = \frac{1}{1 + M_A \sum_B n_B/m_A}$$

因 $b_B = \dfrac{n_B}{m_A}$,故得

$$x_A = \frac{1}{1 + M_A \sum_B b_B} \tag{4.39}$$

式中,M_A 为溶剂 A 的摩尔质量;$\sum_B b_B$ 为溶液中各溶质质量摩尔浓度之和。

将式(4.39)取对数:

$$\ln x_A = \ln \frac{1}{1 + M_A \sum_B b_B} = -\ln\left(1 + M_A \sum_B b_B\right)$$

并将之代入式(4.38b),得

$$\mu_A(l) = \mu^{\ominus}_A(l) - RT\ln\left(1 + M_A \sum_B b_B\right) \tag{4.40}$$

对于理想稀溶液,$M_A \sum_B b_B \to 0$,则

$$\ln\left(1 + M_A \sum_B b_B\right) \approx M_A \sum_B b_B \tag{4.41}$$

因此,溶剂 A 在 T、p 下稀溶液组成 $\sum_B b_B$ 时的化学势表达式为

$$\mu_A(l) = \mu^{\ominus}_A(l) - RTM_A \sum_B b_B \tag{4.42}$$

4.6.2　溶质的化学势

以挥发性溶质 B 为例,导出溶质的化学势 $\mu_{B(溶质)}$ 与溶液组成 b_B 的关系式,然后将其

推广到非挥发性溶质。

在一定温度 T、一定压力 p 下溶液中溶质 B 的化学势 $\mu_{\text{B(溶质)}}$ 和与之成平衡的气相中 B 的化学势 $\mu_{\text{B(g)}}$ 相等,按照亨利定律定义式(4.32b),气相中 B 的分压 $p_B = k_{b,B}b_B$,结合式(4.26a),可得

$$\mu_{\text{B(溶质)}} = \mu_{\text{B(g)}} = \mu_{\text{B(g)}}^{\ominus} + RT\ln\frac{p_B}{p^{\ominus}}$$

$$= \mu_{\text{B(g)}}^{\ominus} + RT\ln\frac{k_{b,B}b_B}{p^{\ominus}}$$

$$= \mu_{\text{B(g)}}^{\ominus} + RT\ln\frac{k_{b,B}b^{\ominus}}{p^{\ominus}} + RT\ln\frac{b_B}{b^{\ominus}}$$

$b^{\ominus} = 1 \text{ mol} \cdot \text{kg}^{-1}$,称为溶质的标准质量摩尔浓度。

令 $b_B = b^{\ominus}$,则 $RT\ln\dfrac{b_B}{b^{\ominus}} = 0$,因此 $\mu_B^{\ominus}(\text{g}) + RT\ln\dfrac{k_{b,B}b^{\ominus}}{p^{\ominus}}$ 为温度 T、压力 p 下,$b_B = b^{\ominus}$ 时溶质 B 符合亨利定律的状态下的化学势。

规定溶质 B 的标准态为在标准压力 $p^{\ominus}$,标准质量摩尔浓度 $b^{\ominus}$ 下具有理想稀溶液性质(即 B 符合亨利定律)的状态,并将标准态的化学势记为 $\mu_{\text{B(溶质)}}^{\ominus}$,则

$$\mu_{\text{B(g)}}^{\ominus} + RT\ln\frac{k_{b,B}b^{\ominus}}{p^{\ominus}} = \mu_{\text{B(溶质)}}^{\ominus} + \int_{p^{\ominus}}^{p} V_{\text{B(溶质)}}^{\infty}\,\mathrm{d}p$$

式中,$V_{\text{B(溶质)}}^{\infty}$ 为温度 T 下无限稀薄溶液中溶质 B 的偏摩尔体积,在一定温度下它应是压力的函数。忽略积分项,并将之代入式(4.42),即得到理想稀溶液中溶质 B 的化学势表达式:

$$\mu_{\text{B(溶质)}} = \mu_{\text{B(溶质)}}^{\ominus} + RT\ln\frac{b_B}{b^{\ominus}} \tag{4.43}$$

这是更为常用的表达式。

因为在 $b^{\ominus} = 1 \text{ mol} \cdot \text{kg}^{-1}$ 时的溶液上挥发性溶质 B 的蒸气压已符合亨利定律,即 $p_B \neq k_{b,B}b_B$,此时溶液并非理想稀溶液,所以溶质 B 的标准态是一种假想态。

4.6.3　其他组成标度表示的溶质的化学势

溶液的组成标度通常选择溶质 B 的质量摩尔浓度 b_B,是因为它与温度压力无关。至于组成标度 c_B,虽然应用上有某些方便,但即使在压力不变的情况下,c_B 还是温度的函数,如选择以 c_B 为组成变量标度,在热力学处理上将带来不便。因此,现在一些著名的热力学性质表、数据手册、热力学杂志及专著均用 b_B 而不是用 c_B 为基础,来给出标准热力学性质的数值。

现对以组成标度 c_B、x_B 表示的化学势表达式做以简单介绍。

根据式(4.32),对理想稀溶液用不同的组成标度 b_B、c_B 和 x_B 时,亨利定律具有完全相同的形式(c_B 标度下亨利定律可写成 $p_B = k_{c,B}c_B$)。类似于组成标度为 b_B 时溶质 B 的化学势表达式的推导,很容易得到组成标度为 c_B 和 x_B 时理想稀溶液中溶质 B 的化学势表达

式：

$$\mu_{B(溶质)} = \mu_{c,B(溶质)}^{\ominus} + RT\ln\frac{c_B}{c^{\ominus}} \tag{4.44}$$

$$\mu_{B(溶质)} = \mu_{x,B(溶质)}^{\ominus} + RT\ln x_B \tag{4.45}$$

式中，$c^{\ominus}$ 称为标准浓度，$c^{\ominus} = 1\ \text{mol} \cdot \text{dm}^{-3}$。在式（4.44）和式（4.45）中分别令 $c_B = c^{\ominus}$ 和 $x_B = 1$ 即可推知用 c_B 和 x_B 组成标度时各自标准态的含义。

组成标度以 c_B 表示时，规定溶质的标准态为在标准压力 $p^{\ominus}$ 及标准浓度 $c^{\ominus} = 1\ \text{mol} \cdot \text{dm}^{-3}$ 下具有理想稀溶液性质（$p_B = k_{c,B}c_B$）的状态（假想态），其标准化学势记为 $\mu_{c,B(溶质)}^{\ominus}$。

若溶质的组成标度以 x_B 表示时，标准态规定为在标准压力 $p^{\ominus}$ 及 $x_B = 1$ 且具有理想稀溶液性质（$p_B = k_{x,B}x_B$）的状态。这种状态是指在温度 T、标准压力 $p^{\ominus}$ 下的一种假想的纯液体 B，它在同一温度 T 及系统压力 p 下的"饱和蒸气压"应等于 $k_{x,B}$，即在 $T、p$ 下亨利定律在 $x_B = 1$ 仍适用的液体状态的纯 B。这种标准化学势记为 $\mu_{x,B(溶质)}^{\ominus}$。

注意，在使用不同组成标度时，溶质 B 的标准态、标准化学势及化学势表达式不同，但对同一溶液化学势的值是唯一的。

4.6.4　真实液态混合物与真实稀溶液的化学势 —— 活度和活度因子

上节讨论了理想稀溶液中溶剂和溶质的化学势与组成关系的表达式，它们都具有简单的形式。与在真实气体中引入逸度、逸度因子来修正其对理想气体的偏差类似，对于真实液态混合物与真实稀溶液，通过引入活度和活度因子来修正偏差。

1.真实液态混合物

已知在理想液态混合物中无溶剂和溶质之分，任一组分 B 的化学势可以表示为

$$\mu_{B(l)} = \mu_{B(l)}^{*} + RT\ln x_B$$

在获得这个公式时，引用了拉乌尔定律，即 $\dfrac{p_B}{p_B^{*}} = x_B$，对于真实液态混合物，拉乌尔定律应修正为

$$\frac{p_B}{p_B^{*}} = \gamma_B x_B$$

因此，任一组分 B 的化学势应修正为

$$\mu_{B(l)} = \mu_{B(l)}^{*} + RT\ln\gamma_B x_B$$

定义

$$a_B = \gamma_B x_B, \quad \lim_{x_B \to 1}\gamma_B = 1 \tag{4.46}$$

故有

$$\mu_{B(l)} = \mu_{B(l)}^{*} + RT\ln a_B \tag{4.47}$$

由于标准压力定为 $p^{\ominus}$，故压力 p 下的化学势为

$$\mu_{B(1)} = \mu_{B(1)}^{\ominus} + RT\ln a_B + \int_{p^{\ominus}}^{p} V_{m,B(1)}^* \tag{4.48}$$

在常压下，积分项近似为零，故近似有

$$\mu_{B(1)} = \mu_{B(1)}^{\ominus} + RT\ln a_B \tag{4.49}$$

式中，a_B 是 B 组分用摩尔分数表示的活度，它相当于有效的摩尔分数；γ_B 为组成用摩尔分数表示的活度因子，也称为活度系数，它表示在实际混合物中，B 组分的摩尔分数与理想液态混合物的偏差；$\mu_{B(1)}^{\ominus}$ 表示温度 T 下处于标准压力 $p^{\ominus}$ 时，纯液体 B 的化学势，即真实液态混合物中组分 B 的标准态。对于理想液态混合物，$\gamma_B = 1$，$a_B = x_B$。由此可见，γ_B 实际上是对拉乌尔定律的偏差系数，式（4.49）是具有普遍意义的液态混合物化学势求解式。

2.真实稀溶液

由真实液体混合物化学势的推导过程可知：

$$a_B = \frac{p_B}{p_B^*}$$

$$\gamma_B = \frac{a_B}{x_B} = \frac{p_B}{p_B^* x_B}$$

即液态混合物中 B 组分的活度因子为与之平衡的气相中 B 组分的分压和由拉乌尔定律所计算得到的分压之比。由于理想稀溶液中溶剂符合拉乌尔定律，挥发性溶质符合亨利定律，用与推导真实液态混合物中组分 B 活度及活度因子同样的方法，易知上述两式仍然适用于真实溶液的溶剂 A，只需将式中的下角标换成表示溶剂的下角标 A 即可。

而对挥发性溶质 B，通过与之类似的推导可得

$$a_B = \frac{p_B}{k_{b,B} b^{\ominus}} \tag{4.50}$$

$$\gamma_B = \frac{a_B}{b_B/b^{\ominus}} = \frac{p_B}{k_{b,B} b_B} \tag{4.51}$$

即真实溶液真挥发性溶质 B 的活度因子为与之成平衡的气相中 B 组分的分压和亨利定律所计算得到的分压之比。

为了使真实溶液的溶剂和溶质的化学势表达式分别与理想稀溶液中的形式相同，采用类似的方式，以溶剂的活度 a_A 代替 x_A，以溶质的活度 a_B 代替 $b_B/b^{\ominus}$。

对于溶剂 A，将在温度 T、压力 p 下，真实溶液中化学势的表达式规定为

$$\mu_{A(1)} = \mu_{A(1)}^{\ominus} + RT\ln a_A \tag{4.52}$$

$$a_A = \gamma_A x_A \tag{4.53}$$

对于溶质 B，将在温度 T、压力 p 下，真实溶液中化学势的表达式规定为

$$\mu_{B(溶质)} = \mu_{B(溶质)}^{\ominus} + RT\ln a_B + \int_{p^{\ominus}}^{p} V_{B(溶质)}^{\infty} dp \tag{4.54}$$

$$\mu_{B(溶质)} = \mu_{B(溶质)}^{\ominus} + RT\ln \frac{\gamma_B b_B}{b^{\ominus}} + \int_{p^{\ominus}}^{p} V_{B(溶质)}^{\infty} dp \tag{4.55}$$

式中

$$\gamma_B = a_B/(b_B/b^\ominus) \tag{4.56}$$

并且

$$\lim_{\sum_B b \to 0} \gamma_B = \lim_{\sum b \to 0}\left[a_B/(b_B/b^\ominus) \right] = 1 \tag{4.57}$$

式中,极限条件 $\sum_B b_B \to 0$,不仅要求所讨论的溶质 B 的 b_B 趋于零,还要求溶液中其他溶质 b 也同时趋于 0。

在 p 与 $p^\ominus$ 相差不大时,式(4.54) 和式(4.55) 可分别表示为

$$\mu_{B(溶质)} = \mu_{B(溶质)} + RT\ln a_B \tag{4.58}$$

$$\mu_{B(溶质)} = \mu_{B(溶质)}^\ominus + RT\ln \frac{\gamma_B b_B}{b^\ominus} \tag{4.59}$$

4.6.5　化学势表达式总结

本章共导出了单 / 多组分系统的气体、液态混合物及溶液三类化学势的表达式。这三类化学势分别建立在三个理想模型上 —— 理想气体模型、理想液态混合物模型和理想稀溶液模型。液态多组分系统中组分 B 的化学势推导均从平衡时该组分在液相中的化学势与气相中的化学势相等出发,由气体的化学势导出液体的化学势。对于真实多组分系统中组分 B 的化学势,则是通过引入逸度和活度来修正理想模型。表4.1 为不同多组分系统中组分 B 的化学势表达式的常用形式。

表 4.1　不同多组分系统中组分 B 的化学势表达式的常用形式

系统 / 定律		理想系统	真实系统
纯理想气体		$\mu(T,p) = \mu^\ominus(T,p^\ominus) + RT\ln \dfrac{p}{p^\ominus}$	
气体混合物		$\mu_B = \mu_B^\ominus(T) + RT\ln \dfrac{p_B}{p^\ominus}$	$\mu_B(T,p) = \mu_B^\ominus(T,p^\ominus) + RT\ln \dfrac{f_B}{p^\ominus}$
液态混合物		$\mu_{B(l)} = \mu_B^\ominus(l) + RT\ln x_B$	$\mu_{B(l)} = \mu_{B(l)}^\ominus + RT\ln a_B$
液态溶液	溶剂	$\mu_{A(l)} = \mu_{A(l)}^\ominus + RT\ln x_A$	$\mu_{A(l)} = \mu_{A(l)}^\ominus + RT\ln a_A$
	溶质	$\mu_{B(溶质)} = \mu_{B(溶质)}^\ominus + RT\ln\left(\dfrac{b_B}{b^\ominus}\right)$	$\mu_{B(溶质)} = \mu_{B(溶质)}^\ominus + RT\ln a_B$
拉乌尔定律		$p_B = p_B^* x_B$	$p_B = p_B^* a_B, \gamma_B = a_B/x_B$
亨利定律		$p_B = k_{b,B} b_B$	$p_B = k_{b,B} a_B(b^\ominus), \gamma_B = a_B/(b_B/b^\ominus)$

注:1.真实系统是以理想系统的标准态为标准态。

2.溶液中溶剂的化学势表达式与理想液态混合物中组分 B 的化学势表达式相同。

3.溶液中溶剂的化学势表达式可用不同的组成标度来表示。

4.7 稀溶液的依数性

稀溶液的依数性(colligative properties)是指只依赖溶液中溶质质点的数量,而与溶质分子本性无关的性质。依数性包括溶剂蒸气压下降、溶液凝固点降低(析出固态纯溶剂)、溶液沸点升高(溶质不挥发)和形成渗透压。由于溶液中 $x_A < 1$,由理想稀溶液中溶剂的化学势表达式 $\mu_{A(l)} = \mu_{A(l)}^* + RT \ln x_A$ 可知,溶液中溶剂的化学势必然小于同样温度、压力下纯溶剂的化学势,这正是造成上述稀溶液依数性的原因。本节有关依数性的公式只适用于理想稀溶液,近似适用于稀溶液。

稀溶液的依数性在实际生产和生活中有很多应用,通过这些实例可以加深对依数性的理解。例如:可以使用依数性来测定非挥发性溶质的摩尔质量;可以用蒸气压下降性质来解释糖水比纯水蒸发要慢的原因;可以用渗透压原理来说明生理盐水和葡萄糖注射液是根据人体血液中红细胞与血浆正常的渗透压配制的等渗溶液;等等。下面分别列举一些生产、生活中的应用实例。

4.7.1 溶剂蒸气压下降

溶液中溶剂的蒸气压 p_A 低于同温度下纯溶剂的饱和蒸气压 p_A^*,这一现象称为溶剂的蒸气压下降。对稀溶液,将拉乌尔定律 $p_A = p_A^* x_A$ 代入,得

$$\Delta p_A = p_A^* - p_A = p_A^* - p_A^* x_A = p_A^* (1 - x_A)$$

故

$$\Delta p_A = p_A^* x_B \qquad (4.60a)$$

$\Delta p_A = p_A^* - p_A$ 为溶剂的蒸气压下降值。式(4.60a)说明,稀溶液中溶剂的蒸气压下降值与溶液中溶质的摩尔分数成正比,比例系数即同温度下纯溶剂的饱和蒸气压。

式(4.60a)还可表示为

$$\Delta p_A / p_A^* = x_B \qquad (4.60b)$$

即稀溶液中溶剂蒸气压的相对下降值等于溶液中溶质的摩尔分数,与溶质的种类无关。

$CaCl_2$、NaOH、P_2O_5 等易潮解的固态物质,常用作干燥剂。因其易吸收空气中的水分在其表面形成溶液,该溶液的蒸气压较空气中水蒸气的分压小,使空气中的水蒸气不断凝结进入溶液而达到消除空气中水蒸气的目的。

4.7.2 溶液凝固点降低(析出固态纯溶剂)

在 B 与 A 不形成固态溶液,凝固时只析出溶剂 A 的条件下,当溶剂 A 中溶有少量溶质 B 形成稀溶液,从溶液中析出固态纯溶剂 A 的温度,即溶液的凝固点就会低于纯溶剂在同样外压下的凝固点,并遵循一定的规律,这就是凝固点降低的现象。稀溶液的凝固点降低示意图如图 4.7 所示。

在恒定外压(通常为大气压)下,溶质 B 在溶液中的组成为 b,溶液的凝固点为 T。溶

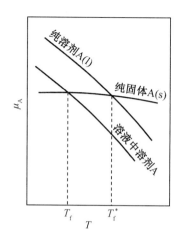

图 4.7 稀溶液的凝固点降低示意图

液中溶剂的化学势表达式为 $\mu_{A(l)} = \mu^*_{A(l)} - RTM_A\sum\limits_B b_B$。当溶剂 A 以纯固体的形式析出时,其在溶液中的化学势将下降,此时只有降低系统的温度,才可能维持 A 的不断析出。由相平衡关系知,固 - 液平衡时,有 $\mu^*_{A(s)} = \mu_{A(l)}$,即

$$\mu^*_{A(s)} = \mu^*_{A(l)} - RTM_A\sum\limits_B b_B \tag{4.61}$$

在整个冷凝过程中,只要保持固相和液相的平衡,则式(4.61)恒成立,必然有 $\mathrm{d}\mu^*_{A(s)} = \mathrm{d}\mu^*_{A(l)}$ 。

由于对纯物质而言,其化学势只为温度 T 和压力 p 的函数,故在恒外压条件下,对式(4.61)微分,得

$$\left(\frac{\partial\mu^*_{A(s)}}{\partial T}\right)_p \mathrm{d}T = \left(\frac{\partial\mu^*_{A(l)}}{\partial T}\right)_p \mathrm{d}T - RM_A b_B \mathrm{d}T - RTM_A \mathrm{d}b_B$$

由于 $(\partial\mu^*_{A(s)}/\partial T)_p = -S^*_{m,A(s)}$, $(\partial\mu^*_{A(l)}/\partial T)_p = -S^*_{m,A(l)}$,并注意到对于理想稀溶液 b_B 很小,$RM_A b_B \mathrm{d}T$ 可忽略,因此

$$\mathrm{d}b_B = -\frac{S^*_{m,A(l)} - S^*_{m,A(s)}}{RM_A T}\mathrm{d}T$$

式中,$S^*_{m,A(l)}$ 、$S^*_{m,A(s)}$ 分别为纯液体 A 和纯固体 A 的摩尔熵;$S^*_{m,A(l)} - S^*_{m,A(s)}$ 为纯溶剂 A 的摩尔熔化熵。由于上述熔化过程为可逆过程,因此

$$S^*_{m,A(l)} - S^*_{m,A(s)} = \frac{H^*_{m,A(l)} - H^*_{m,A(s)}}{T} = \frac{\Delta_{fus}H^*_{m,A}}{T}$$

式中,$\Delta_{fus}H^*_{m,A}$ 为纯固体 A 的摩尔熔化焓。于是

$$\mathrm{d}b_B = -\frac{\Delta_{fus}H^*_{m,A}}{RM_A T^2}\mathrm{d}T \tag{4.62}$$

将式(4.62)积分:

$$\int_0^{b_B}\mathrm{d}b_B = -\int_{T^*_f}^{T_f}\frac{\Delta_{fus}H^*_{m,A}}{RM_A T^2}\mathrm{d}T$$

式中，T_f^* 和 T_f 分别为纯溶剂 A 和溶液中溶剂 A 的凝固点。

通常凝固点降低值 $\Delta T_f = T_f^* - T_f$ 很小，$\Delta_{fus} H_{m,A}^*$ 在温度范围 $T_f \sim T_f^*$ 内可看成常数，因此

$$M_A b_B = \frac{\Delta_{fus} H_{m,A}^*}{RT} \left(\frac{1}{T_f} - \frac{1}{T_f^*} \right) \tag{4.63a}$$

或

$$M_A b_B = \frac{\Delta_{fus} H_{m,A}^* \Delta T_f}{RT_f T_f^*} \tag{4.63b}$$

在常压下 $\Delta_{fus} H_{m,A}^* \approx \Delta_{fus} H_{m,A}^{\ominus}$，并认为 $T_f T_f^* \approx (T_f^*)^2$，最后得

$$\Delta T_f = \frac{R (T_f^*)^2 M_A}{\Delta_{fus} H_{m,A}^*} b_B \tag{4.64a}$$

令

$$K_f = \frac{R (T_f^*)^2 M_A}{\Delta_{fus} H_{m,A}^*} \tag{4.64b}$$

K_f 称为凝固点降低系数，则

$$\Delta T_f = K_f b_B \tag{4.65}$$

此即为稀溶液的凝固点降低公式。式中 K_f 的量值仅与溶剂的性质有关。通过已知的 K_f 值，根据实验测定一定组成溶液的 ΔT_f 后，就可计算出溶质的摩尔质量。

【例 4.3】 在 25.00 g 苯中溶入 0.245 g 苯甲酸，测得凝固点降低 $\Delta T_f = 0.204\ 8$ K，试求苯甲酸在苯中的分子式（已知苯的 $K_f = 5.07$ K·kg·mol^{-1}）。

解：

由凝固点降低公式 $\Delta T_f = K_f b$ 得

$$\Delta T_f = \frac{K_f m_B}{M_B m_A}$$

$$M_B = \frac{K_f m_B}{\Delta T_f m_A} = \frac{5.07\ \text{K·mol}^{-1} \cdot \text{kg} \times 0.245\ \text{g}}{0.204\ 8\ \text{K} \times 25\ \text{g}} = 0.243\ \text{kg·mol}^{-1}$$

已知苯甲酸 C_6H_5COOH 的摩尔质量为 0.122 kg·mol^{-1}，故苯甲酸在苯中以二聚体的形式（$(C_6H_5COOH)_2$）存在。

4.7.3　溶液沸点升高（溶质不挥发）

沸点是指液体的蒸气压等于外压时的温度。根据拉乌尔定律，在一定温度线下，向纯溶剂 A 中加入非挥发的溶质 B，溶液的蒸气压即溶液中溶剂 A 的蒸气压要小于相同温度下纯溶剂 A 的蒸气压。稀溶液的沸点升高示意图如图 4.8 所示。从图中可以看出，在纯溶剂的沸点 T_b^* 下，A 的蒸气压等于外压时，溶剂的蒸气压低于外压，故溶液不沸腾。要使溶液在同一外压下沸腾，必须使温度升高到 T_b，溶液的蒸气压等于外压时方可。显然 $T_b^* > T_b$。这种现象称为沸点升高，$\Delta T = T_b - T_b^*$ 称为沸点升高值。

非挥发性溶质的稀溶液的沸点升高值 ΔT 与溶液组成 b_B 的关系式，可用与推导凝固

点降低同样的方法推导,最后得出

$$M_A b_b = -\frac{\Delta_{vap} H_{m,A}^*}{R}\left(\frac{1}{T_b} - \frac{1}{T_b^*}\right) \tag{4.66a}$$

或

$$M_A b_b = -\frac{\Delta_{vap} H_{m,A}^* \Delta T_b}{R T_b T_b^*} \tag{4.66b}$$

因在大气压力下 $\Delta_{vap} H_{m,A}^* \approx \Delta_{vap} H_{m,A}^\ominus$（$\Delta_{vap} H_{m,A}^\ominus$ 为 A 的标准摩尔蒸发焓）,且由于 ΔT 相对于 T_b^* 很小,可认为 $T_b T_b^* \approx (T_b^*)^2$,最后得到

$$\Delta T_b = \frac{R(T_b^*)^2 M_A}{\Delta_{vap} H_{m,A}^\ominus} b_B \tag{4.67a}$$

令

$$K_b = \frac{R(T_b^*)^2 M_A}{\Delta_{vap} H_{m,A}^\ominus} \tag{4.67b}$$

K_b 称为沸点升高系数,仅与溶剂的性质有关。

则

$$\Delta T_b = K_b b_B \tag{4.68}$$

此即为稀溶液的沸点升高公式。

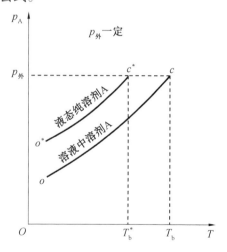

图 4.8　稀溶液的沸点升高示意图

钢铁工件进行氧化热处理就是沸点升高的应用。金属热处理时要求较高的温度,同时又要避免金属工件受空气的氧化或脱碳,常常采用盐熔剂来加热金属工件。例如:在 $BaCl_2$(熔点 1 236 K)中加入 5% 的 NaCl(熔点 1 074 K)作为盐熔剂,其熔盐的凝固点可以下降到 1 123 K;若在 $BaCl_2$ 中加入 22.5% 的 NaCl,熔盐的凝固点可降至 903 K。

4.7.4　形成渗透压

有许多人造的或天然的膜对于物质的透过有选择性。例如:亚铁氰化铜膜只允许水

而不允许水中的糖透过;有些动物膜如膀胱等,可以使水通过,却不能使摩尔质量高的溶质或胶体粒子通过。这类膜称为半透膜。

在一定温度下用一个只能使溶剂透过而不能使溶质透过的半透膜把纯溶剂与溶液隔开,溶剂就会通过半透膜渗透到溶液中使溶液液面上升,直到溶液液面升到一定高度达到平衡态,渗透才停止,如图 4.9(a) 所示。对于这种溶剂的膜平衡,称为渗透平衡。渗透平衡时,溶液液面和同一水平的溶液截面上所受的压力分别为 p 及 $p + \rho g h$(ρ 是平衡时溶液的密度,g 是重力加速度,h 是溶液液面与纯溶剂液面的高度差),后者与前者之差称为渗透压,以 Π 表示。任何溶液都有渗透压,但是如果没有半透膜将溶液与纯溶剂隔开,渗透压则无法体现。测定渗透压的一种方法,是在溶液一侧施加一个额外的压力使达到渗透平衡,此额外压力即为渗透压 Π,如图 4.9(b) 所示。

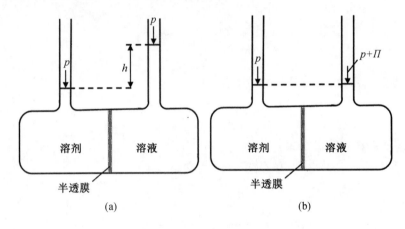

图 4.9　渗透平衡示意图

渗透压的大小与溶液的浓度有关,应用渗透平衡时半透膜两侧溶剂的化学势相等即可推导出这一关系。

温度 T 下,系统达到渗透平衡时,有
$$\mu_{A(l)}(T, p + \Pi) = \mu_{A(l)}^{*}(T, p)$$
式中,$\mu_{A(l)}^{*}(T, p)$ 为纯溶剂 A 在温度 T、压力 p 下的化学势;$\mu_{A(l)}(T, p + \Pi)$ 为溶液中溶剂 A 在温度 T、压力 $p + \Pi$ 下的化学势,根据式(4.38a):
$$\mu_{A(l)}(T, p + \Pi) = \mu_{A(l)}^{*}(T, p + \Pi) + RT\ln x_A$$
故有
$$\mu_{A(l)}^{*}(T, p) = \mu_{A(l)}^{*}(T, p + \Pi) + RT\ln x_A \tag{4.69}$$
由于 $[\partial \mu_{A(l)}^{*} / \partial p]_T = V_{m,A}^{*}$,恒定温度下将式(4.69)对 p 做定积分(积分限 $p \to p + \Pi$)得
$$\mu_{A(l)}^{*}(T, p + \Pi) - \mu_{A(l)}^{*}(T, p) = \int_{p}^{p+\Pi} V_{m,A}^{*}\mathrm{d}p$$

由于液体的难压缩性,当压力变化范围 $p \to p + \Pi$ 不是很大时,液体的摩尔体积可以看作常数,因此
$$\mu_{A(l)}^{*}(T, p + \Pi) - \mu_{A(l)}^{*}(T, p) \approx V_{m,A}^{*}(p + \Pi - p) = V_{m,A}^{*}\Pi$$
对于稀溶液

$$\ln x_A = \ln(1 - x_B) \approx -x_B = -n_B/(n_A + n_B) \approx -n_B/n_A$$

将上述结果代入式(4.69)并整理,得

$$n_B RT = n_A V_{m,A(l)}^* \, \Pi$$

在稀溶液的情况下,$n_A V_{m,A(l)}^* \approx V$,即溶液的体积,故得

$$\Pi V = n_B RT \tag{4.70a}$$

或

$$\Pi = c_B RT \tag{4.70b}$$

式中,c_B 是溶液中溶质的浓度。此式就是稀溶液的范托夫渗透压公式。由此可以看出,溶液渗透压的大小只与溶液中溶质的浓度有关,而与溶质的本性无关,故渗透压也是溶液的依数性质。

根据以上的讨论可知,在如图 4.9 所示的装置中,当施加在溶液与纯溶剂上的压力差大于溶液的渗透压时,则将使溶液中的溶剂通过半透膜渗透到纯溶剂中,这种现象称为反渗透。

反渗透膜技术具有净化效率高、成本低和环境友好等优点,已经广泛应用于海水和苦咸水淡化、纯水和超纯水制备、工业或生活废水的深度处理等领域。一些应用反渗透膜技术处理的典型废水包括垃圾渗滤液、重金属废水和含油废水等。此外,实验室常见的超纯水机就是反渗透膜技术的成功产物。通过反渗透膜,可以使水分子和离子态的矿物质元素通过,而溶解在水中的绝大部分无机盐(包括重金属)、有机物以及细菌、病毒等无法透过反渗透膜,从而使纯净水得到分离,进一步经过超纯化处理和紫外杀菌等后级处理就得到了最终的超纯水。

【例 4.4】　测得 30 ℃ 某蔗糖水溶液的渗透压为 252 kPa。试求:

(1) 该溶液中蔗糖的质量摩尔浓度;

(2) 该溶液的凝固点降低值;

(3) 在大气压力下,该溶液的沸点升高值。

解:

(1) 由式(4.70b)($\Pi = c_B RT$) 得

$$c_B = \Pi/RT = 252.0 \times 10^3 \text{ Pa}/8.315 \text{ J} \cdot \text{K}^{-1} \times 303.15 \text{ K} = 100 \text{ mol} \cdot \text{m}^{-3}$$

由溶质的质量摩尔浓度 b_B 与溶质的浓度 c_B 之间的关系式 $b_B = c_B/(\rho - c_B M_B)$,在 c_B 不大的稀溶液中 $\rho - c_B M_B \approx \rho \approx \rho_A$,$\rho_A$ 为纯溶剂 A 的密度,故得 $b_B \approx c_B/\rho_A$。水的密度近似取 $\rho_A \approx 10^3 \text{ kg} \cdot \text{m}^{-3}$,得

$$b_B = c_B/\rho_A = \frac{100 \text{ mol} \cdot \text{m}^{-3}}{10^3 \text{ kg} \cdot \text{m}^{-3}} = 0.1 \text{ mol} \cdot \text{kg}^{-1}$$

(2) 查表得知水的 $K_f = 1.86$ K $\cdot$ kg $\cdot$ mol^{-1},故

$$\Delta T_f = K_f b_B = 1.86 \text{ K} \cdot \text{kg} \cdot \text{mol}^{-1} \times 0.1 \text{ mol} \cdot \text{kg}^{-1} = 0.186 \text{ K}$$

(3) 查表得知水的 $K_b = 0.513$ K $\cdot$ kg $\cdot$ mol^{-1},故

$$\Delta T_b = K_b b_B = 0.513 \text{ K} \cdot \text{kg} \cdot \text{mol}^{-1} \times 0.1 \text{ mol} \cdot \text{kg}^{-1} = 0.051\,3 \text{ K}$$

本 章 小 结

（1）偏摩尔量的引入,使得多组分系统与各组分纯物质的热力学广度性质 X 可以进行计算。

（2）偏摩尔吉布斯函数是最重要的偏摩尔量,又称为化学势。本章共讨论了单／多组分系统的气体、液态混合物及溶液三类化学势,分别建立在理想气体模型、理想液态混合物模型和理想稀溶液模型上。在理想气体模型的基础上首先导出了理想气体的化学势表达式。进一步利用理想气体化学势表达式,在拉乌尔定律的基础上导出了理想液态混合物中组分 B 的化学势表达式,在享利定律的基础上导出了理想稀溶液中溶质 B 的化学势表达式。

（3）在真实系统中,通过引入逸度和逸度因子（气体）或活度和活度因子（液态混合物或溶液）修正理想系统中各组分的化学势得到组分 B 的化学势表达式。

（4）分析了稀溶液的依数性（溶剂蒸气压下降、溶液凝固点降低、沸点升高和形成渗透压）及其实际应用。

本 章 习 题

1.在 298 K 时,有 0.10 kg 质量分数为 0.094 7 的硫酸（H_2SO_4）水溶液,试求:（1）质量摩尔浓度 m_B;（2）物质的量浓度 c_B;（3）摩尔分数 x_B 来表示硫酸的含量（已知该条件下硫酸溶液的密度为 $1.060\ 3 \times 10^3\ kg \cdot m^{-3}$,纯水的密度为 $997.1\ kg \cdot m^{-3}$）。

2.在 25 ℃,1 kg 水（A）中溶有醋酸（B）,当其质量摩尔浓度 b_B 介于 0.16 mol·kg^{-1} 和 25 mol·kg^{-1} 之间时,溶液的总体积 V/cm^3 = 1 002.935 + 51.832 $[b_B/(mol \cdot kg^{-1})]$ + 0.139 4$[b_B/(mol \cdot kg^{-1})]^2$。求:

（1）把水（A）和醋酸（B）的偏摩尔体积分别表示成 b_B 的函数关系;

（2）b_B = 1.5 mol·kg^{-1} 时水和醋酸的偏摩尔体积。

3.80 ℃ 时纯苯的蒸气压为 100 kPa,纯甲苯的蒸气压为 38.7 kPa。两液体可形成理想液体混合物。若有苯－甲苯的气－液平衡混合物,80 ℃ 时气相中苯的摩尔分数 y(苯) = 0.300,求液相的组成。

4.在 333 K 时,纯的苯胺和水的饱和蒸气压分别为 0.76 kPa 和 19.9 kPa,在该温度下,苯胺和水部分互溶,分成两层。在两个液相中,苯胺的摩尔分数分别为 0.732 和 0.088。假设每个液相中溶剂遵守拉乌尔定律,溶质遵守亨利定律,试求在两液相中,分别作为溶质的水和苯胺的亨利系数。

5.在 293 K 时,乙醚的蒸气压为 58.95 kPa。在 0.1 kg 乙醚中,溶入某非挥发性有机物质 0.01 kg,乙醚的蒸气压降低到 56.79 kPa,试求该有机物的摩尔质量。

6.在 298 K 时,质量摩尔浓度为 m_B 的 NaCl（B）水溶液,测得其渗透压为 200 kPa。现在要从该溶液中取出 1 mol 纯水,试计算这一过程中化学势的变化值（设这时溶液的密度近似于纯水的密度,为 $1 \times 10^3 \ \text{kg} \cdot \text{m}^{-3}$)。

7.在 288 K 时,1 mol NaOH(s)溶在 4.559 mol 的纯水中所成溶液的蒸气压为 596.5 Pa。在该温度下,纯水的蒸气压为 1 705 Pa。试求:

(1)溶液中水的活度;

(2)在溶液和纯水中,水的化学势的差值。

8.10 g 葡萄糖($C_6H_{12}O_6$)溶于 400 g 乙醇中,溶液的沸点较纯乙醇的上升 0.142 8 ℃。另外有 2 g 有机物质溶于 100 g 乙醇中,此溶液的沸点则上升 0.125 0 ℃。求此有机物质的相对分子质量。

9.已知樟脑($C_{10}H_{16}O$)的凝固点降低系数为 40 K·kg·mol^{-1}。

(1)某一溶质相对分子质量为 210,溶于樟脑形成质量分数为 5% 的溶液,求凝固点降低多少?

(2)某一溶质相对分子质量为 9 000,溶于樟脑形成质量分数为 5% 的溶液,求凝固点降低多少?

10.在 25 ℃ 时,10 g 某溶质溶于 1 dm^3 溶剂中,测出该溶液的渗透压为 $\Pi = 0.400\ 0$ kPa,试确定该溶质的相对分子质量。

11.某水溶液含有非挥发性溶质,在 271.65 K 时凝固。试求:

(1)该溶液正常沸点;

(2)在 298 K 时的蒸气压(已知该温度时纯水的蒸气压为 3.178 kPa);

(3)在 298 K 时的渗透压(假设溶液是理想的稀溶液)。

第5章　　水环境的平衡问题

本章重点、难点：

（1）相系统相关概念及多相系统相平衡的一般条件。

（2）相律的表达和计算。

（3）单组分、二组分系统相图分析及应用。

（4）杠杆规则的概念与计算。

（5）蒸馏（或精馏）的基本原理。

（6）分配平衡的性质及应用。

（7）酸碱质子理论及酸碱平衡计算。

（8）络合平衡常数的概念、换算及应用。

（9）沉淀平衡的计算及影响因素。

本章实际应用：

（1）液体混合物和溶液是化学学科研究的主体体系，其研究成果为相平衡、溶液化学反应及化学平衡建立了理论基础。

（2）相系统的平衡在化学、化工的科研和生产中有重要应用，例如：溶解、蒸馏、重结晶、萃取、提纯及金相分析等方面都要用到相平衡的知识。

（3）分配平衡、酸碱平衡、络合平衡、沉淀平衡是化学平衡的重要组成部分，化学平衡的移动在日常生活和工农业生产上应用广泛。例如：锅炉水垢的去除、Cl_2 的收集、泡沫灭火器的原理、煤气中毒的紧急救治等。

知识框架图

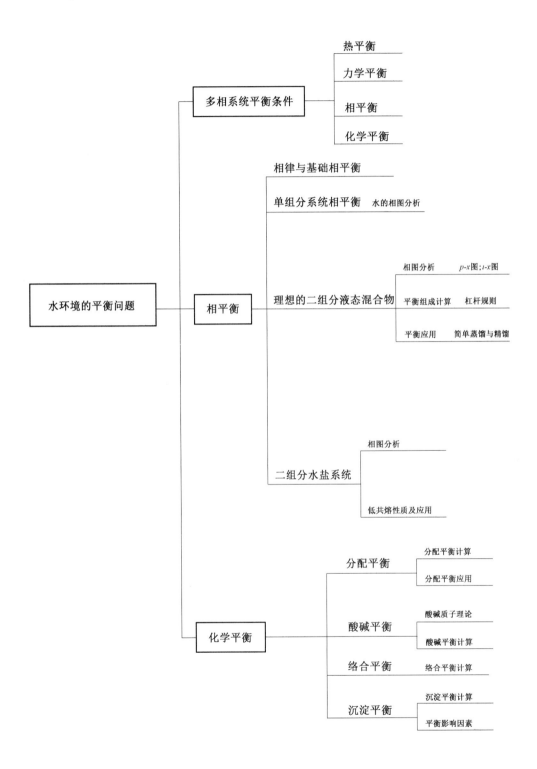

5.1　引　言

在一个封闭的多相系统中,不同相之间可以有热的交换、功的传递和物质的交流。因此多项系统的平衡包含四个意义上的平衡,即热平衡、力学平衡、相平衡和化学平衡。本章的主要研究内容为水环境中的相平衡和化学平衡。其中水环境的化学平衡通常是指分配平衡、酸碱平衡、络合平衡及沉淀平衡。化学平衡基础理论与环境中水处理技术密不可分。

相平衡是热力学在化学领域中的重要应用之一。研究多相系统的平衡在化学、化工的科研和生产中有重要的意义,例如:溶解、蒸馏、重结晶、萃取、提纯及金相分析等方面都要用到相平衡的知识。相平衡研究的一项主要内容是表达一个相平衡系统的状态如何随其组成、温度、压力等变量而变化,除了用数学公式描述这种相平衡系统状态的变化,还可以用图形表示相平衡系统的温度、压力、组成间的关系,这种图形称为相图。相图的特点是直观,从图中能直接了解各量间的关系,在较复杂系统的相图中这一特点表现得更为突出。

化学平衡与化学反应的方向及反应平衡时的转化率直接相关,这是人们在化工生产及应用中最关心的问题。因为这关系到在一定条件下,反应能否按照所希望的方向进行、最终能得到多少产物,反应的经济效益如何。将热力学基本原理和规律应用于化学反应,可以从原则上确定反应进行的方向、平衡条件、反应的最高限度、平衡物质关系等,并用相应的平衡常数表示。催化剂无法改变任一给定条件下的理论最大限度,只有改变反应条件,才能在新的条件下达到新的限度。本章将依据化学平衡常数来讨论化学平衡问题,主要包括计算方法以及对化学平衡的一些影响因素。

5.2　相　衡

5.2.1　多相系统平衡的一般条件

多相系统是指内部含有一个以上相态的系统。在一个封闭的多相系统中,相与相之间可以有热的交换、功的传递和物质的交流。对具有 Φ 个相系统的热力学平衡,实际上包含了热平衡、力学平衡、相平衡、化学平衡四个平衡,相应具有以下四种平衡条件。

1.热平衡条件

设系统由 α、β 两个相构成,在系统的组成、总体积和热力学能均不变的条件下,若有微量热自 α 相流入 β 相,系统总熵的变化为

$$S = S^\alpha + S^\beta; \quad dS = dS^\alpha + dS^\beta$$

当系统达到平衡时

$$dS = 0; \quad dS^\alpha + dS^\beta = 0$$

即

$$-\frac{\delta Q}{T^\alpha} + \frac{\delta Q}{T^\beta} = 0$$

$$T^\alpha = T^\beta$$

当系统达到平衡时,两相的温度相等。同理,可以推广到多相平衡系统。

2.压力平衡条件

设系统的总体积为 V,在系统的温度、体积及组成均不变的条件下,设 α 相膨胀了 dV^α,β 相收缩了 dV^β。

当系统达到平衡时

$$dA = dA^\alpha + dA^\beta = 0$$
$$dA = -p^\alpha dV^\alpha - p^\beta dV^\beta = 0$$

即

$$dV^\alpha = -dV^\beta$$

$$p^\alpha = p^\beta$$

当系统达平衡时,两相的压力相等。同理,可以推广到多相平衡系统。

3.相平衡条件

设多组分系统中只有 α 和 β 两相,并处于平衡态。在定温定压下,有 dn_B 的物质 B 从 α 相转移到了 β 相,根据偏摩尔量加和公式

$$dG = dG_B^\alpha + dG_B^\beta = \mu_B^\alpha dn_B^\alpha + \mu_B^\beta dn_B^\beta$$

由于

$$-dn_B^\alpha = dn_B^\beta$$

则

$$dG = -\mu_B^\alpha dn_B^\beta + \mu_B^\beta dn_B^\beta = (\mu_B^\beta - \mu_B^\alpha)\, dn_B^\beta$$

当系统达到平衡时

$$dG = 0$$

$$\mu_B^\alpha = \mu_B^\beta$$

当系统达平衡时,两相的化学势相等。同理,可以推广到多相平衡系统。

4.化学平衡条件

在达到化学平衡时,反应物的化学势等于生成物的化学势,化学势的代数和可表示为

$$\sum_B \nu_B \mu_B = 0$$

对于含 Φ 个相的多相平衡系统,这几个平衡可表示为

$$\begin{cases} T^\alpha = T^\beta = \cdots = T^\Phi \\ p^\alpha = p^\beta = \cdots = p^\Phi \\ \mu_B^\alpha = \mu_B^\alpha = \cdots = \mu_B^\Phi \end{cases}$$

5.2.2 相律

在进行相律和相图分析之前,首先要了解一些基础概念:

① 相图(phase diagram)。研究多相系统的状态如何随温度、压力和组成等强度性质变化而变化,并用图形来表示,这种图形称为相图。

② 相律(phase rule)。研究多相平衡系统中,相数、独立组分数与描述该平衡系统的变数之间的关系。它只能作定性的描述,而不能给出具体的数目。

③ 相(phase)。系统内部物理和化学性质完全均匀的部分称为相。相与相之间在指定条件下有明显的界面,在界面上宏观性质的改变是飞跃式的。

④ 相数。系统中相的总数称为相数,用 Φ 表示。

对于气体,不论有多少种气体混合,只有一个气相。

对于液体,按其互溶程度可以组成一相、两相或多相共存。

对于固体,一般有一种固体便有一个相;两种固体粉末无论混合得多么均匀,仍是两个相(固体溶液除外,它是单相)。

⑤ 自由度(degree of freedom)。确定平衡系统的状态所必需的独立强度变量的数目称为自由度,用 f 表示。这些强度变量通常是压力、温度和浓度等。

⑥ 条件自由度。如果已指定某个强度变量,除该变量以外的其他强度变量数称为条件自由度,用 f^* 表示。例如:指定了压力后,$f^* = f - 1$;指定了压力和温度后,$f^{**} = f - 2$。

⑦ 物种数。系统中所含化学物质数称为系统的物种数,用 S 表示。

⑧ 独立组分数。系统中各项组成所需最少的独立物质数,用 C 表示。

$$C = S - R - R'$$

式中,S 为物种数;R 为独立的化学平衡数;R' 为独立的限制条件数。

设某一平衡系统中有 S 种化学物质分布于 Φ 个相的每一相中,则相律表达式为

$$\Phi + f = (S - R - R') + 2 = C + 2 \tag{5.1}$$

式(5.1)称为相律。式中的数字 2 表示 T 和 p 两个变量。

几点说明:

(1) 无论实际情况是否符合每一项中 S 种物质均存在,相律都成立。

(2) 相律中的 2 表示系统整体的温度、压力皆相同。

(3) 相律中的 2 表示只考虑温度、压力对系统相平衡的影响。

(4) 对于没有气相存在,只由液相和固相形成的凝聚系统,不考虑压力对相平衡的影响,常压下凝聚系统相律的形式为 $f = C - \Phi + 1$。

5.2.3 单组分系统的相平衡

一个系统的平衡态与系统独立强度变量的取值一一对应。因此,由这些独立变量为坐标构成的坐标系中的每个点定义系统的一个平衡态。相图就是温度、压力和组成对系统平衡共存相的数目及类型影响在几何上的体现。

① 双变量系统。对单组分系统,根据相律 $f = 3 - \Phi$,由于系统至少包含一个相,故单组分系统的最大自由度 $f = 2$,T、p 为独立变量,此时系统称为双变量系统。

② 单变量系统。若 $\Phi = 2$，即系统由 2 个平衡共存的相组成，$f = 1$，称为单变量系统。在始终保持两相平衡共存的条件下，T 和 p 中只有一个是独立的。若选取 T 为变量，则 p 为 T 的函数（同样，用 p 作变量，则 T 为 p 的函数），在 $p - T$ 平面上表示为曲线，称为二相平衡线，简称二相线。

③ 无变量系统。若 $\Phi = 3$，系统中 3 个相平衡共存，有 $f = 0$，称为无变量系统，此时 T 和 p 的数值都是确定的，不能作任何变化，其在 $p - T$ 图上表示为一个点，这个点称为三相点。三相点是三条二相线的交点。

由于自由度 $f \geqslant 0$，故单组分系统不可能有四个相平衡共存。

从上述分析可以看出，相图中的图形元素点、线和区域分别反映系统相平衡的状态：单组分系统 $T - p$ 相图中单相区（区域）被二相线分隔，二相线交于三相点。

下面介绍 H_2O 的相图。

水的相图（示意图）是根据实验绘制的，如图 5.1 所示。

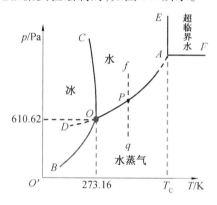

图 5.1　水的相图（示意图）

在正常压力下，H_2O 可以以气（水蒸气）、液（水）、固（冰）三种相态存在。水相图的相律分析见表 5.1。

表 5.1　水相图的相律分析

位置	系统	个数	Φ	f
单相区	双变量系统	3	1	2
二相线	单变量系统	3 + 1	2	1
三相点	无变量系统	1	3	0

由图 5.1 可知，水的相图中共有气、液、固三个单相区，单相区内 $\Phi = 1$，$f = 2$。在该区域内，温度和压力独立的有限度的变化不会引起相的改变。

OA、OB、OC 三条实线是两个单相区的交界线。在线上，$\Phi = 2$，$f = 1$，压力与温度只能改变一个，指定了压力，则温度由系统自定，反之亦然。

OA 是气 - 液两相平衡线，即水的饱和蒸气压曲线。它不能任意延长，终止于临界点 A。此时气 - 液界面消失，该温度称为临界温度（T_C）。在温度为 T_C 时，气体与液体的密度相等，气 - 液界面消失。高于临界温度时，不能用加压的方法使气体液化。OA 线以上的区域为水的相区，以下为水蒸气的相区。

OB 是气－固两相平衡线,即冰的升华曲线,理论上可延长至 0 K 附近。同理,OB 线以上的区域为冰的相区,以下的区域为水蒸气的相区。

OC 是液－固两相平衡线,即冰的熔点曲线。它不能任意延长,当 C 点延长至压力大于 2×10^8 Pa 时,相图变得复杂,有不同结构的冰生成。冰、水平衡时,温度升高,冰融化为水,降低温度,水凝固为冰,故 OC 线左侧为冰,右侧为水。

EAF 为右超临界区。该区域内水呈现一种稠密的气态,密度比一般气体大两个数量级,与液体相近。由于黏度更小、扩散速度更快,因此较液体相比有较好的流动性和传递性能。在超临界温度以上,气体不能用加压的方法液化。

此外,需要注意的是 OA、OB、OC 三条两相平衡线的斜率都可以用克劳修斯－克拉佩龙方程或克拉佩龙方程求得,见表 5.2。

表 5.2　两相平衡线的斜率分析

两相平衡线	方程	焓变	斜率
OA 线	$\dfrac{\mathrm{d}\ln p}{\mathrm{d}T} = \dfrac{\Delta_{vap}H_m}{RT^2}$	$\Delta_{vap}H_m > 0$	正
OB 线	$\dfrac{\mathrm{d}\ln p}{\mathrm{d}T} = \dfrac{\Delta_{sub}H_m}{RT^2}$	$\Delta_{sub}H_m > 0$	正
OC 线	$\dfrac{\mathrm{d}\ln p}{\mathrm{d}T} = \dfrac{\Delta_{fus}H_m}{T\,\Delta_{fus}V_m}$	$\Delta_{fus}H_m > 0$ $\Delta_{fus}V_m < 0$	负

其中,OB 线的斜率大于 OA 线的斜率,这是因为在克拉佩龙方程中,冰的摩尔升华焓 $\Delta_{sub}H_m$ 要比水的摩尔蒸发焓 $\Delta_{vap}H_m$ 大,故气－固平衡时蒸气压随温度 T 的增加而有更为显著的增加。

OD 是 AO 的延长线,即过冷水和水蒸气的介稳平衡线。在相同温度下,过冷水的蒸气压大于冰的蒸气压,所以 OD 线在 OB 线之上。过冷水处于不稳定状态,一旦有凝聚中心出现,就立即全部变成冰。

两相平衡线上的任何一点都可能有三种情况。如 OA 线上的 P 点:当保持温度不变时,f 点的纯水逐步降压,在无限接近于 P 点之前,气相尚未形成,系统仍为液相,自由度为 2。当到达 P 点时,气相出现并且气－液两相平衡,自由度为 1。继续降压,当处于 P 点之下时,液体消失,全部转变为气体,自由度再次为 2。

O 点是水的三相点,即气－液－固三相共存。此点 $\Phi = 3$,$f = 0$,温度和压力皆由系统自定。H_2O 的三相点温度为 273.16 K,压力为 610.62 Pa。1967 年,国际计量大会(CGPM)决定,将热力学温度 1 K 定义为水的三相点温度的 1/273.16。

此外,需要注意三相点与凝固点的区别,如图 5.2 所示。三相点是物质自身的特性,不能加以改变。而凝固点是在大气压力下,水的气、液、固三相共存温度。大气压力为101 325 Pa 时,凝固点温度为 273.15 K。改变外压,水的凝固点也会随之改变。在大气压力下,凝固点温度比三相点温度低 0.01 K,这是由以下两种因素造成的。

(1)外压增加。根据克拉佩龙方程,相图的液固平衡线的斜率 $\mathrm{d}T/\mathrm{d}p = -7.432 \times 10^{-8}$ K·Pa^{-1}。当外压由 101.325 kPa 降低到 610.48 Pa 时,平衡时的温度改变量

$\Delta T = \mathrm{d}T/\mathrm{d}p \times \Delta p = 0.007\ 49$ K，即外压的效应使三相点温度比水的凝固点温度高0.007 49 K。

（2）水中溶有空气。在空气中测定水的凝固点时，已有极少量的空气溶入水中，因此实际上已不是单组分系统。在大气压力和温度下，已知空气在水中的质量摩尔浓度约为 $m_B = 0.001\ 30$ mol·kg^{-1}，水的凝固点降低系数 $K_f = 1.86$ K·kg·mol^{-1}，故温度改变量为 $\Delta T = K_f \times m_B = 0.002\ 42$ K，即三相点温度比水的凝固点温度高 0.002 42 K。

综合以上两种效应，在大气压力下，三相点温度比水的凝固点温度高 0.01 K。

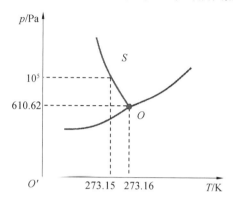

图 5.2　水的三相图（区别三相点与凝固点）

5.2.4　二组分理想液态混合物的气－液平衡相图及应用

1.理想的二组分液态混合物

根据相律，二组分系统的 $C = 2, f = 4 - \Phi, \Phi$ 至少为1，则 f 最多为3。与单组分系统相比，描述二组分系统的平衡态除了常用的 T、p 变量外，还需加上其中一个组分的组成变量 x。这意味着，二组分系统的状态需要用(T, p, x)三维空间中的点表示。

由于 $T - p - x$ 相图不方便使用，通常在实验中将一个变量固定，此时系统的最大自由度为2，从而得到二维相图。保持温度不变，得 $p - x$ 图；保持压力不变，得 $T - x$ 图；保持组成不变，得 $T - p$ 图，其中前两者较为常用，$T - p$ 图不常用。

二组分气－液平衡相图，按二组分液相之间相互溶解度的不同，可分为液态完全互溶、液态部分互溶及液态完全不互溶三类。液态完全互溶系统又可分为理想液态混合物和真实液态混合物，本节仅讨论二组分理想液态混合物的气－液平衡相图。

两个纯液体可按任意比例互溶，每个组分都服从拉乌尔定律，这样的系统称为理想的液体混合物。如苯和甲苯，正己烷与正庚烷等结构相似的化合物可形成这种系统。

（1）$p - x$ 图。

设组分 A 和组分 B 形成理想液态混合物，因 A、B 的分压 p_A、p_B 在全部组成范围内均符合拉乌尔定律 $p_A = p_A^* x_A$、$p_B = p_B^* x_B = p_B^*(1 - x_A)$，所以气－液平衡时气相总压力为

$$p = p_A + p_B = p_A^* x_A + p_B^*(1 - x_A) = p_B^* + (p_A^* - p_B^*) x_A \qquad (5.2)$$

式中，p_A^* 和 p_B^* 分别为纯 A 和纯 B 的饱和蒸气压，T 一定时，它们均有定值；x_A 和 x_B 分别为液相中组分 A 和 B 的摩尔分数。

在恒温条件下,以 x_A 为横坐标,以蒸气压为纵坐标,在 $p-x$ 图上可以分别表示总压力与分压力。根据式(5.2)结合拉乌尔定律, p_A、p_B、p 与 x_A 的关系均为直线(图5.3)。

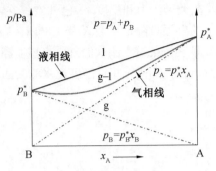

图 5.3 二组分理想液态混合物的 $p-x$ 图

由于在恒定温度 T 下两相平衡时系统的自由度 $f=1$,若选液相组成为独立变量,则不仅系统的压力为液相组成的函数,气相组成也应为液相组成的函数。若以 y_A、y_B 表示气相中组分 A 和 B 的摩尔分数($y_B=1-y_A$),且蒸气视为理想气体混合物,根据道尔顿分压定律,有

$$y_A = \frac{p_A}{p} = \frac{p_A^* x_A}{p_B^* + (p_A^* - p_B^*) x_A} \tag{5.3a}$$

$$y_B = \frac{p_B}{p} = \frac{p_A^* (1 - x_A)}{p_B^* + (p_A^* - p_B^*) x_A} \tag{5.3b}$$

已知 p_A^*、p_B^*、x_A 或 x_B,就可把各液相组成对应的气相组成求出,画在 $p-x$ 图上就得 $p-x-y$ 图。

根据式(5.3a)、式(5.3b)及拉乌尔定律可得

$$\frac{y_A}{y_B} = \frac{p_A^*}{p_B^*} \times \frac{x_A}{x_B}$$

若 $p_A^* > p_B^*$,则

$$\frac{y_A}{y_B} > \frac{x_A}{x_B}$$

$$y_A > x_A$$

即易挥发的组分在气相中的含量大于液相中的含量,反之亦然。

在恒温条件下,$p-x-y$ 图分为三个区域。需要注意的是,在单组分系统相图中曲线上的点代表系统两相共存的状态,而二组分系统相图中的曲线(液相线和气相线)为边界线,其上所有点均为新相刚要产生时的边界点,不代表两相平衡共存的状态。在液相线之上,系统压力高于任一混合物的饱和蒸气压,气相无法存在,是液相区。在气相线之下,系统压力低于任一混合物的饱和蒸气压,液相无法存在,是气相区。液相线和气相线之间的梭形区内,是气-液两相平衡共存区。

(2) $T-x$ 图。

恒定压力下,表示二组分系统气-液平衡时温度 T 与组成 x_A 关系的相图,称为 $T-x$

图,也称沸点－组成图(图5.4)。$T-x$ 图可以由实验数据直接绘制。对理想液态混合物,若已知两个纯液体在不同温度下蒸气压的数据,也可以从已知的 $p-x$ 图计算求得。

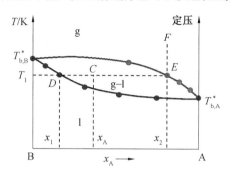

图 5.4　二组分理想液态混合物的 $T-x$ 图

当混合物的蒸气压等于外压时,混合物开始沸腾,这时的温度称为沸点。混合物的蒸气压越高,其沸点越低,反之亦然。$T-x$ 图在讨论蒸馏时十分有用,因为蒸馏通常在恒压下进行。

若将组成为 x_1 的液态混合物恒压升温,加热到温度为 T_1 时,液相开始起泡沸腾,D 点称为该液相的泡点。将泡点都连起来,就是液相组成线,表示了液相组成与泡点的关系,所以也称泡点线。若将组成为 x_2 的气相混合物由 F 点恒压降温,到达气相线上的 E 点时,气相开始凝结出露珠似的液滴,E 点称为该气相的露点。将露点都连起来,就是气相组成线,表示了气相组成与露点的关系,所以也称露点线。同样,气相组成线与液相组成线之间的梭形区是气液两相区。

2.杠杆规则

如图5.4所示,在 $T-x$ 图中,由 n_A 和 n_B 混合成的物系的初始组成为 x_A,加热到 T_1 温度,物系点 C 落会在两相区。过 C 作水平线分别交露点线和泡点线于 D 和 E。DE 线称为恒温连接线,落在 DE 线上所有物系点的对应的液相和气相组成,都由 D 点和 E 点的组成表示。

液相和气相的数量借助于力学中的杠杆规则求算。以物系点为支点,支点两边连接线的长度为力矩,计算液相和气相的物质的量或质量。这就是杠杆规则,可用于任意两相平衡区。

当系统点处于 C 点时,若平衡共存气、液两相物质的量分别为 $n(g)$ 和 $n(l)$,B组分在气、液两相的组成分别为 x_2 和 x_1,物料衡算给出

$$n(总)x_A = n(l)x_1 + n(g)x_2$$

由于

$$n(总) = n(l) + n(g)$$

$$[n(l) + n(g)]x_A = n(l)x_1 + n(g)x_2$$

整理得到

$$n(l)(x_A - x_1) = n(g)(x_2 - x_A)$$

$$n(1) \cdot \overline{CD} = n(g) \cdot \overline{CE} \tag{5.4}$$

上述关系即为杠杆规则。若已知的是质量分数，则

$$m(1) \cdot \overline{CD} = m(g) \cdot \overline{CE}$$

杠杆规则对液－气、液－固、液－液、固－固的两相平衡区具有普适性。对于液－气相图，若已知平衡态点及 $n(总) = n(1) + n(g)$；$m(总) = m(1) + m(g)$，则可以计算气、液相的量。

3.蒸馏（或精馏）的基本原理

处于相平衡的二组分或多组分系统通常各相的组成不同，这一特征使得可以通过相变将各组分加以分离。在有机化学实验中常常使用简单蒸馏。简单蒸馏只能把双液系中的 A 和 B 粗略分开。如图 5.5 所示，在 A 和 B 的 $T-x$ 图上，纯 A 的沸点高于纯 B 的沸点，则蒸馏时气相中 B 组分的含量较高，液相中 A 组分的含量较高。一次简单蒸馏，馏出物中 B 含量会显著增加，剩余液体中 A 组分会增多。

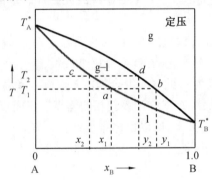

图 5.5　简单蒸馏的 $T-x$ 图

简单蒸馏的过程为：待蒸馏混合物的起始组成为 x_1，加热到温度为 T_1 时，对应气相组成为 y_1，沸点升高到 T_2，对应馏出物组成为 y_2。一次简单蒸馏，可以接收在 T_1 到 T_2 间的馏出物，馏出物的组成从 y_1 到 y_2，剩余物组成为 x_2。

将液态混合物同时经多次部分汽化和部分冷凝而使之分离的操作称为精馏。精馏是多次简单蒸馏的组合。精馏多在恒压下进行。实际上，精馏过程是在精馏塔中使部分汽化和部分冷凝同时连续进行来实现的。精馏塔底部是加热区，温度最高。塔顶温度最低。塔顶冷凝收集的是纯低沸点组分，纯高沸点组分则留在塔底。

精馏的过程为：如图 5.6 所示，从塔的中间 O 点进料，物质 B 的液、气相组成分别为 x_3 和 y_3。每层塔板都经历部分汽化和部分冷凝过程。越往塔底温度越高，含高沸点物质递增。越往塔顶温度越低，含低沸点物质递增。图 5.7 是板式精馏塔的内部示意图。

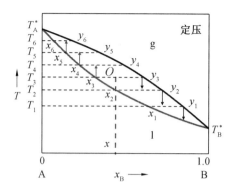

图 5.6　精馏的 $T-x$ 图

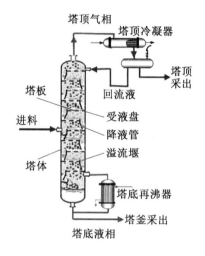

图 5.7　板式精馏塔的内部示意图

5.2.5　二组分水盐系统相图

水盐体系一般是指水和盐组成的体系。水盐体系广泛涉及天然水、湖泊、海水、盐湖卤水、油气田卤水、井卤、盐化生产过程、污水处理和酸雨处理等领域。

水盐体系相图是以几何图形表示水和盐组成体系,在稳定平衡和介稳平衡条件下,根据相的数目、种类、组成、存在条件和各相间的浓度关系,可预测体系中盐类的析出、溶解等相转化规律,探索化工生产过程,确定最佳生产条件、制定最优工艺流程、获得最佳产率等。

组分数为二的体系是二元体系,由一种单盐和水组成,是水盐体系中最简单的类型。二元水盐体系相律公式为 $f = 3 - \Phi$。可见,在二元体系中,处于平衡态的相最多有 3 个。由于相数最少为 1,故体系中可以自由变动的变量有 2 个,即温度和溶液的浓度。浓度变量亦可以称为内部变量。

在温度不很高时常采用溶解度法绘制相图。即列出不同温度下 $(NH_4)_2SO_4(s)$ 在 $100\ g\ H_2O\ (1)$ 中溶解的质量及相应的固相组成,以此作图即为相图。水 - 盐系统的相图通常采用这种方法。理论上,测出不同温度下与固相成平衡的溶液的组成,即可绘制相图。图 5.8 为采用溶解度法绘制的 $(NH_4)_2SO_4 - H_2O$ 系统相图。

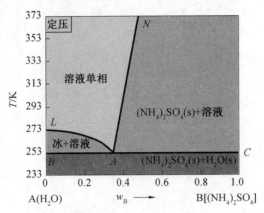

图 5.8　$(NH_4)_2SO_4 - H_2O$ 系统相图

$(NH_4)_2SO_4 - H_2O$ 相图中有四个相区：LAN 以上为溶液单相区，自由度 $f = 2$；LAB 内为冰与溶液两相区；NAC 以上为 $(NH_4)_2SO_4(s)$ 与溶液两相区；BAC 线以下为冰与 $(NH_4)_2SO_4(s)$ 固体两相区。根据相律，以上三个两相区内 $f = 1$。

相图中共有三条两相交界线：LA 线为冰与溶液两相共存时溶液的组成曲线，也称凝固点下降曲线；AN 线为 $(NH_4)_2SO_4(s)$ 与溶液两相共存时溶液的组成曲线，也称盐的饱和溶度曲线；BAC 线为冰、$(NH_4)_2SO_4(s)$ 与溶液的三相共存线，系统为无变量系统，温度和三个相的组成都保持不变。

此外，需要关注相图中两个特殊点：①L 点为冰的熔点。由于盐的熔点极高，受溶解度和水的沸点限制，因此在图上无法标出。②A 点是冰、$(NH_4)_2SO_4(s)$ 与溶液三相共存点，是冰与 $(NH_4)_2SO_4(s)$ 两个固相平衡的饱和溶液，是低共熔冰盐合晶点，也是无变量点。若溶液组成在 A 点侧冷却，则先析出冰；若在 A 点右侧冷却，则先析出 $(NH_4)_2SO_4(s)$。

对于任意液态完全互溶而固态完全不互溶的组分 A、B，固体 A 和固体 B 按 A 点组成的混合物在加热到 A 点对应的温度时可以熔化。因此，该温度是液相能够存在的最低温度，亦是固相 A 和固相 B 能够同时熔化的最低温度。此温度称为低共熔点，该两相固体混合物称为低共熔混合物。

系统的低共熔性质常常被利用。如在冶金工业中，一些常见的氧化物熔点远高于炼钢温度（如纯 CaO 熔点为 2 570 ℃），但当加入助熔剂 CaF_2（萤石）后，由于两者能形成低共熔混合物，而低共熔温度（低于 1 400 ℃）远低于各纯组分的熔点，因而可使高熔点氧化物在炼钢温度下熔化，且能改善炉渣流动性能。另外，用作焊接、保险丝等的易熔合金等，也都是利用了合金的低共熔性质。

5.3　化学平衡

对于任一种化学平衡，化学反应都是可逆的，只是程度不同而已。对有化学反应的系统,首先引入反应进度的概念,即 $\mathrm{d}\xi = \dfrac{\mathrm{d}n_{\mathrm{B}}}{\nu_{\mathrm{B}}}$。根据式(4.15b),在恒定 T、p 下时有 $\mathrm{d}G = \sum\limits_{\mathrm{B}} \mu_{\mathrm{B}}\mathrm{d}n_{\mathrm{B}}$。代入反应进度可得

$$\mathrm{d}G = \sum_{\mathrm{B}} \nu_{\mathrm{B}}\mu_{\mathrm{B}}\mathrm{d}\xi$$

$$\left(\frac{\partial G}{\partial \xi}\right)_{T,p} = \sum_{\mathrm{B}} \nu_{\mathrm{B}}\mu_{\mathrm{B}} = \Delta_{\mathrm{r}}G_{\mathrm{m}} \tag{5.5}$$

式中,μ_{B} 是参与反应的各物质的化学势;$\Delta_{\mathrm{r}}G_{\mathrm{m}}$ 的单位为 $\mathrm{J}\cdot\mathrm{mol}^{-1}$。在可逆反应中,利用吉布斯函数的偏摩尔量 $\left(\dfrac{\partial G}{\partial \xi}\right)_{T,p}$ 来判断反应进行的方向,简称为摩尔反应吉布斯函数,通常以 $\Delta_{\mathrm{r}}G_{\mathrm{m}}$ 表示。若 $\Delta_{\mathrm{r}}G_{\mathrm{m}} < 0$,反应将正向进行;若 $\Delta_{\mathrm{r}}G_{\mathrm{m}} > 0$,反应不能自发进行,但逆反应可以自发进行;若 $\Delta_{\mathrm{r}}G_{\mathrm{m}} = 0$,反应达到平衡。

此外,反应亲和势的概念也可以用于判断可逆反应进行的反向。定义化学反应的亲和势 A 为

$$A \xlongequal{\text{def}} -\left(\frac{\partial G}{\partial \xi}\right)_{T,p} \tag{5.6a}$$

根据式(5.5)可得

$$A = -\Delta_{\mathrm{r}}G_{\mathrm{m}} = -\sum_{\mathrm{B}} \nu_{\mathrm{B}}\mu_{\mathrm{B}} \tag{5.6b}$$

化学反应亲和势的定义首先由 De Donder 给出。对于给定的系统,亲和势是一定值,取决于系统的始态终态而与反应过程无关,与系统的大小数量无关,仅与系统中各物质的强度性质 μ 有关。类似地,可以推导出:若 $A < 0$,反应逆向自动进行;若 $A > 0$,反应正向自动进行;若 $A = 0$,反应达到平衡。

水环境中化学平衡主要考虑液态混合物与稀溶液两种情况,由于两者化学常数的推导过程类似,这里主要介绍溶液反应的平衡常数推导过程。

对于理想稀溶液和真实稀溶液的溶质,分别有

$$\mu_{\mathrm{B}(溶质)} = \mu_{x,\mathrm{B}(溶质)}^{\ominus} + RT\ln x_{\mathrm{B}}$$

$$\mu_{\mathrm{B}(溶质)} = \mu_{\mathrm{B}(溶质)}^{\ominus} + RT\ln a_{\mathrm{B}}$$

下面仅考虑真实溶液,当系统达到平衡后,有 $\sum\limits_{\mathrm{B}} \nu_{\mathrm{B}}\mu_{\mathrm{B}} = 0$,故有

$$\sum_{\mathrm{B}} \nu_{\mathrm{B}}\mu^{\mathrm{B}} = -RT\ln \prod a_{\mathrm{B}}^{\nu_{\mathrm{B}}} - \int_{p^{\ominus}}^{p} \sum_{\mathrm{B}} \Delta V_{\mathrm{B}}\mathrm{d}p$$

若令 $\prod\limits_{\mathrm{B}} a_{\mathrm{B}}^{\nu_{\mathrm{B}}} = K^{\ominus}$,则得

$$\Delta_{\mathrm{r}}G_{\mathrm{m}}^{\ominus} = \sum_{\mathrm{B}} \nu_{\mathrm{B}}\mu_{\mathrm{B}}^{\ominus} = -RT\ln K^{\ominus} \tag{5.7a}$$

$$K^{\ominus} = \exp\left[\frac{-\Delta_{\mathrm{r}}G_{\mathrm{m}}^{\ominus}}{RT}\right] \tag{5.7b}$$

式中,$K^{\ominus}$ 为溶液的化学反应的标准平衡常数。严格来说,液相反应的 $K^{\ominus}$ 应是 T、p 的函数,只是由于忽略了压力对液体化学势的影响,才近似看作温度的函数,它是量纲为一的

量。由于化学势可以由不同标度表示，因此平衡常数 $K^\ominus$ 也存在多种表达形式，这里不再详细推导。具体包括：

$$K_a^\ominus = \prod_B a_B^{\nu_B}$$

$$K_x^\ominus = \prod_B x_B^{\nu_B}$$

$$K_b^\ominus = \prod_B (b_B/b^\ominus)^{\nu_B}$$

$$K_c^\ominus = \prod_B (c_B/c^\ominus)^{\nu_B}$$

这些平衡常数除 $K_x^\ominus$ 外，$K_c^\ominus$ 和 $K_b^\ominus$ 也并非总是量纲为一的量。此外，应该注意，平衡常数的数值与反应式的写法有关，对于同一平衡反应，反应式系数若成 n 倍，化学平衡常数的值将成 n^2 倍。

其中，$K^\ominus = \prod_B (b_B/b^\ominus)^{\nu_B}$ 满足了通过实验测定系统平衡时的组成来计算 $K^\ominus$，以及通过 $K^\ominus$ 实现平衡组成的计算。测定平衡组成的前提是必须确保反应处于平衡态。平衡组成应有如下特点：在反应条件不变的情况下，平衡组成不随时间变化；一定温度下，由正向或逆向反应的平衡组成所算得的 $K^\ominus$ 应一致；改变原料配比所得的 $K^\ominus$ 应相同。平衡组成的计算中涉及"转化率""产率"等术语。转化率为某反应物反应掉的量占该反应物初始量的分数；产率为某反应物转化为指定产物的量占该反应物初始量的分数。$K^\ominus$ 与平衡组成之间的换算是本章的重要内容之一。

由于吉布斯函数 G 是状态函数，若同一温度下，几个不同化学反应具有加和性时，这些反应的 $\Delta_r G_m$ 也具有加和性。根据各反应的 $\Delta_r G_m^\ominus = -RT\ln K^\ominus$，可得出相关反应 $K^\ominus$ 之间相乘或相除的关系。

通常可查的标准热力学常数 $\Delta_f H_m^\ominus$、$S_m^\ominus$、$\Delta_f G_m^\ominus$ 都是 25 ℃ 下的数据，由此求得的 $\Delta_r G_m^\ominus$ 和 $K^\ominus$ 也是 25 ℃ 下的值。因此了解其他温度下 $K^\ominus$ 的计算十分必要。根据吉布斯 – 亥姆霍兹方程

$$\left(\frac{\partial(G/T)}{\partial T}\right)_p = -\frac{H}{T^2}$$

将其用于标准压力下的化学反应，可得

$$\frac{d(\Delta_r G_m^\ominus)}{dT} = -\frac{\Delta_r H_m^\ominus}{T^2}$$

将 $\Delta_r G_m^\ominus = -RT\ln K^\ominus$ 代入，有

$$\frac{d\ln K^\ominus}{dT} = \frac{\Delta_r H_m^\ominus}{RT^2} \tag{5.8}$$

式(5.8)称为范托夫(van't Hoff)方程，它是计算不同温度 T 下 $K^\ominus$ 的基本方程。这表明温度对标准平衡常数的影响与反应的标准摩尔反应焓 $\Delta_r H_m^\ominus$ 有关：$\Delta_r H_m^\ominus < 0$ 时，为放热反应，$K^\ominus$ 随 T 的升高而减小，升温对正反应不利；$\Delta_r H_m^\ominus > 0$ 时，为吸热反应，$K^\ominus$ 随 T 的升高而增大，升温对正反应有利。但对于定量计算某一温度下的 $K^\ominus$，还需对式(5.8)进行积分。根据 $\Delta_r H_m^\ominus$ 是否随温度变化，积分分为两种情况，可以通过关系代入或直接积分来处

理。

除温度的影响外,其他的一些因素,如反应物的浓度、产物的浓度、惰性气体及压强（有气体参与的反应）等,虽不能改变 $K^{\ominus}$,却能使溶液中的化学反应发生移动,进而影响反应的最终转化率,为更经济合理地利用资源、转化产物提供了更多思路。

5.3.1 分配平衡

分配平衡规律指在恒温恒压条件下,溶质在互不相溶的两相中进行物理迁移达到分配平衡,即 $\mu_A = \mu_B$。溶质在两相中的平衡浓度之比为常数,称为分配平衡常数,用字母 K 表示,其值仅与温度、压力、溶剂和溶液性质有关,即

$$K = \frac{c_\alpha}{c_\beta} \tag{5.9}$$

分配平衡的典型应用是萃取。萃取是利用物质在两种互不相溶（或微溶）的溶剂中溶解度或分配系数的不同,使溶质物质从一种溶剂内转移到另外一种溶剂中的方法。在溶剂萃取中,欲提取的物质称为溶质,用于萃取的溶剂称为萃取剂,溶质转移到萃取剂中得到的溶液称为萃取液,剩余的料液称为萃余液。萃取液和萃余液如完全不互溶,则会形成双液系分层现象,进而进行转移和分离。溶剂萃取以分配定律为基础,不同溶质在两相中分配平衡的差异是实现萃取分离的主要因素。因此,了解分配定律是理解并设计萃取操作的基础。

常用的萃取法有液 – 液萃取和液 – 固萃取,随着技术不断发展,快速溶剂萃取、固相萃取、固相微萃取和微波萃取等一些改进的萃取方法相继出现。快速溶剂萃取简称 ASE,是指在较高的温度压力下,用有机溶剂萃取的自动化方法。其广泛应用于底泥等固体物质的萃取,特别对水环境中的有机磷农药、有机氯、二噁英、柴油、总石油烃等的萃取效果突出。具体应用如利用异丙醚处理含酚废水,有助于实现废物的资源化。

分配系数是指一定温度下,处于平衡态时,组分在萃取剂中的浓度和在待萃取溶液中的浓度之比,以油相有机物萃取有机废水为例,公式表达为

$$D = \frac{\text{油相中有机物的含量}}{\text{水相中有机物的含量}} = \frac{C_s}{C_m} \tag{5.10}$$

D 值是组分在两相间分配平衡性质的量度,反映了组分与固定相和流动相作用力的差别。它取决于固定相、流动相和组分性质,还与温度、压力有关。D 值大,说明组分在固定相中的浓度大,即与固定相作用力强;反之,说明组分在固定相中的浓度小,与固定相作用力弱。可见,D 值能定量描述组分与固定相间作用力的大小。在一定条件下,只要混合物中组分的 D 值有差异,就有可能实现萃取分离。所以,分配系数不同是混合物中有关组分分离的基础。

分配系数可以看作化学反应平衡常数的一类,因此温度影响分配系数。当其他条件一定时,分配系数与温度的关系为

$$\ln D = -\frac{\Delta_r G_m^{\ominus}}{RT} \tag{5.11}$$

式中,$\Delta_r G_m^{\ominus}$ 为标准态下组分的自由能;R 为气体常数;T 为温度。通过合理选择温度调节

组分的 D 值,使组分间 D 值有较大差异,可以获得良好的分离效果。

5.3.2 酸碱平衡

在水处理中,酸碱反应十分常见,pH 除是水质的重要指标外,对水中化学物质及处理工艺的有效性也有比较大的影响。因此了解水溶液中的酸碱平衡理论具有重要意义。

根据布朗斯特的酸碱质子理论,凡能给出质子(H^+)的物质是酸,能够接受质子的物质是碱,既能接受质子又可以给出质子的物质则为两性物质。碱可以是中性分子,也可以是正负离子。常见的两性物质包括 H_2CO_3/HCO_3^-、$H_2PO_4^-/HPO_4^{2-}$、$Al(H_2O)_6^{3+}$ 等。如以 HB 作为酸的化学式代表符号,则

$$HB \rightleftharpoons H^+ + B^-$$

酸(HB)给出一个质子(H^+)而形成碱(B^-),碱(B^-)接受一个质子便成为酸(HB);此时碱(B^-)和酸(HB)称为彼此的共轭碱/共轭酸。这种因质子得失而相互转变的一对酸碱称为共轭酸碱对,这样的反应称为酸碱半反应。一些常见的酸碱半反应如下:

$$HCl + H_2O \rightleftharpoons H_3O^+ + Cl^-$$

$$HF + H_2O \rightleftharpoons H_3O^+ + F^-$$

$$NH_3 + H_2O \rightleftharpoons NH_4^+ + OH^-$$

人们习惯将反应式中起碱作用的溶剂分子省略掉,简写为

$$HCl \rightleftharpoons H^+ + Cl^-$$

$$HF \rightleftharpoons H^+ + F^-$$

酸碱反应的前提是给出质子的物质和接受质子的物质同时存在酸碱反应,实质为酸与碱之间的质子接受过程。实质上是两个共轭酸碱对共同作用的结果,或者说是由两个酸碱半反应相结合而完成的。其化学平衡常数即为溶质的解离常数。

H_2O 作为一种溶剂,既可作酸又可作碱,且其本身具有质子传递作用,即

$$H_2O + H_2O \rightleftharpoons H_3O^+ + OH^-$$

上述反应中,H_2O 之间发生了质子(H^+)传递作用,称为水的质子自递作用。其平衡常数 $K_w = [H^+][OH^-]$ 称为水的质子自递常数,在 25 ℃ 时,$K_w = 1.0 \times 10^{-14}$。

类似地,这种可以发生在同种溶剂分子之间的质子传递作用的称为溶剂的质子自递反应,该类溶剂称为质子溶剂。除水分子外,乙醇分子也是重要的质子溶剂。

水溶液中酸的强度取决于它将 H^+ 给予 H_2O 分子的能力,碱的强度取决于它从 H_2O 分子中夺取 H^+ 的能力。这种给予和夺取 H^+ 的能力越强,相应酸碱的酸度和碱度也就越强。这种给出和获得质子能力的大小,通常用酸碱在水中的解离常数的大小来衡量。解离常数越大酸碱性越强。它们的解离常数分别用 K_a 和 K_b 表示。以 HB 和 B^- 作为酸和碱的符号代表,则

$$HB + H_2O \rightleftharpoons H_3O^+ + B^-$$

$$K_a = \frac{[H_3O^+][B^-]}{[HB]} \tag{5.12}$$

$$B^- + H_2O \rightleftharpoons OH^- + HB$$

$$K_b = \frac{[HB][OH^-]}{[B^-]} \tag{5.13}$$

由于 25 ℃ 时，$K_w = [H^+][OH^-] = 1.0 \times 10^{-14}$，因此共轭酸碱对之间的 K_a 和 K_b 之间可以导出一确定关系：

$$K_a \cdot K_b = [H^+][OH^-] = K_w = 1.0 \times 10^{-14}(25 ℃) \tag{5.14}$$

由于 $pH = -\lg[H^+]$，则 pH 与 K_a 之间还存在如下关系式：

$$pH = -\lg[H^+] = pK_a - \lg\frac{[B^-]}{[HB]} \tag{5.15}$$

以 HF 和 NH_3 在水溶液中的酸碱平衡为例，可以表现为如下关系：

$$HF + H_2O \Longrightarrow H_3O^+ + F^-$$

$$K_a = \frac{[H_3O^+][F^-]}{[HF]}$$

$$NH_3 + H_2O \Longrightarrow NH_4^+ + OH^-$$

$$K_b = \frac{[NH_4^+][OH^-]}{[NH_3]}$$

对于多元弱酸、弱碱而言，质子在水中是逐步电离的：

$$H_2CO_3 \Longrightarrow H^+ + HCO_3^- \qquad K_{a1}$$

$$HCO_3^- \Longrightarrow H^+ + CO_3^{2-} \qquad K_{a2}$$

$$CO_3^{2-} + H_2O \Longrightarrow OH^- + H_2CO_3 \qquad K_{b1}$$

$$HCO_3^- + H_2O \Longrightarrow OH^- + H_2CO_3 \qquad K_{b2}$$

式中，K_{a1} 为碳酸的一级解离平衡常数；K_{a2} 为碳酸的二级解离平衡常数。其相应的共轭酸碱对 H_2CO_3/HCO_3^- 和 HCO_3^-/CO_3^{2-} 的 K_a 和 K_b 关系分别为

$$K_{a1}K_{b2} = K_{a2}K_{b1} = K_w$$

在酸碱溶液中，若考虑水的解离，求取溶液 pH 过程会变得十分复杂。强酸强碱、一元弱酸弱碱、多元弱酸弱碱、两性物质均需通过对应酸碱平衡中的质子条件式和有关的物料平衡、电荷平衡关系式，推导出 $[H^+]$ 的表达式后代入求取，这里不再过多介绍。

5.3.3　络合平衡

由一定数量的配体(阴离子或分子)通过配位键结合于中心离子(或中性原子)周围形成与原来组分性质不同的分子或离子的过程称为络合反应。其发生的前提是存在提供空轨道的中心离子与提供孤对电子的配体。络合反应的产物称为络合物。在络合反应中，配位体称为络合剂，许多显色剂、萃取剂、沉淀剂、掩蔽剂等都是络合剂。络合反应可以用于降低自由金属的浓度、减弱毒性和改变金属吸附特性，因此是一类重要的化学反应。

当络合反应达到平衡时，其反应平衡常数常用稳定常数 $K_稳$ 或形成常数表示，金属离子 M 和 EDTA 络合平衡常数表示如下：

$$M + Y \Longrightarrow MY$$

$$K_{稳} = \frac{[MY]}{[M][Y]} \tag{5.16}$$

为简便起见,式(5.16)中用 Y 表示 EDTA,MY 表示金属离子与 EDTA 的络合物,并略去离子电荷。

与酸碱平衡常数类似,不同络合物具有不同的稳定常数 $K_{稳}$,$K_{稳}$ 越大表示络合物越稳定。此外,同一种金属离子与不同络合剂形成的络合物的稳定性($K_{稳}$)不同时,络合剂可以相互置换,以形成更稳定的络合物。影响 $K_{稳}$ 的因素主要包括金属离子自身的性质和外界条件。

1.金属离子自身的性质

碱金属离子的配合物:

$$\lg K_{稳} < 3$$

碱土金属离子的配合物:

$$\lg K_{稳} = 8 \sim 9$$

过渡金属、稀土金属离子和 Al^{3+}:

$$\lg K_{稳} = 15 \sim 19$$

三、四价金属离子及 Hg^{2+}:

$$\lg K_{稳} > 20$$

2.外界条件(如溶液酸度越高,络合程度越低)

当金属离子 M 与络合剂 L 反应,形成的不是 1∶1 型络合物,而是 ML_n 型络合物时,其络合反应是逐级进行的,相应的逐级稳定常数用 $K_1,K_2,\cdots,K_n$ 表示,相应的累积稳定常数用 $\beta_1,\beta_2,\cdots,\beta_n$ 表示。K_i 与 β_i 分别代表相邻络合物之间的关系及络合物与配体之间的关系。K_i 与 β_i 的转换关系如式(5.17)所示。此外,需要了解的是,第 n 级的积累稳定常数 K_n 即为络合物的总稳定常数。

$$M + L \Longrightarrow ML \qquad K_1 = \frac{[ML]}{[M][L]} \qquad \beta_1 = K_1 = \frac{[ML]}{[M][L]}$$

$$ML + L \Longrightarrow ML_2 \qquad K_2 = \frac{[ML_2]}{[ML][L]} \qquad \beta_2 = K_1 K_2 = \frac{[ML_2]}{[M][L]^2}$$

$$\vdots \qquad\qquad \vdots \qquad\qquad \vdots$$

$$ML_{n-1} + L \Longrightarrow ML_n \quad K_n = \frac{[ML_n]}{[ML_{n-1}][L]} \quad \beta_n = K_1 K_2 \cdots K_n = \frac{[ML_n]}{[M][L]^n}$$

$$\beta_i = K_1 K_2 \cdots K_i \tag{5.17}$$

显然,根据游离金属离子浓度[M]、络合剂浓度[L]和累积稳定常数 β,便可计算络合平衡中各级络合物的浓度 $[ML],[ML_2],\cdots,[ML_n]$。

在络合反应中提供配位原子的物质称为络合剂或配位体,分为无机络合剂和有机络合剂。大多数无机络合剂与金属离子络合时具有明显的分级络合现象,且各级间的稳定常数又很接近,因此较少使用。而有机络合剂分子中常含有两个或以上的配位原子,它与金属离子形成具有环状结构的螯合物,不仅稳定性高,且一般只形成一种型体络合物,在水质分析中常用的是氨羧络合剂。

EDTA(乙二胺四乙酸)是最为常用的氨羧络合剂,它能同许多金属离子形成稳定的络合物,并且络合摩尔比均为 1∶1。EDTA 的分子式可用 H_4Y 表示。在较高酸性条件下,H_4Y 的两个羧酸根可再接受质子,形成一个六元弱酸,表示为 H_6Y^{2+}。在溶液中存在以下六级解离平衡和七种存在形式,但真正发生络合反应的是 H_4Y。

$$H_6Y^{2+} \xleftrightarrow{H^+} H_5Y^+ \xleftrightarrow{H^+} H_4Y \xleftrightarrow{H^+} H_3Y^- \xleftrightarrow{H^+} H_2Y^{2-} \xleftrightarrow{H^+} HY^{3-} \xleftrightarrow{H^+} Y^{4-}$$

EDTA 是一种广义的碱,当 M 与 Y 进行络合反应时,如有氢离子存在,就会与 Y 结合,形成它的共轭酸。此时,Y 的平衡浓度降低,故使主反应受到影响。这种由于氢离子存在使配位体参加主反应能力降低的现象称为酸效应。酸效应的大小用酸效应系数 $\alpha_{Y(H)}$ 表示,定义为在一定 pH 的溶液中,EDTA 各种存在形式的总浓度 $[Y']$ 与能参加配位反应的有效存在形式 Y^{4-} 的平衡浓度 $[Y]$ 的比值,即

$$\alpha_{Y(H)} = \frac{[Y']}{[Y]} = 1 + \beta_1[H^+] + \beta_2[H^+]^2 + \cdots + \beta_6[H^+]^6 \tag{5.18}$$

可见,酸效应系数 $\alpha_{Y(H)}$ 是 $[H^+]$ 的函数,是定量表示 EDTA 酸效应进程的参数。它的物理意义是当络合反应达到平衡时,未参加主反应的络合剂总浓度是其游离状态存在的络合剂 Y 的平衡浓度的倍数。$\alpha_{Y(H)}$ 随溶液酸度的增大而增大,随溶液 pH 的增大而减小。当无副反应时,$[Y'] = [Y]$,$\alpha_{Y(H)} = 1$;当有副反应时,$[Y'] > [Y]$,$\alpha_{Y(H)} > 1$。$\alpha_{Y(H)}$ 越大,副反应越严重。

由于多数情况下,$\alpha_{Y(H)} > 1$,$[Y'] > [Y]$;只有在 pH $\geqslant$ 12 时,$\alpha_{Y(H)} = 1$,$[Y'] = [Y]$,而通常所说的 $K_稳$ 是 $\alpha_{Y(H)} = 1$ 时的稳定产物。因此,在实际应用中,溶液的 pH < 12 时,必须考虑酸效应对金属离子络合物稳定性的影响,所以引进条件稳定常数 $K'_稳$。

对于金属离子与 EDTA 的主体反应 $M^{n+} + Y^{4-} \Longleftrightarrow MY^{n-4}$,将 $K'_稳$ 定义为

$$K'_稳 = \frac{K_稳}{\alpha_{Y(H)}} = \frac{[MY^{n-4}]}{[M^{n+}][Y']} \tag{5.19}$$

$K'_稳$ 表示在 pH 外界因素影响下,络合物的实际稳定程度。只有在一定 pH 时,$K'_稳$ 才是定值,pH 改变 $K'_稳$ 也改变。由于 pH 越大,$\alpha_{Y(H)}$ 越小,则条件稳定常数 $K'_稳$ 越大,形成络合物越稳定。另外,$K'_稳$ 越大,代表络合反应越完全。在已知金属离子是否络合完全的判定限度时,$K'_稳$ 也可以用于计算反应是否可以络合完全,常用的限度值为 $\lg K'_稳 \geqslant 8$。

5.3.4　沉淀平衡

在水环境中,难溶性电解质发生表面溶解进入溶液,与此同时进入溶液中的离子又会在固体表面沉淀。在一定温度下,当沉淀和溶解速率相等达到平衡时,所得的溶液即为该温度下的饱和溶液,溶质的浓度即为饱和浓度。此时,溶液中的沉淀解离产生的离子浓度保持不变,各离子浓度的幂乘积是一个常数,定义为沉淀溶解平衡的标准平衡常数,称为该难溶电解质的溶度积(solubility product),用符号 $K_{sp}^{\ominus}$ 表示,常简写为 K_{sp}。此外,物质的溶解离不开溶解度的概念。溶解度可定义为在一定温度下,体系达到溶解平衡时,一定量

的溶剂中含有溶质的质量,一般用 S 表示。

以难溶电解质 AgCl 在水溶液中的溶解平衡为例:

$$AgCl(s) \rightleftharpoons Ag^+(aq) + Cl^-(aq)$$

$$K_{sp} = [Ag^+][Cl^-] = S^2 = 1.8 \times 10^{-10}$$

常见的难溶电解质的类型包括 AB 型、AB_2 或 A_2B 型、AB_3 或 A_3B 型等。上述 AgCl 是典型的 AB 型化合物。各类型的溶解平衡式、溶解度与溶度积表达式如下。

1.AB 型化合物(如 $AgCl$、AgI、$CaCO_3$)

$$AB(s) \rightleftharpoons A^+(aq) + B^-(aq)$$

溶解度: $\qquad\qquad\qquad S \qquad\qquad S$

$$K_{sp} = c(A^+)c(B^-) = S^2$$

$$S = \sqrt{K_{sp}}$$

2.AB_2 或 A_2B 型化合物(如 $Mg(OH)_2$、Ag_2CrO_4)

$$AB_2(s) \rightleftharpoons A^{2+}(aq) + 2B^-(aq)$$

溶解度: $\qquad\qquad\qquad S \qquad\qquad 2S$

$$K_{sp} = c(A^+)c^2(B^-) = S(2S)^2 = 4S^3$$

$$S = \sqrt[3]{\frac{K_{sp}}{4}}$$

3.AB_3 或 A_3B 型(如 $Fe(OH)_3$、Ag_3PO_4)

$$A_3B(s) \rightleftharpoons 3A^+(aq) + B^{3-}(aq)$$

溶解度: $\qquad\qquad\qquad 3S \qquad\qquad S$

$$K_{sp} = c^3(A^+)c(B^{3-}) = (3S)^3 S = 27S^4$$

$$S = \sqrt[4]{\frac{K_{sp}}{27}}$$

根据以上规律,可以总结出 A_mB_n 型沉淀的溶度积计算公式(省略物质电荷)为

$$A_mB_n(s) \rightleftharpoons mA^+(aq) + nB^-(aq)$$

$$K_{sp} = [A^+]^m [B^-]^n \tag{5.20}$$

$$S = \sqrt[m+n]{\frac{K_{sp}}{m^m \cdot n^n}} \tag{5.21}$$

在化学平衡中,可以利用化学平衡常数与反应熵的相对大小判定反应进行的方向。类似地,通过比较 K_{sp} 和 Q 的大小,可以判断沉淀溶解反应进行的方向。

以 AgCl 在水中的溶解平衡为例,某时刻有 $Q_i = [Ag^+][Cl^-]$,这里的反应熵也是乘积形式,故称 Q_i 为离子积。当 $Q_i > K_{sp}$ 时,平衡左移,生成沉淀;当 $Q_i < K_{sp}$ 时,平衡右移,沉淀溶解;当 $Q_i = K_{sp}$ 时,体系处于平衡态,沉淀与溶解的速率相当。上述结论有时称为溶度

积规则(原理)。

在了解溶度积规则的基础上,可以归纳出以下几个影响沉淀平衡的主要因素。

1.同离子效应

向难溶沉淀物的溶液中加入含相同离子的强电解质,导致难溶物的化学平衡向生成难溶物方向移动。组成沉淀的离子称为构晶离子。例如对 $CaCO_3(s)$ 而言,向体系中添加 $0.1\ mol \cdot L^{-1}\ Na_2CO_3$ 即加入了构晶离子 CO_3^{2-},使得沉淀的溶解度降低。

工业上硬水的软化在较早时采用熟石灰碳酸钠法,即先测定水中的硬度,再加入定量的 $Ca(OH)_2$ 与 Na_2CO_3,使 Ca^{2+} 和 Mg^{2+} 沉淀去除,就是利用同离子效应。通常沉淀剂过量 20% ~ 30% 为合适范围,否则将引起盐效应、酸效应、络合效应等副反应,反而会使沉淀的溶解度增大,影响处理效果。

2.盐效应

增大溶液中电解质总浓度而使沉淀的溶解度增大,称为盐效应。盐效应的一般解释为:加入强电解质,导致溶液中离子数目骤增,正负离子的周围都吸引了大量异性电荷离子而形成离子氛,束缚了离子的自由行动,从而在单位时间里离子与沉淀结晶表面的碰撞次数减少,致使溶解的速度暂时超过了离子回到结晶上的速度,导致溶解度增加。

沉淀的构晶离子不同,盐效应产生的影响也不同。构晶离子所带电荷越多,盐效应导致的溶解度增加也越多。一般在较稀溶液中不必考虑盐效应。另外,盐效应属于物理效应,而同离子效应则是化学效应。

3.酸效应与络合效应

在酸或碱及络合剂的作用下,沉淀可以溶解。溶解反应的共同特点是:溶液中阳离子或阴离子与加入的试剂发生化学反应而使浓度降低,导致平衡向右移动,沉淀溶解。如:

$$AgS + 2H^+ \rightleftharpoons Ag^+ + H_2S\uparrow$$

$$AgCl + 2NH_3 \rightleftharpoons Ag(NH_3)_2^+ + Cl^-$$

显然,如果沉淀是强酸盐,其溶解度受 pH 影响较小;但如果沉淀是弱酸盐、多元酸盐、微溶酸以及许多与有机沉淀剂形成的沉淀,酸效应就很显著。因此,对弱酸盐、多元酸盐需在碱性条件下沉淀,而对于本身是沉淀的硅酸、钨酸则必须在强酸条件下沉淀。此外,还有利用酸效应,通过增加 H^+ 浓度将微溶化合物(如 CaC_2O_4、$Mg(OH)_2$ 等)转化为易溶解的弱电解质(如 $H_2C_2O_4$、H_2O),以达到沉淀完全溶解的目的。

对于络合效应,络合剂的浓度越大,生成的络合物越稳定,使沉淀的溶解度越大,络合效应就越显著。如果沉淀剂本身又是络合剂,则会有使沉淀的溶解度降低的同离子效应和使沉淀的溶解度增大的络合效应两种情况发生。

在多种效应共存时,通常根据以下经验规律判定贡献:在进行沉淀反应时,对强酸盐沉淀,在无络合反应时,主要考虑同离子效应,对弱酸盐沉淀主要考虑酸效应,对有络合反应且形成较稳定络合物时,则主要考虑络合效应。

除了同离子效应、盐效应、酸效应和络合效应外,还有温度、溶剂等其他因素,也影响沉淀的溶解度。

① 温度。沉淀的溶解反应,多数是吸热反应。温度升高,沉淀的溶解度一般增大。大多数沉淀在热溶液中的溶解度比冷溶液中的溶解度大,不同沉淀,温度对溶解度影响大小也不同。

② 溶剂。无机物沉淀大多数是离子晶体,在纯水中的溶解度比在有机溶剂中大。

③ 沉淀颗粒大小。同一种沉淀,在相同质量的条件下,小颗粒沉淀比大颗粒沉淀的溶解度大。这是因为,小颗粒沉淀的总表面积大,与溶液接触的机会多,沉淀溶解的量多。

本 章 小 结

(1) 本章介绍的相平衡的主要内容包括单组分系统(气 – 液 – 固)和二组分系统(气 – 液、液 – 固)。单组分系统中,本章主要介绍了 H_2O 的 $p - T$ 相图,用克拉佩龙方程分析了两相平衡线的变化规律,分析了水的三相点与凝固点的差别及其原因。

(2) 二组分系统相图是本章重点,主要介绍了气 – 液平衡相图和液 – 固平衡相图。其中,重点介绍了理想液态完全互溶情况,并给出了其典型的 $p - x$ 图、$T - x$ 图。液 – 固平衡系统相图只讨论了 $T - x$ 相图,其形状与气 – 液平衡的 $T - x$ 相图类似。此外还介绍了水 – 盐系统液 – 固相图的绘制方法:溶解度法。利用相图可分析不同 T、p、x 下的相变化情况。在分析两相区内的相变化情况时,可用杠杆规则确定两相的量。

(3) 由水环境中的化学平衡及化学平衡常数的概念和计算出发,本章介绍了不同平衡下对应化学平衡常数的计算、影响因素及推动化学平衡移动的常见方法。$K^{\ominus}$ 通常定义为 $\prod_B a_B^{\nu_B} = K^{\ominus}$,是温度的函数,且存在多种表达形式。借助 $K^{\ominus}$ 可以计算反应平衡时的理论转化率,判断化学反应的进行方向。了解化学平衡移动的影响因素可以影响反应的最终转化率。这对于在某些情况下更经济合理地利用资源、设计反应、提高转化率提供了更多的思路。

(4) 本章中化学平衡主要指水环境中的分配平衡、酸碱平衡、络合平衡和沉淀平衡。相应地,讨论了分配平衡常数、酸碱平衡常数、络合平衡常数和沉淀平衡常数的定义式以及各化学平衡移动的影响因素。这四种平衡在生产生活中广泛存在。其中,萃取技术是分配平衡的重要应用,其不断的更新换代促进了废物资源化的实现。

本 章 习 题

1.$CaCO_3(s)$ 受热分解的方程式为 $CaCO_3(s) \overset{\triangle}{\Longrightarrow} CaO(s) + CO_2(g)$,当用 $CaCO_3(s)$ 分解达到平衡时,系统的组分数、自由度数和可能平衡共存的最大相数各为多少?

2.常见的 $Na_2CO_3(s)$ 水合物有 $Na_2CO_3 \cdot H_2O$ (s),$Na_2CO_3 \cdot 7H_2O$ (s),$Na_2CO_3 \cdot 10H_2O$ (s)。

(1)101.325 kPa 下,与 Na_2CO_3 水溶液及冰平衡共存的水合物最多能有几种?

（2）20 ℃ 时，与水蒸气平衡共存的水合物最多可能有几种？

3. 已知液体甲苯（A）和液体苯（B）在 90 ℃ 时的饱和蒸气压分别为 $p_A^{\square} = 54.22$ kPa 和 $p_B^{\square} = 136.12$ kPa。两者可形成理想液态混合物。现有系统组成为 $x_{B,0} = 0.3$ 的甲苯 - 苯混合物 5 mol，在 90 ℃ 下呈气 - 液两相平衡，若气相组成为 $y_B = 0.455\,6$，求：

（1）平衡时液相组成 x_B 及系统的压力 p；

（2）平衡时气、液两相的物质的量 $n(\text{g})$、$n(\text{l})$。

4. 101.325 kPa 下水（A） - 醋酸（B）系统的气 - 液平衡数据如下：

$t/$ ℃	100	102.1	104.4	107.5	113.8	118.1
x_B	0	0.300	0.500	0.700	0.900	1.000
y_B	0	0.185	0.374	0.575	0.833	1.000

（1）画出气 - 液平衡时的温度 - 组成图；

（2）从图上找出组成为 $x_B = 0.800$ 的液相的泡点；

（3）从图上找出组成为 $y_B = 0.800$ 的气相的露点；

（4）105.0 ℃ 时气 - 液平衡两相的组成是多少？

（5）9 kg 水与 30 kg 醋酸组成的系统在 105.0 ℃ 达到平衡时，气、液两相的质量各为多少？

5. 在大气压力下，NaCl(s) 与水组成的二组分系统在 252 K 时有一个低共熔点，此时 $H_2O(s)$、$NaCl \cdot 2H_2O(s)$ 和质量分数为 0.223 的 NaCl 水溶液三相共存。264 K 时，不稳定化合物 $NaCl \cdot 2H_2O$ (s) 分解为 NaCl(s) 和质量分数为 0.27 的 NaCl 水溶液。已知 NaCl(s) 在水中的溶解度受温度影响不大，温度升高溶解度略有增加。

（1）试画出 NaCl(s) 与水组成的二组分系统的相图，并分析各部分的相态；

（2）若有 1.0 kg 质量分数为 0.28 的 NaCl 水溶液，由 433 K 时冷却到 263 K，试计算能分离出纯的 NaCl(s) 的质量。

6. 已知 $K_稳[Zn(EDTA)^{2-}] = 3.9 \times 10^{16}$，$K_{sp}(ZnS) = 2.0 \times 10^{-24}$。

（1）由 $Na_2[Zn(EDTA)]$ 组成的溶液，其中含有 $[Zn(EDTA)^{2-}]$ 配离子的浓度为 0.010 $mol \cdot L^{-1}$，若向该溶液加 S^{2-} 能否生成沉淀？

（2）如果想要维持溶液中的 $[(EDTA)^{4-}] = 0.10$ $mol \cdot L^{-1}$，$[S^{2-}] = 0.10$ $mol \cdot L^{-1}$，此时 $[Zn(EDTA)^{2-}]$ 浓度是多少？

7. 利用累积稳定常数计算 pH = 2 和 pH = 12 时的 EDTA 的 $\alpha_{Y(H)}$ 和 Y 离子在总浓度中所占的百分比。

8. 计算 pH = 5.0、pH = 8.0 和 pH = 11.0 时，0.100 0 $mol \cdot L^{-1} H_2CO_3$ 溶液中 H_2CO_3、HCO_3^-、CO_3^{2-} 的浓度各是多少。

9. 已知 25 ℃ 时，AgCl(s)、水溶液中 Ag^+、水溶液中 Cl^- 的 $\Delta_f G_m^{\ominus}$ 分别为 - 109.789 $kJ \cdot mol^{-1}$、77.107 $kJ \cdot mol^{-1}$ 和 - 131.22 $kJ \cdot mol^{-1}$。求 25 ℃ 下 AgCl(s) 在水溶液中标准溶度积 $K^{\ominus}$ 及溶解度 S。

10. 一种溶液中含有 Fe^{3+} 和 Fe^{2+}，它们的浓度均为 0.05 $mol \cdot L^{-1}$，如果只要求 $Fe(OH)_3$ 沉淀，需控制 pH 范围为多少？

11.稀溶液的依数性都有哪些?

12.在室温下,物质的量浓度相同的蔗糖溶液与食盐水溶液的渗透压是否相等?

13.农田中施肥太浓时植物会被烧死,盐碱地的农作物长势不良,试用渗透压理论解释其原因。

第6章　电化学

本章重点、难点：

（1）掌握电解质溶液的电导、电导率、摩尔电导率的相关定义以及电导的测定、计算和应用。

（2）计算电解质溶液的平均离子活度和平均离子活度因子。

（3）原电池的工作原理与电池的书写方法。

（4）正确理解可逆电池与可逆电极的定义。

（5）利用能斯特方程计算可逆电池电动势并从热力学的角度找出可逆电池电动势与热力学函数、电池反应平衡常数 $k^{\ominus}$ 之间的关系。

（6）理解掌握标准电极定义并利用标准电极计算电池的电动势。

（7）电解池的原理与法拉第电解定律。

（8）理解与掌握理论分解电压与实际分解电压的区别与极化作用、超电势的定义与分类。

（9）氢超电势与塔费尔公式的理解与掌握。

（10）电解在工业中与水处理中的应用。

本章实际应用：

（1）氯碱工业是通过电解饱和食盐水获得氯气、氢气和氢氧化钠的工艺。

（2）通过电解可以实现金属的精炼，还可以利用电解水来产生氢能。

（3）通过电镀、牺牲阳极的阴极保护法等电化学方法可以实现金属腐蚀的防护。

（4）利用原电池的原理可以产生铅蓄电池、燃料电池、锂离子电池等化学电源，可以广泛应用于飞机飞行器、汽车行业、移动电话、计算机等领域。

（5）在水处理中可以利用电化学氧化法和电化学还原法进行含氯废水的处理。

（6）铁屑微电解法是利用金属腐蚀的原理形成的一种内部电解反应，可以利用这种方法处理印染废水、电镀废水等。

（7）利用电絮凝法可以同时去除水中的有机物、细菌、重金属等物质，目前在水处理领域广泛应用。

（8）工业废水的处理常常会用到电渗析法，它是膜分离技术的一种，目前研究最多的领域是废酸、废碱的回收，电镀工业漂洗水的处理，有害金属的回收处理等。

（9）可以利用电化学方法清洁空气中的污染物。

（10）通过电催化还原法进行 CO_2 的转化利用。

知识框架图

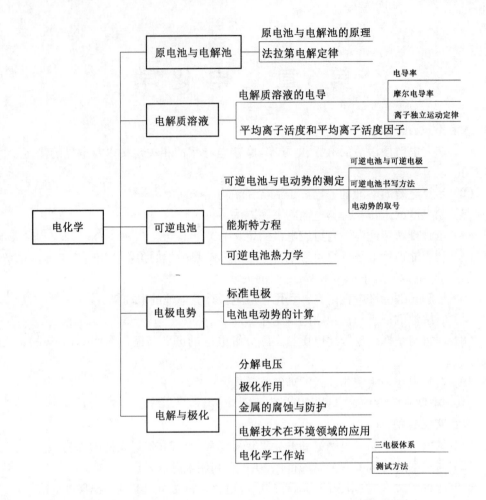

6.1　引　言

电化学是研究电与化学反应之间关系的一门科学,其主要包括两方面的内容:一是利用自发进行的化学反应在原电池装置中使化学能转化为电能,这是原电池的工作原理;二是利用电能来驱动化学反应,将不能自发进行的反应在电解池装置中利用电能使化学反应发生,这是电解池的工作原理。

电化学现象的发现起源于一个很偶然的事例,Galvani(伽伐尼) 在 1791 年做青蛙解剖实验时, 发现了动物电,这是最早发现的电化学案例。1799 年, 意大利物理学家 Volta(伏打) 发明了第一个化学电源。1800 年,Nichoson(尼克松) 和 Carlisle(卡利苏) 利用伏打电堆电解水溶液时发现两个电极上有气体析出,这是电解水的第一次尝试。1833 年,Faraday(法拉第) 根据多次实验结果归纳出了著名的 Faraday 定律,推动了电化学理论的发展。1893 年,Nernst(能斯特) 根据热力学的理论提出了可逆电池电动势的计算公式,对电化学热力学做出巨大贡献。1905 年,Tafel(塔费尔) 提出半对数经验的塔费尔公式,用以描述电流密度和氢过电位之间的关系。

20 世纪 50 年代以来,电化学得到了迅速发展,在 20 世纪最后的 20 年中,传统的电化学理论已近完备。进入 21 世纪后,电化学的发展仍然呈现向多学科渗透的特点,电化学逐渐与其他学科结合形成交叉学科。在这一过程中,电化学理论不断丰富和发展,形成了许多新的电化学技术,并在工业生产等方面有着重要的作用。

许多有色金属以及稀有金属的冶炼和精炼都采用电解的方法,利用电解的方法可以制备许多化工产品,例如利用氯碱工业来制取 Cl_2、H_2 和 $NaOH$ 这三种基本化工原料。

化学电源是通过自发的化学反应将化学能转化为电能而形成的装置,锌锰干电池、铅蓄电池等化学电源因其性能稳定可靠、便于移动等优点在日常生活与汽车工业等方面均起到了重要作用。科学技术的迅速发展,对化学电源也提出了更多的要求,一些能连续工作的燃料电池,体积小、质量轻、寿命长的新型高能电池以及锂离子电池等,需要不断被研究开发,使化学电源在医疗、电子、宇航、通信等方面得到更广泛的应用。

总之,电化学与电子、机械、生物等技术有着密切的联系,它的应用范围不断发展,无论是在理论上还是实际应用上都有着十分重要的研究意义,是高速发展的学科之一。

6.2　氧化还原反应

电化学主要是通过电池中电子、离子的迁移以及发生的氧化还原反应来实现化学能与电能的相互转换,氧化还原反应是化学反应中最重要的一类,反应的基本特点是反应物之间出现了电子的转移,元素的氧化数发生了变化。根据氧化数的升高或降低,可以将氧化还原反应拆分成两个半反应:氧化数升高的半反应,称为氧化反应;氧化数降低的半反应,称为还原反应。氧化反应与还原反应是相互依存的,不能独立存在,它们共同组成氧化还原反应。

反应中,化合价升高的物质,失去电子,发生氧化反应,称为还原剂,生成氧化产物;化合价降低的物质,得到电子,发生还原反应,称为氧化剂,生成还原产物。此外,物质的氧化还原性通常与外界环境条件、其他物质的存在以及自身浓度等因素紧密相关,例如:高锰酸钾在酸性条件下的氧化性要强于中性条件与碱性条件。

在氧化还原反应中,氧化剂与还原产物、还原剂与氧化产物各自组成共轭的氧化还原体系,这种体系称为电对。氧化还原反应又被分为两个半反应,每个半反应中都含有一个氧化还原反应电对。在原电池中,每个电极部分被称为一个半电池,每个半电池所发生的氧化还原反应被称为原电池的半反应,也称电极反应。

化学反应中,为了计数方便并作为参照,引入了基本反应单元这一概念,基本反应单元可以是原子、分子、离子、电子及其他粒子,或是这些粒子的特定组合,是计量的最小对象。当说到一个物质 B 的物质的量 n_B 时,必须注明基本反应单元,例如:$n\left(\dfrac{1}{5}MnO_4\right) = n\left(\dfrac{1}{2}C_2O_4^2\right)$。

电化学反应的实质就是氧化还原反应,无论是原电池还是电解池,其反应的共同特点都是:当外电路与内电路形成闭合回路时,在电极与溶液的界面上有电子得失的反应发生,溶液内部有离子做定向迁移运动。电化学中规定,发生氧化反应的电极为阳极,发生还原反应的电极为阴极。此外,还规定电势高的电极为正极,电势低的电极为负极,电流由正极流向负极,电子由负极流向正极。

6.3 原电池与电解池内涵

电化学主要是研究电能和化学能之间的互相转化以及转化过程中相关规律的科学,需要提供一定的装置和介质来实现能量的转变。例如:化学能转变成电能必须通过原电池来完成,电能转变成化学能则要借助于电解池来完成。因此,了解原电池与电解池中发生的反应机理与规律至关重要。

电化学体系由两类不同的导体组成,第一类导体又称电子导体,是依靠物体内部自由电子的定向运动而导电的物体,即载流子为自由电子的导体,如金属、合金、石墨等,在导电过程中导体本身不发生变化。并且由于温度升高,导电物质内部质点的热运动会随之加剧,阻碍自由电子的定向运动,会使电阻增大,降低导电能力。第二类导体又称离子导体,是依靠物体内的正、负离子定向移动而导电的导体,如电解质溶液、熔融电解质等,导电过程中自身会发生化学反应,当温度升高时,由于溶液的黏度降低,离子运动速度加快,会使电阻下降,导电能力增强。一些固体电解质,如 $AgBr$、PbI_2 等,也属于离子导体,但它导电的机理比较复杂,导电能力不强,因此电解质水溶液是应用最广泛的第二类导体。

电子不能在离子导体中运动,离子也不能在电子导体中运动,因此离子与电子一定在两类导体界面处发生了转化,两类导体导电方式的转化是通过电极上的氧化还原反应实现的。原电池与电解池的回路均是由第一类导体和第二类导体串联组成的。

1.原电池

原电池又称化学电池,它的反应原理是使氧化还原反应中形成的电子做定向移动,从而形成电流,当其与外部导体接通时,电极上的反应会自发进行,实现了化学能到电能的转化。在原电池中,阴极是正极,发生还原反应;阳极是负极,发生氧化反应。

要使一个化学反应转化为电能,就要满足如下几点要求:

(1) 该化学反应是氧化还原反应,或包含有氧化还原的过程;

(2) 有适当的装置,使化学反应分别通过在电极上的反应来完成;

(3) 有两个电极和与电极建立电化学平衡的相应电解质;

(4) 有其他附属设备,组成一个完整的电路。

铜－锌电池是一个典型的原电池,其构造如图 6.1 所示。该电池是将锌片插入 $1\ mol\cdot L^{-1}$ 硫酸锌溶液中,铜片插入 $1\ mol\cdot L^{-1}$ 硫酸铜溶液中,两种溶液用多孔隔板分开,并允许离子通过,以防止两种溶液由于相互扩散而完全混合。当导线分别接到电池的正极和负极时,将进行如下反应:

铜－锌原电池可以表示为

$$Zn\mid ZnSO_4(a_1)\mid CuSO_4(a_2)\mid Cu$$

阳极:　　　　　　　　　　$Zn \longrightarrow Zn^{2+} + 2e^-$

阴极:　　　　　　　　　　$Cu^{2+} + 2e^- \longrightarrow Cu$

电池反应:　　　　　　　$Zn + Cu^{2+} \longrightarrow Zn^{2+} + Cu$

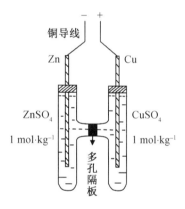

图 6.1　铜－锌电池

在原电池中,锌的溶解(氧化反应)和铜的析出(还原反应)是分别在不同的地点 —— 阳极区和阴极区进行的电荷的转移,要通过外线路中自由移动的电子和溶液中迁移的离子才能实现能量的转化。

2.电解池

电解池是将电能转化为化学能的装置,当外加电势高于分解电压时,外电源将电流输送进电解质溶液中,在阴、阳两极发生氧化还原反应,可使原本不能自发进行的反应在电解池中进行。在电解池中,阴极是负极,与电源负极相连,发生还原反应;阳极是正极,与电源正极相连,发生氧化反应。电解池主要应用于工业制纯度较高的金属、氯碱工业以及金属防护等工业过程。

用电解法电解饱和食盐水来制取 Cl_2、H_2 和 NaOH 这三种基本化工原料的工业称为氯

碱工业,如图 6.2 所示,其基本原理如下:

阴极: $$2Cl^- \longrightarrow Cl_2 + 2e^-$$

阳极: $$2H^+ + 2e^- \longrightarrow H_2(g)/2H_2O + 2e^- \longrightarrow H_2(g) + 2OH^-$$

总反应: $$2NaCl + 2H_2O \xrightarrow{通电} 2NaOH + H_2(g) \uparrow + Cl_2 \uparrow$$

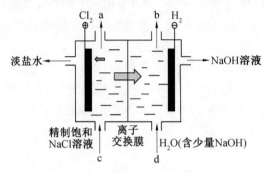

图 6.2   电解饱和食盐水

6.4   法拉第电解定律

1833 年,英国科学家法拉第在研究了大量电解过程后,提出了著名的法拉第电解定律 —— 电解时在电极界面上发生化学变化的物质的质量与通入的电荷量成正比。同时,通电于若干个电解池串联的线路中,当所取的基本粒子的电荷数相同时,在各个电极上发生反应的物质,其物质的量相同,析出物质的质量与其摩尔质量成正比。

人们把在数值上等于 1 mol 元电荷的电量称为法拉第常数,用 F 表示。

$$F = L \cdot e = 6.022 \times 10^{23} mol^{-1} \times 1.602\ 2 \times 10^{-19} C$$
$$= 96\ 484.6\ C \cdot mol^{-1}$$
$$\approx 96\ 500\ C \cdot mol^{-1}$$

式中,L 为阿伏伽德罗常数;e 为元电荷电量,数值为 $1.602\ 2 \times 10^{-19} C$。

如果在电解池中发生如下反应:

$$M^{z+} + z_+ e^- \longrightarrow M(s)$$

式中,e^- 代表电子;z_+ 代表电子得失的计量系数。

如果欲从阴极上沉积出 1 mol M(s),即反应进度为 1 mol 时,需通入的电荷量 Q 为

$$Q_{(\xi=1)} = z_+ eL = z_+ F$$

若反应进度为 ξ 时,需通入的电荷量为

$$Q_{(\xi)} = z_+ F\xi$$

通入任意电荷量 Q 时,阴极上沉积出金属 B 的物质的量 n_B 和质量 m_B 分别为

$$n_B = \frac{Q}{z_+ F} \tag{6.1}$$

$$m_B = \frac{Q}{z_+ F} M_B \tag{6.2}$$

式中，M_B 是金属 B 的摩尔质量。式(6.1)与式(6.2)即为法拉第电解定律的数学表达式。

法拉第电解定律既适用于原电池，也适用于电解池，在稳恒电流的情况下，同一时间内流过电路中各点的电荷量是相等的。通过分析电解过程中反应物(或生成物)在电极上物质的量的变化，即可求出通入电荷量的数值，相应的测量装置称为库仑计。常用的库仑计为银库仑计($Ag/AgNO_3$)和铜库仑计($Cu/CuSO_4$)。

法拉第电解定律是电化学历史上最早的定量的基本定律，揭示了通入的电量与析出物质之间的定量关系，只要电极上不发生副反应或次级反应，那么该定律在任何温度、任何压力下均可以使用，没有使用的限制条件。

【例 6.1】　在电路中串联有两个库仑计，一个是银库仑计，一个是铜库仑计。当有 $1F$ 的电荷量通过电路时，两个库仑计上分别析出多少摩尔的银和铜？

解:(1)银库仑计的电极反应为 $Ag^+ + e^- \Longrightarrow Ag$，$z = 1$

当 $Q = 1$，$F = 96\,500$ C 时，根据法拉第电解定律有

$$\xi = \frac{Q}{zF} = \frac{96\,500\ \text{C}}{1 \times 96\,500\ \text{C} \cdot \text{mol}^{-1}} = 1\ \text{mol}$$

由 $\xi = \dfrac{\Delta n_B}{\nu_B}$，可得

$$\Delta n(Ag) = v(Ag)\xi = 1 \times 1\ \text{mol} = 1\ \text{mol}$$
$$\Delta n(Ag^+) = v(Ag^+)\xi = -1 \times 1\ \text{mol} = -1\ \text{mol}$$

即当有 $1F$ 的电荷量流过电路时，银库仑计中有 1 mol 的 Ag^+ 被还原成 Ag 析出。

(2)铜库仑计的电极反应为 $Cu^{2+} + 2e^- \Longrightarrow Cu$，$z = 2$

当 $Q = 1$，$F = 96\,500$ C 时，根据法拉第电解定律有

$$\xi = \frac{Q}{zF} = \frac{96\,500\ \text{C}}{2 \times 96\,500\ \text{C} \cdot \text{mol}^{-1}} = 0.5\ \text{mol}$$

由 $\xi = \dfrac{\Delta n_B}{\nu_B}$，可得

$$\Delta n(Cu) = v(Cu)\xi = 1 \times 0.5\ \text{mol} = 0.5\ \text{mol}$$

即当有 $1F$ 的电荷量流过电路时，铜库仑计中有 0.5 mol 的 Cu 析出。

6.5　电解质溶液的电导

6.5.1　电导、电导率和摩尔电导率

任何导体对电流的通过都有一定的阻力，这一特性在物理学中称为电阻，以 R 表示，导体的导电能力则用电导 G 表示，单位为 Ω^{-1} 或 S(西门子)，其定义为电阻 R 的倒数，即

$$G = \frac{1}{R} \tag{6.3}$$

根据欧姆定律，电压、电流和电阻三者之间的关系为

$$R = \frac{U}{I} \tag{6.4}$$

式中，U 为外加电压（单位为伏特，用 V 表示）；I 为电流（单位为安培，用 A 表示）。因 $G = R^{-1}$，所以

$$G = \frac{I}{U} \tag{6.5}$$

导体的电阻与导体长度 l 成正比，而与导体横截面积 A 成反比：

$$R \propto \frac{l}{A} = \rho \frac{l}{A} \tag{6.6}$$

因此，

$$G \propto \frac{A}{l} = k \frac{A}{l} \tag{6.7}$$

式中，比例系数 ρ 为电阻率，单位是 $\Omega \cdot m$；比例系数 k 称为电导率，如图6.3所示，电导率是指单位面积、单位长度的导体的电导，单位是 $S \cdot m^{-1}$ 或 $\Omega^{-1} \cdot m^{-1}$。电导率 k 是电阻率 ρ 的倒数，即

$$k = \frac{1}{\rho} \tag{6.8}$$

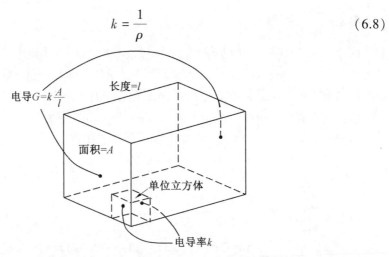

图 6.3　电导率定义示意图

由于电解质溶液的电导率与浓度有关，所以为了比较不同浓度、不同类型的电解质溶液的电导率，提出了摩尔电导率的概念。摩尔电导率 Λ_m 是指把含有 1 mol 电解质的溶液置于相距为单位距离的两个平行电导电极之间，这时溶液所具有的电导如图6.4所示。

$$\Lambda_m \xeq{def} kV_m = \frac{k}{c} \tag{6.9}$$

式中，V_m 是含有 1 mol 电解质的溶液的体积，单位为 $m^3 \cdot mol^{-1}$；c 是电解质溶液的浓度，单位为 $mol \cdot m^{-3}$；Λ_m 为摩尔电导率，单位为 $S \cdot m^2 \cdot mol^{-1}$。

在计算摩尔电导率时应注意：

（1）当浓度 c 的单位是以 $mol \cdot dm^{-3}$ 表示时，则要换算成以 $mol \cdot m^{-3}$ 表示，然后进行计算，即在数字运算的同时，单位也要进行运算。

（2）摩尔电导率必须对应于溶液中含有 1 mol 电解质,但对电解质基本质点的选取取决于研究需要。例如:对 $CuSO_4$ 溶液,基本质点可选为 $CuSO_4$ 或 $\left(\frac{1}{2}CuSO_4\right)$,显然,在浓度相同时,含有 1 mol $CuSO_4$ 溶液的摩尔电导率是含有 1 mol $\left(\frac{1}{2}CuSO_4\right)$ 溶液的 2 倍,即

$$\Lambda_m(CuSO_4) = 2\,\Lambda_m\left(\frac{1}{2}CuSO_4\right)$$

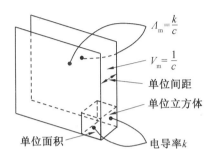

图 6.4　摩尔电导率定义示意图

6.5.2　电导的测定

电导是电阻的倒数,因此在电解质溶液中对电导的测定在实验中实际上是测定电阻。随着实验技术的不断发展,目前已有很多测定电导和电导率的仪器,可以利用惠斯通(Wheatstone)电桥进行测量,如图 6.5 所示。

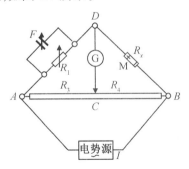

图 6.5　测电导用的惠斯通电桥装置示意图

图中,AB 为均匀的滑线电阻;R_1 为可变电阻;在其上并联一个可变电容 F,以便进行调节使其与电导池实现阻抗平衡;M 为放有待测溶液的电导池,设其待测电阻为 R_x;I 是频率 1 000 Hz 左右的高频交流电源;G 为耳机或阴极示波器。接通电源后,移动 C 点,使 DC 线路中无电流通过,如用耳机则听到声音最小,这时 D、C 两点电位将相等,电桥达到平衡。根据以下几个电阻之间关系就可求得待测溶液的电导:

$$\frac{R_1}{R_x} = \frac{R_3}{R_4}$$

$$G = \frac{1}{R_x} = \frac{R_3}{R_1 R_4} = \frac{AC}{BC} \cdot \frac{1}{R_1}$$

式中,R_3、R_4分别为AC、BC段的电阻;R_1为可变电阻器的电阻,均可从实验中测得,从而可以求出电导池中溶液的电导(即电阻R_x的倒数)。

对于一个固定的电导池,l与A的比值为一常数,此常数称为电导池系数,用K_{cell}表示,即$K_{cell} = \frac{l}{A}$,单位是m^{-1}。

$$R = \rho \frac{l}{A} = \rho K_{cell}$$

$$K_{cell} = \frac{1}{\rho} \cdot R = kR \tag{6.10}$$

但是,因为电导池中两电极间距离l和镀有铂黑的电极面积A无法用实验测量,通常用已知电导率的KCl溶液注入电导池,测定电阻后得到K_{cell},然后用这个电导池测未知溶液的电导率。待测溶液的电导率为

$$k = G_x \cdot \frac{l}{A} = \frac{1}{R_x} \cdot \frac{l}{A}$$

$$= \frac{1}{R_x} \cdot K_{cell}$$

注:$K_{cell} = \frac{l}{A}$为电导池常数,单位为m^{-1};K_{cell}可用已知电导率的溶液测出。因此,由待测溶液电阻R_x,即可求出待测溶液的电导率k,从而由$\Lambda_m = \frac{k}{c}$求得摩尔电导率Λ_m。

6.5.3 电导率、摩尔电导率与浓度的关系

如图6.6所示,强电解质溶液在溶液较稀时,它的电导率随着浓度的增加而升高,但浓度增加到一定程度以后,正、负离子间的相互作用,使离子的运动速率降低,解离度下降,电导率也降低。所以,在电导率与浓度的关系曲线上可能会出现最高点,如H_2SO_4和KOH溶液。中性盐由于受饱和溶解度的限制,浓度不能太高,如KCl溶液。对于弱电解质溶液,起导电作用的是解离的部分离子,随着浓度增加,其电离度下降,虽然单位体积中弱电解质的量增加,但离子数量增加并不多,因此弱电解质的电导率均很小,且随浓度变化不显著,如醋酸。

摩尔电导率随浓度的变化与电导率随浓度的变化并不相同,由于电解液中导电物质的物质的量已给定,都为1 mol,所以,当浓度降低时,粒子之间相互作用力减弱,正、负离子迁移速度加快,溶液的摩尔电导率必定升高。德国科学家科尔劳施(Kohlrausch)根据实验得出了摩尔电导率与浓度之间的关系 —— 在很稀的溶液中(通常浓度在0.001 mol$\cdot$dm^{-3}以下),强电解质的摩尔电导率与其浓度的平方根呈线性关系,即

$$\Lambda_m = \Lambda_m^{\infty}(1 - \beta\sqrt{c}) \tag{6.11}$$

式中,β是与电解质性质有关的常数。

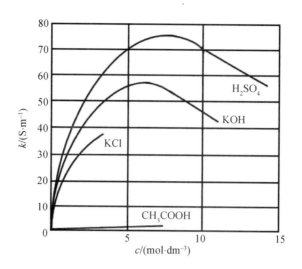

图 6.6　一些电解质电导率随浓度的变化

　　无论是强电解质还是弱电解质,其摩尔电导率均随溶液的稀释而增大,但对于不同的电解质,摩尔电导率随浓度降低而升高的程度大不相同,如图 6.7 所示。

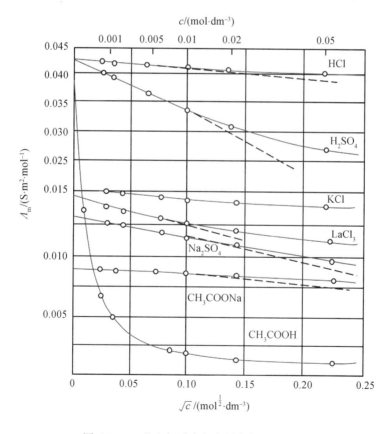

图 6.7　一些电解质摩尔电导率与浓度的关系

　　在强电解质溶液中,随着溶液浓度的降低,离子间引力减小,离子运动速率增加,摩尔电导率随之增大。将图6.7中直线外推至与纵坐标相交，即$c \rightarrow 0$时，可得到无限稀释时的摩尔电导率Λ_m^∞，又称极限摩尔电导率。

在弱电解质中，随着溶液浓度的降低，摩尔电导率缓慢升高，但变化不大。由于弱电解质的解离度随溶液的稀释而增加，因此溶液浓度越低，电解出的离子浓度越高，摩尔电导率就越大。在溶液极稀时，随着溶液浓度的降低，摩尔电导率急剧增加，不与浓度的平方根呈线性关系。因此，弱电解质无限稀释时的摩尔电导率Λ_m^∞不能用外推法得到，所以，式(6.11)不适用于弱电解质。为了解决这一问题，科尔劳施随即提出了离子独立运动定律。

6.5.4　离子独立运动定律和离子的摩尔电导率

德国科学家科尔劳施根据大量的实验数据，发现了一个规律，提出了科尔劳施离子独立运动定律，即在无限稀释溶液中，每种离子独立移动，不受其他离子影响，因此电解质的无限稀释摩尔电导率可认为是阴、阳离子无限稀释摩尔电导率之和。

对于$1-1$价电解质表示为

$$\Lambda_m^\infty = \Lambda_{m,+}^\infty + \Lambda_{m,-}^\infty \tag{6.12}$$

对于不同的电解质，其一般式为

$$\Lambda_m^\infty = \nu_+ \Lambda_{m,+}^\infty + \nu_- \Lambda_{m,-}^\infty \tag{6.13}$$

式中，ν_+为阳离子化学计量数；ν_-为阴离子化学计量数；Λ_m^∞为电解质无限稀释时的摩尔电导率；$\Lambda_{m,+}^\infty$为正离子摩尔电导率；$\Lambda_{m,-}^\infty$为负离子摩尔电导率。

根据科尔劳施离子独立运动定律，凡在一定温度和一定溶剂中，只要是极稀溶液，同一种离子的摩尔电导率都为同一数值，而不论另一种离子是何种离子。例如：在极稀的HCl溶液和极稀的HAc溶液中，氢离子的无限稀释摩尔电导率Λ_{m,H^+}^∞是相同的。因此，可以应用强电解质的无限稀释摩尔电导率Λ_m^∞来计算弱电解质的无限稀释摩尔电导率Λ_m^∞，或直接从表值上查离子的$\Lambda_{m,+}^\infty$、$\Lambda_{m,-}^\infty$求得。

例如：弱电解质HAc的无限稀释摩尔电导率可由强电解质HCl、NaAc及NaCl的无限稀释摩尔电导率计算出来：

$$\begin{aligned}
\Lambda_m^\infty(\text{HAc}) &= \Lambda_m^\infty(\text{H}^+) + \Lambda_m^\infty(\text{Ac}^-) \\
&= \{\Lambda_m^\infty(\text{H}^+) + \Lambda_m^\infty(\text{Cl}^-)\} + \\
&\quad \{\Lambda_m^\infty(\text{Na}^+) + \Lambda_m^\infty(\text{Ac}^-)\} - \\
&\quad \{\Lambda_m^\infty(\text{Na}^+) + \Lambda_m^\infty(\text{Cl})\} \\
&= \Lambda_m^\infty(\text{HCl}) + \Lambda_m^\infty(\text{NaAc}) - \Lambda_m^\infty(\text{NaCl})
\end{aligned}$$

6.5.5　电导测定的应用

有关溶液电导率的测定在很多方面有着非常重要的作用，此处仅介绍几种具有代表性的应用：

1.检验水的纯度

纯水本身具有微弱的解离：

$$H_2O \Longleftrightarrow H^+ + OH^-$$

经过理论计算可得,纯水的电导率约为 $5.5 \times 10^{-6} S \cdot m^{-1}$:

$$[H^+] = [OH^-] = 10^{-7} mol \cdot dm^{-3}$$

$$\Lambda_m^{\infty}(H_2O) = 5.5 \times 10^{-2} S \cdot m^2 \cdot mol^{-1}$$

普通蒸馏水的电导率约为 $1 \times 10^{-3} S \cdot m^{-1}$,但是在一些半导体工业中或涉及电导测量的研究中,需要高纯度的水,事实上,电导率小于 $1 \times 10^{-4} S \cdot m^{-1}$ 的水即可被认为是很纯的水,有时称为"电导水",若大于这个数值,则必定含有某种杂质。因此,只要测定水的电导率,就可知道其纯度是否符合要求。

然而,由于普通的蒸馏水中含有 CO_2 和从玻璃器皿溶解下的硅酸钠等,不一定符合电导测定的要求。此外,去除水中杂质的方法较多,根据需要,常用的方法如下。

（1）用不同的离子交换树脂,分别去除阴离子和阳离子,得去离子水。

（2）蒸馏水经用 $KMnO_4$ 和 KOH 溶液处理以去除 CO_2 及有机杂质,然后在石英器皿中进行二次蒸馏,得"电导水"。

2.测定难溶盐的溶解度

一些难溶性盐在水中的溶解度很小,其浓度不能用滴定法测定,因此可用电导法进行测定。由于难溶盐饱和溶液的浓度极稀,可认为 $\Lambda_m \approx \Lambda_m^{\infty}$,而 Λ_m^{∞} 的值可从离子的无限稀释摩尔电导率的表值得到,但同时由于难溶盐本身的电导率很低,这时水的电导率就不能忽略,所以

$$k(难溶盐) = k(溶液) - k(H_2O)$$

运用摩尔电导率的公式即可求得难溶盐饱和溶液的浓度 c:

$$\Lambda_m^{\infty}(难溶盐) = \frac{k(难溶盐)}{c} = \frac{k(溶液) - k(H_2O)}{c}$$

【例6.2】 已知在无限稀释水溶液中,$\Lambda_m = \Lambda_m^{\infty}$,$\Lambda_m = \Lambda_m^+ + \Lambda_m^-$;$\Lambda_m^{\infty}(Ag^+) = 61.92 \times 10^4 S \cdot m^2 \cdot mol^{-1}$;$\Lambda_m^{\infty}(Cl^-) = 76.34 \times 10^{-4} S \cdot m^2 \cdot mol^{-1}$;$k(AgCl + H_2O) = 3.41 \times 10^{-4} S \cdot m^{-1}$;$k(H_2O) = 1.6 \times 10^{-4} S \cdot m^{-1}$。求氯化银溶液的溶解度。

解:

$$AgCl \longleftrightarrow Ag^+ + Cl^-$$

$$\Lambda_m = \Lambda_m^+ + \Lambda_m^- = \Lambda_m^{\infty}(Ag^+) + \Lambda_m^{\infty}(Cl^-)$$

$$= (61.92 \times 10^{-4} + 76.34 \times 10^{-4}) S \cdot m^2 \cdot mol^{-1}$$

$$= 138.26 \times 10^{-4} S \cdot m^2 \cdot mol^{-1}$$

$$k(AgCl) = k(AgCl + H_2O) - k(H_2O)$$

$$= (3.41 \times 10^{-4} - 1.6 \times 10^{-4}) S \cdot m^{-1}$$

$$= 1.81 \times 10^{-4} S \cdot m^{-1}$$

$$c = \frac{k}{\Lambda_m} = \frac{1.81 \times 10^4}{138.26 \times 10^4} mol \cdot m^3 = 0.013\ 1\ mol \cdot m^{-3}$$

6.6　电解质溶液的平均离子活度和平均离子活度因子

活度和活度因子是电解质溶液中最重要的静态性质之一，电解质在溶液中会电离为正、负离子，这两种离子在溶液中共存并相互吸引，离子间的相互作用使得溶液中的离子并不能完全发挥其作用，偏离理想溶液的热力学规律，因此引入活度的概念进行有关热力学的计算。离子活度是指电解质溶液中参与电化学反应的离子的有效浓度。电解质溶液的活度表示法与本书第4章介绍的非电解质溶液的活度表示没有本质上的不同，只是电解质溶液的整体活度是电解质电离后正、负离子的共同贡献，且单种离子的活度无法测量，因此引入了电解质平均离子活度和平均离子活度因子的概念。

以任意价态的强电解质 B 为例，设其化学式为 $M_{\nu_+} A_{\nu_-}$，并在水中全部解离，则

$$M_{\nu_+} A_{\nu_-} \rightarrow \nu_+ M^{z+} + \nu_- A^{z-} \quad \mu_B^\ominus = \nu_+ \mu_+^\ominus + \nu_- \mu_-^\ominus$$

式中，$z+$ 和 $z-$ 代表正、负离子的价数；ν_+ 和 ν_- 代表化学计量数。

整体电解质的化学势应用正、负离子的化学势之和来表示，即

$$\mu_B = \nu_+ \mu_+ + \nu_- \mu_-$$

式中，μ_B 为整体电解质的化学势；μ_+ 和 μ_- 分别为正、负离子的化学势。

对于非理想溶液，化学势的表达为

$$\mu_B = \mu_B^\ominus(T) + RT\ln a_B \tag{6.14}$$

式中，a_B 为电解质 B 的活度；$\mu_B^\ominus$ 为它的标准化学势。

可得正、负离子的化学势分别为

$$\mu_+ = \mu_+^\ominus(T) + RT\ln a_+; \quad \mu_- = \mu_-^\ominus(T) + RT\ln a_- \tag{6.15}$$

式中，a_+、a_- 分别为正、负离子的活度；$\mu_+^\ominus$、$\mu_-^\ominus$ 分别为二者的标准化学势。

因此整体电解质的化学势为

$$\begin{aligned}
\mu_B &= \nu_+ \mu_+ + \nu_- \mu_- \\
&= (\nu_+ \mu_+^\ominus + \nu_- \mu_-^\ominus) + RT\ln(a_+^{\nu_+} a_-^{\nu_-}) \\
&= \mu_B^\ominus(T) + RT\ln a_B
\end{aligned}$$

所以

$$a_B = a_+^{\nu_+} a_-^{\nu_-} \tag{6.16}$$

强电解质 B 的平均离子活度 $a_\pm$ 定义为

$$a_\pm \stackrel{\text{def}}{=\!=\!=} (a_+^{\nu_+} a_-^{\nu_-})^{\frac{1}{\nu}} \tag{6.17}$$

式中，$\nu = \nu_+ + \nu_-$。将式(6.16)与式(6.17)结合可知

$$a_B = a_+^{\nu_+} a_-^{\nu_-} = a_\pm^{\nu} \tag{6.18}$$

由此可得整体电解质化学势为

$$\mu_B = \mu_B^\ominus(T) + RT\ln a_\pm^{\nu} \tag{6.19}$$

定义电解质的平均离子活度因子 $\gamma_\pm$ 与离子平均质量摩尔浓度 $m_\pm$ 分别为

$$\gamma_\pm \stackrel{\text{def}}{=\!=\!=} (\gamma_+^{\nu_+} \gamma_-^{\nu_-})^{\frac{1}{\nu}} \tag{6.20}$$

$$m_\pm \stackrel{\text{def}}{=\!=\!=} (m_+^{\nu_+} m_-^{\nu_-})^{\frac{1}{\nu}} \tag{6.21}$$

由于强电解质是完全解离的,所以可以通过电解质的质量摩尔浓度 m_B 求出离子平均质量摩尔浓度,即

$$m_+ = \nu_+ m_B ; \quad m_- = \nu_- m_B$$

$$m_\pm = (m_+^{\nu_+} m_-^{\nu_-})^{\frac{1}{\nu}} = (\nu_+^{\nu_+} \nu_-^{\nu_-})^{\frac{1}{\nu}} m_B \tag{6.22}$$

由活度 a_B 的定义

$$a_B = \gamma_B \frac{m_B}{m^\ominus} \tag{6.23}$$

式中,$m^\ominus$ 为标准质量摩尔浓度。

将式(6.17)、式(6.20)和式(6.21)结合可得

$$a_\pm = \gamma_\pm \frac{m_\pm}{m^\ominus} \tag{6.24}$$

表 6.1 列出了 25 ℃ 下几种强电解质水溶液在不同质量摩尔浓度时的平均活度因子。

表 6.1　25 ℃ 下几种强电解质水溶液在不同质量摩尔浓度时的平均活度因子

$m/(\text{mol}\cdot\text{kg}^{-1})$	0.005	0.01	0.02	0.05	0.10	0.20	0.50	1.00	3.00
(1)A^+B^- 型盐类的离子强度	0.005	0.01	0.02	0.05	0.10	0.20	0.50	1.00	3.00
计算值($\gamma_\pm$)[①]	0.926	0.900	0.866	0.809	0.756	0.698	0.618	0.559	0.478
实验值:HCl	0.928	0.904	0.874	0.830	0.795	0.766	0.757	0.810	1.320
NaCl	0.928	0.904	0.876	0.829	0.789	0.742	0.683	0.659	0.709
KCl	0.926	0.899	0.866	0.815	0.764	0.712	0.644	0.597	0.571
KOH	0.927	0.901	0.868	0.810	0.759	0.710	0.671	0.679	0.903
KNO₃	0.927	0.899	0.863	0.794	0.724	0.653	0.543	0.449	—
AgNO₃[②]	0.925	0.896	0.858	0.787	0.717	0.633	0.501	0.390	—
(2)$A^{2+}B^{2-}$ 型盐类的离子强度	0.02	0.04	0.08	0.20	0.40	0.80	2.00	4.00	12.00
计算值($\gamma_\pm$)[①]	0.562	0.460	0.359	0.238	0.165	0.101	0.066	0.045	—
实验值:MgSO₄	0.572	0.471	0.378	0.262	0.195	0.142	0.091	0.067	—
CuSO₄	0.560	0.444	0.343	0.230	0.164	0.108	0.066	0.044	—
(3)$A_2^+B^{2-}$ 或 $A^{2+}B_2^-$ 型盐类的离子强度	0.015	0.03	0.06	0.15	0.30	0.60	1.50	3.00	9.00
计算值($\gamma_\pm$)[①]	0.776	0.710	0.634	0.523	0.439	0.362	0.274	0.229	—
实验值:BaCl₂	0.781	0.725	0.659	0.556	0.496	0.440	0.396	0.399	—
Pb(NO₃)₂[②]	0.763	0.687	0.596	0.464	0.373	0.275	0.168	0.112	—
K₂SO₄	0.781	0.715	0.642	0.529	0.441	0.361	0.262	0.210	—

注:①试算值系根据 $\lg \gamma_\pm = -A|z_+ z_-| \dfrac{\sqrt{I}}{1+\sqrt{I}}$ 计算而来。

②是 0 ℃ 时数据。

由表 6.1 可以看出,平均活度因子的影响因素主要是离子的质量摩尔浓度和价型,而且离子价型对平均活度因子的影响要大于离子质量摩尔浓度,且价型越高,影响越大。为了综合反映这两个因素的影响,Lewis 在 1921 年提出了离子强度的概念,用 I 表示,定义为溶液中每种离子 B 的质量摩尔浓度 m_B 乘该离子的价数 z_B 的平方所得各项之和的一半。公式表示为

$$I \stackrel{\text{def}}{=\!=\!=} \frac{1}{2} \sum_B m_B z_B^2 \tag{6.25}$$

式中,m_B 是 B 离子的真实质量摩尔浓度,若是弱电解质,其真实质量摩尔浓度由它的质量摩尔浓度与解离度相乘而得。

在此基础上,Lewis 通过实验进一步指出,在稀溶液的范围内电解质的平均活度因子和离子强度的关系为

$$\lg \gamma_\pm = - \text{常数} \sqrt{I} \tag{6.26}$$

6.7   可逆电池及其电动势的测定

6.7.1   可逆电池和可逆电极

通过氧化还原反应自发地将化学能转化为电能的装置称为原电池,简称电池。当使用热力学方法来研究电池时,要求电池是可逆的,电池中进行的任何反应与过程均可逆的电池称为可逆电池,此时电池在平衡态或无限接近平衡态的情况下工作。可逆电池包括以下三方面的含义。

(1)电极反应在无限接近电化学平衡条件下进行。

(2)电极反应具有热力学可逆性,即能量可逆。要求电池在无限接近平衡的状态下工作时,电池在充电时吸收的能量严格等于放电时放出的能量。要满足能量可逆的要求,电池必须在电流趋于无穷小,即 $I \to 0$ 的状态下工作。

(3)电池中其他过程必须是可逆的,例如:物质可逆与液体接界处可逆。其中,物质可逆是指两个电极在充电时的电极反应必须与放电时的反应互为逆反应。此外,电池内不允许存在任何不可逆的液体接界面,严格来说,在两个不同电解质构成的具有液体接界的电池中,由于在液体接界处存在着不可逆的离子扩散,则此电池不是可逆电池。

例如:以 Zn(s) 及 AgCl(s)丨Ag(s) 为电极,分别插到 ZnSO$_4$ 溶液与 HCl 溶液中,并用盐桥将两个电解液分隔开,并用导线将两电极相连,即组成 Zn(S)丨ZnSO$_4$‖HCl丨AgCl(s)丨Ag(s) 电池。电极上的反应如下:

作原电池:

负极(−)

$$\text{Zn(s)} \longrightarrow \text{Zn}^{2+} + 2e^-$$

正极(+)

$$2\text{AgCl(s)} + 2e^- \longrightarrow 2\text{Ag(s)} + 2\text{Cl}^-$$

净反应

$$Zn(s) + 2AgCl(s) \longrightarrow 2Ag(s) + 2Cl^- + Zn^{2+} \tag{6.27}$$

作电解池：

阴极

$$Zn^{2+} + 2e^- \longrightarrow Zn(s)$$

阳极

$$2Ag(s) + 2Cl^- \longrightarrow 2AgCl(s) + 2e^-$$

净反应

$$2Ag(s) + ZnCl_2 \longrightarrow Zn(s) + 2AgCl(s) \tag{6.28}$$

式(6.27)、式(6.28) 所代表的两个净反应恰恰相反,而且在充放电时电流都很小,所以上述电池为可逆电池。但并不是所有反应可逆的电池都为可逆电池,例如丹尼尔(Daniell) 电池。下面来分析丹尼尔电池的可逆性。

丹尼尔电池是一种铜 – 锌双液电池,它是一个典型的原电池,如图 6.8 所示。该电池以锌电极作为阳极,将锌片插入 $ZnSO_4$ 水溶液中;以铜电极作为阴极,将铜片插入 $CuSO_4$ 水溶液中。外加一电场 $E_{外}$,其电极和电池反应如下：

当 $E > E_{外}$ 时：

阳极：$\qquad\qquad\qquad\qquad Zn \longrightarrow Zn^{2+} + 2e^-$

阴极：$\qquad\qquad\qquad\qquad Cu^{2+} + 2e^- \longrightarrow Cu$

电池：$\qquad\qquad\qquad\qquad Zn + Cu^{2+} \longrightarrow Zn^{2+} + Cu$

当 $E < E_{外}$ 时：

Zn 片：$\qquad\qquad\qquad\qquad Zn^{2+} + 2e^- \longrightarrow Zn$

Cu 片：$\qquad\qquad\qquad\qquad Cu \longrightarrow Cu^{2+} + 2e^-$

电池：$\qquad\qquad\qquad\qquad Zn^{2+} + Cu \longrightarrow Zn + Cu^{2+}$

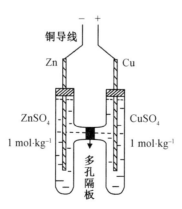

图 6.8　丹尼尔电池

丹尼尔电池是具有化学可逆性的电池,在充电时上述反应将逆向进行。不过由于在液体接界处的离子扩散过程是不可逆的,所以严格来讲丹尼尔电池为不可逆电池。不过在精度要求许可范围内,若忽略液体接界处的不可逆性,在 $I \rightarrow 0$ 的可逆充、放电条件下,人们经常将丹尼尔电池近似地当作可逆电池处理。

电池的组成包括两个电极以及能与电极建立电化学反应平衡的相应电解质(如电解质溶液),此外还有其他附属设备。如果两个电极置入同一个电解质溶液中,则为单液电池,如图 6.9 所示。

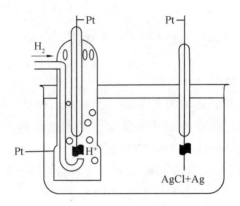

图 6.9　单液电池

若两个电极分别置于不同溶液中,则称为双液电池,两个电解质溶液之间可用隔膜或素瓷烧杯分开,如图 6.10(a) 所示,也可用盐桥将两个不同容器中的不同电解质连接起来,如图 6.10(b) 所示。

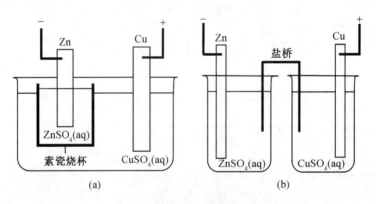

图 6.10　双液电池

电极必须为可逆电极是构成可逆电池的必要条件,可逆电极主要有以下三种类型。

1.第一类可逆电极

第一类可逆电极又称阳离子可逆电极,这类电极包括金属与其阳离子组成的电极、氢电极、氧电极、卤素电极和汞齐电极等,这类电极的特点是电极直接与它的离子溶液相接触,参与反应的物质存于两相中。例如:$Zn \mid ZnSO_4$、$Cu \mid CuSO_4$ 等电极都属于第一类可逆电极。当电极为氢电极或氧电极时,由于气态物质是非导体,所以需要借助于铂或其他惰性物质来起导电作用,可以将导电用的金属片浸入含有该气体所对应的离子的溶液中,使气流冲击金属片。

几种典型的第一类可逆电极的电极反应见表 6.2。

表 6.2　几种典型的第一类可逆电极的电极反应

电极	电极反应(还原)
$M^{z+}(a_+) \mid M(s)$	$M^{z+}(a_+) \longrightarrow M(s)$
$H^+(a_+) \mid H_2(p) \mid Pt$	$2H^+(a_+) + 2e^- \longrightarrow H_2(p)$
$OH^-(a_-) \mid H_2(p) \mid Pt$	$2H_2O + 2e^- \longrightarrow H_2(p) + 2OH^-(a_-)$
$H^+(a_+) \mid O_2(p) \mid Pt$	$O_2(p) + 4H^+(a_+) + 4e^- \longrightarrow 2H_2O(l)$
$OH^-(a_-) \mid O_2(p) \mid Pt$	$O_2(p) + 2H_2O + 4e^- \longrightarrow 4OH^-(a_-)$
$Cl^-(a_-) \mid Cl_2(p) \mid Pt$	$Cl_2(p) + 2e^- \longrightarrow 2Cl^-(a_-)$
$Na^+(a_+) \mid Na(Hg)(a)$	$Na^+(a_+) + nHg(l) + e^- \longrightarrow Na(Hg)(a)$

2.第二类可逆电极

第二类可逆电极又称阴离子可逆电极,这类电极包括金属 - 难溶盐及其阴离子组成的电极以及金属 - 氧化物电极。例如:$Hg \mid Hg_2Cl_2(s)$、$KCl(a_{Cl^-})$ 等。这类电极的特点是,含有哪种阴离子,则溶液中也应含有那种阴离子。

几种典型的第二类可逆电极的电极反应见表 6.3。

表 6.3　几种典型的第二类可逆电极的电极反应

电极	电极反应(还原)
$Cl^-(a_-) \mid AgCl(s) \mid Ag(s)$	$AgCl(s) + e^- \longrightarrow Ag(s) + Cl^-(a_-)$
$Cl^-(a_-) \mid Hg_2Cl_2(s) \mid Hg(l)$	$Hg_2Cl_2(s) + 2e^- \longrightarrow 2Hg(l) + 2Cl^-(a_-)$
$H^+(a_+) \mid Ag_2O(s) \mid Ag(s)$	$Ag_2O(s) + 2H^+(a_+) + 2e^- \longrightarrow 2Ag(s) + H_2O(l)$
$OH^-(a_-) \mid Ag_2O(s) \mid Ag(s)$	$Ag_2O(s) + 2H_2O + 2e^- \longrightarrow 2Ag(s) + 2OH^-(a_-)$

3.第三类可逆电极

第三类可逆电极为氧化还原电极,是由铂或其他惰性金属插入同一元素的两种不同价态离子的溶液中所组成的电极。这里的惰性金属本身不参与电极反应,只起到导电的作用,电极反应由溶液中同一元素的两种价态的离子之间进行氧化还原反应来完成。几种典型的第三类可逆电极的电极反应见表 6.4。

表 6.4　几种典型的第三类可逆电极的电极反应

电极	电极反应(还原)
$Fe^{3+}(a_1), Fe^{2+}(a_2) \mid Pt$	$Fe^{3+}(a_1) + e^- \longrightarrow Fe^{2+}(a_2)$
$Sn^{4+}(a_1), Sn^{2+}(a_2) \mid Pt$	$Sn^{4+}(a_1) + 2e^- \longrightarrow Sn^{2+}(a_2)$
$Cu^{2+}(a_1), Cu^+(a_2) \mid Pt$	$Cu^{2+}(a_1) + e^- \longrightarrow Cu^+(a_2)$

6.7.2　可逆电池的书写方法与电动势的取号

根据一般的书写惯例,可逆电池的书写方法如下:

(1)写在左边的电极为负极,起氧化作用,是阳极;右边为正极,起还原作用,是阴极。

(2)用"|"表示相界面,有界面电势差存在,界面包括电极与溶液的界面、电极与气体的界面、两种溶液的界面等;用"┆"表示半透膜。

(3)用"‖"或"┆┆"表示盐桥,表示两种溶液之间的液接电势降到忽略不计。

(4)要注明温度,不注明则默认为 298.15 K 和标准压力;要注明物态,若是气体要注明压力和依附的惰性金属,若是溶液要注明浓度或活度。

(5)整个电池的电动势等于右边正极的还原电极电势减去左边负极的还原电极电势。

另外,在书写电极和电池反应时要遵守物料平衡与电荷量平衡,如图 6.9 的单液电池可以表示为

$$Pt \mid H_2(p^\ominus) \mid HCl(a) \mid AgCl(s) \mid Ag(s)$$

反应式:

左氧化,负极:

$$H_2(p^\ominus) \longrightarrow 2H^+(a_{H^+}) + 2e^-$$

右还原,正极:

$$2AgCl(s) + 2e^- \longrightarrow 2Ag(s) + 2Cl^-(a_{Cl^-})$$

净反应为

$$H_2(p^\ominus) + 2AgCl(s) \longrightarrow 2Ag(s) + 2H^+(a_{H^+}) + 2Cl^-(a_{Cl^-})$$

$$或\ H_2(p^\ominus) + 2AgCl(s) \longrightarrow 2Ag(s) + 2HCl(a)$$

此外,图 6.10 的两个双液电池可以表示为

(a)　　　　　$Zn(s) \mid ZnSO_4(aq) \mid CuSO_4(aq) \mid Cu(s)$

(b)　　　　　$Zn(s) \mid ZnSO_4(aq) \parallel CuSO_4(aq) \mid Cu(s)$

按照以上书写方法,可以把所给的化学反应设计成电池。把发生氧化作用的物质作为负极,放在左边,发生还原作用的物质作为正极,放在右边。电极设计好后还应该写出它的电极反应与总电池反应,以验证反应是否相符。

例如:将以下化学反应设计为电池。

(1)$Zn(s) + H_2SO_4(aq) \longrightarrow H_2(p) + ZnSO_4(aq)$

电池表达式:　$Zn(s) \mid ZnSO_4(aq) \parallel H_2SO_4(aq) \mid H_2(p) \mid Pt$

验证：（ - ）　　　　　　　$Zn(s) \longrightarrow Zn^{2+}(a_{Zn^{2+}}) + 2e^-$

　　　（ + ）　　　　　　$2H^+(a_{H^+}) + 2e^- \longrightarrow H_2(p)$

　　净反应　　　　　　$Zn(s) + 2H^+ \longrightarrow Zn^{2+} + H_2(p)$

（2）$Ag^+(a_{Ag^+}) + Cl^-(a_{Cl^-}) \rightarrow AgCl(s)$

电池表达式：$Ag(s) \mid AgCl(s) \mid HCl(aq) \parallel AgNO_3(aq) \mid Ag(s)$

验证：（ - ）　　　　　　$Ag(s) + Cl^-(a_{Cl^-}) \longrightarrow AgCl(s) + e^-$

　　　（ + ）　　　　　　　$Ag^+(a_{Ag^+}) + e^- \longrightarrow Ag(s)$

　　净反应　　　　　　$Ag^+(a_{Ag^+}) + Cl^-(a_{Cl^-}) \longrightarrow AgCl(s)$

可逆电池电动势的测定必须在电流无限接近于零的条件下进行,因为如果有电流通过,那么电池中就会发生化学反应,溶液的浓度就会不断改变,将会无法测得可逆电池电动势。

波根多夫(Poggendorff)对消法是人们经常采用的测量可逆电池电动势的方法,如图 6.11 所示,其原理是在外电路上加一个方向相反而电动势几乎相同的电池,以对抗待测电池的电动势,使电路中无电流通过。

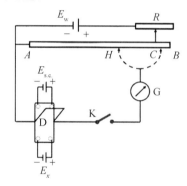

图 6.11　对消法测可逆电池电动势示意图

设:E 为可逆电池的电动势;U 为两电极间的电势差,即伏特计的读数;R_0 为导线上的电阻,即外阻;R_i 为电池的内阻;I 为通过的电流。根据欧姆定律可得

$$E = (R_0 + R_i)I$$

若只考虑外电路时,则

$$U = R_0 I$$

两式中的 I 值相等,所以

$$\frac{U}{E} = \frac{R_0}{R_0 + R_i}$$

当 $R_0 \rightarrow \infty$ 时,R_i 值与之相比可以忽略不计,此时 $U \approx E$。

在图 6.11 中,为了求得 AC 线段的电位差,可以将 D 向上掀,在 E_x 的位置换以标准电池(缩写为 s.c.)。标准电池的电动势是已知的,而且在一定温度下能保持恒定,设为 $E_{s.c.}$,用同样的方法可以找出另一点 H,使检流计中没有电流通过。AH 线段的电位差就等于 $E_{s.c.}$。因为电位差与电阻线的长度成正比,故待测电池的电动势为

$$E_x = E_{\text{s.c.}} \frac{AC}{AH}$$

因为可逆电池是在平衡态或无限接近于平衡态的情况下工作,因此在恒温、恒压条件下,当系统发生变化时,系统吉布斯自由能的减少等于对外所做的最大非膨胀功 $W_{\text{f,max}}$,如果非膨胀功只有电功,则二者关系为

$$(\Delta_{\text{r}} G)_{T,P,R} = W_{\text{f,max}} = -nEF \tag{6.29}$$

式中,n 为电池输出电荷的物质的量,单位为 mol;E 为可逆电池的电动势,单位为 V;F 是法拉第常数。当反应进度 $\xi = 1\text{mol}$ 时,可逆电动势为 E 的电池吉布斯自由能的变化值可表示为

$$(\Delta_{\text{r}} G_{\text{m}})_{T,P,R} = -\frac{nEF}{\xi} = -zEF \tag{6.30}$$

式中,z 为反应进度 1 mol 时,反应式中电子的计量系数,单位为 1;$\Delta_{\text{r}} G_{\text{m}}$ 的单位为 $\text{J} \cdot \text{mol}^{-1}$。式(6.29) 和式(6.30)是联系热力学和电化学的主要桥梁,因此人们可以通过可逆电池电动势的测定等方法求得反应的 $\Delta_{\text{r}} G_{\text{m}}$。

在实验中使用电位差计来测定可逆电池的电动势 E,实验结果的读数总是正值,但是由于 E 与 $\Delta_{\text{r}} G_{\text{m}}$ 之间有一定的关系,而 $\Delta_{\text{r}} G_{\text{m}}$ 值又有正有负,因此我们必须对 E 值给予一定的取号。

如果可逆电池中发生的反应在热力学上是自发进行的,则

$$\Delta_{\text{r}} G_{\text{m}} < 0, \quad E > 0$$

如果发生的反应不是自发进行的,则

$$\Delta_{\text{r}} G_{\text{m}} > 0, \quad E < 0$$

例如:

(1) $Zn(s) \mid Zn^{2+} \mid\mid Cu^{2+} \mid Cu(s)$。

$$Zn(s) + Cu^{2+} \longrightarrow Zn^{2+} + Cu(s)$$

此反应为热力学上的自发反应,其 $\Delta_{\text{r}} G_{\text{m}} < 0, E > 0$。

(2) $Cu(s) \mid Cu^{2+} \mid\mid Zn^{2+} \mid Zn(s)$。

$$Zn^{2+} + Cu(s) \longrightarrow Zn(s) + Cu^{2+}$$

此反应为热力学上的非自发反应,其 $\Delta_{\text{r}} G_{\text{m}} > 0, E < 0$。

(3) $Ag(s) \mid AgCl(s) \mid HCl(a = 1) \mid H_2(p^{\ominus}) \mid Pt$。

$(-)$ $\qquad\qquad\quad Ag(s) + Cl^-(a_{Cl^-}) \longrightarrow AgCl(s) + e^-$

$(+)$ $\qquad\qquad\quad H^+(a_{H^+}) + e^- \longrightarrow \frac{1}{2}H_2(p^{\ominus})$

净反应: $\qquad Ag(s) + HCl(a = 1) \Longrightarrow AgCl(s) + \frac{1}{2}H_2(p^{\ominus})$

此反应为热力学上的非自发反应,其 $\Delta_{\text{r}} G_{\text{m}} > 0, E < 0, E^{\ominus} = -0.222\ 4\ \text{V}$。

6.8　能斯特方程及可逆电池热力学

6.8.1　能斯特方程

1899 年,德国化学家能斯特提出了定量描述某种离子在 A、B 两体系间形成的扩散电位的方程表达式,即能斯特方程。它反映了电池电动势与参加电池反应的各组分的活度之间的关系,是热力学平衡在电化学反应过程中的具体表现,是原电池的一个基本方程。

以下面的单液电池为例:

$$\text{Pt} \mid \text{H}_2(p_1) \mid \text{HCl}(a) \mid \text{Cl}_2(p_2) \mid \text{Pt}$$

此电池的电极反应为

负极,氧化反应　　　　$\text{H}_2(p_1) \longrightarrow 2\text{H}^+(a_{\text{H}^+}) + 2\text{e}^-$

正极,还原反应　　　　$\text{Cl}_2(p_2) + 2\text{e}^- \longrightarrow 2\text{Cl}^-(a_{\text{Cl}^-})$

电池净反应　　　$\text{H}_2(p_1) + \text{Cl}_2(p_2) =\!=\!= 2\text{H}^+(a_{\text{H}^+}) + 2\text{Cl}^-(a_{\text{Cl}^-})$

根据化学反应恒温式,上述反应的 $\Delta_r G_m$ 为

$$\Delta_r G_m = \Delta_r G_m^\ominus + RT\ln \prod_B a_B^{\nu_B} \tag{6.31}$$

将 $\Delta_r G_m = -zEF$、$\Delta_r G_m^\ominus = -zE^\ominus F$ 代入得

$$E = E^- - \frac{RT}{zF}\ln \frac{a_{\text{H}^+}^2 a_{\text{Cl}^-}^2}{a_{\text{H}_2} a_{\text{Cl}_2}} = E^- - \frac{RT}{zF}\ln \prod_B a_B^{\nu_B} \tag{6.32}$$

式中,$E^\ominus$ 为所有参加反应的组分都处于标准态时的电动势;z 为电极反应中电子的计量系数。这就是计算可逆电池电动势的能斯特方程。

当电池反应中各参加反应的物质都处于标准态时

$$\Delta_r G_m^\ominus = -zE^\ominus F \tag{6.33}$$

电池反应达到平衡时,$\Delta_r G_m = 0$,$E = 0$,由于

$$\Delta_r G_m^\ominus = -RT\ln K^\ominus \tag{6.34}$$

因此,电池反应标准平衡常数 $K^\ominus$ 可以通过 $E^\ominus$ 求得

$$E^\ominus = \frac{RT}{zF}\ln K^\ominus \tag{6.35}$$

需要注意的是,$E^\ominus$ 与 $K^\ominus$ 所处的状态不同,$E^\ominus$ 处于标准态,$K^\ominus$ 处于平衡态,只是 $\Delta_r G_m^\ominus$ 将两者从数值上联系在一起。

【例 6.3】　某电池的电池反应可用以下两个方程表示,分别写出其对应的 $\Delta_r G_m$、$K^\ominus$ 和 E 的表达式,并找出两组物理量之间的关系。

$(1)\ \dfrac{1}{2}\text{H}_2(p_1) + \dfrac{1}{2}\text{Cl}_2(p_2) =\!=\!= \text{H}^+(a_{\text{H}^+}) + \text{Cl}(a_{\text{Cl}^-})$

$(2)\ \text{H}_2(p_1) + \text{Cl}_2(p_2) =\!=\!= 2\text{H}^+(a_{\text{H}^+}) + 2\text{Cl}^-(a_{\text{Cl}^-})$

解:

$$E_1 = E_1^\ominus - \frac{RT}{F}\ln\frac{a_+ \cdot a_-}{a_{H_2} \cdot a_{Cl_2}^{1/2}}$$

$$E_2 = E_2^\ominus - \frac{RT}{2F}\ln\frac{a_+^2 \cdot a_-^2}{a_{H_2}\, a_{Cl_2}}$$

电池为同一电池,因此

$$E_1^\ominus = E_2^\ominus$$

所以,

$$E_1 = E_2$$

可以得出电动势的值是电池本身的性质,与电池反应的写法无关。

$$\Delta_r G_m(1) = - E_1 F; \quad \Delta_r G_m(2) = - 2E_2 F$$

因为 $E_1 = E_2$,所以

$$\Delta_r G_m(1) = 2\,\Delta_r G_m(2)$$

又因为

$$E_1^\ominus = \frac{RT}{F}\ln K_1^\ominus \quad E_2^\ominus = \frac{RT}{2F}\ln K_2^\ominus$$

因此

$$K_1^\ominus = \sqrt{K_2^\ominus}$$

6.8.2　可逆电池热力学

通过实验测得的可逆电池的电动势 E 和温度系数 $\left(\dfrac{\partial E}{\partial T}\right)_p$ 的值,就可以求出反应的 $\Delta_r H_m$、$\Delta_r S_m$ 值。热力学基本公式为

$$dG = - SdT + Vdp$$

$$\left(\frac{\partial G}{\partial T}\right)_p = - S$$

$$\left[\frac{\partial(\Delta G)}{\partial T}\right]_p = \Delta S$$

且 $\Delta G = - zEF$,则

$$\left[\frac{\partial(- zEF)}{\partial T}\right]_p = - \Delta_r S_m$$

所以

$$\Delta_r S_m = zF\left(\frac{\partial E}{\partial T}\right)_p \tag{6.36}$$

在恒温条件下,可逆反应的热效应为

$$Q_R = T\,\Delta_r S_m = zFT\left(\frac{\partial E}{\partial T}\right)_p \tag{6.37}$$

由热力学函数已知,恒温条件下 $\Delta G = \Delta H - T\Delta S$,可以得出

$$\Delta_r H_m = \Delta_r G_m + T \Delta_r S_m = - zEF + zFT \left(\frac{\partial E}{\partial T} \right)_p \qquad (6.38)$$

值得注意的是,能斯特方程仅能应用于达到电化学平衡的体系,也即可逆电池。根据电化学中的一些实验测定值,通过化学热力学中的一些基本公式,可以利用此方程较精确地计算 $\Delta_r G_m$、$\Delta_r H_m$、$\Delta_r S_m$ 等热力学函数的变化值以及化学反应的热力学平衡常数值。

【例 6.4】　在 298 K 和 313 K 两个温度下,分别测定丹尼尔电池的电动势,得到 $E_1(298\ \text{K}) = 1.103\ 0\ \text{V}$,$E_2(313\ \text{K}) = 1.096\ 1\ \text{V}$,设丹尼尔电池的反应为

$$\text{Zn(s)} + \text{CuSO}_4(a = 1) \Longrightarrow \text{Cu(s)} + \text{ZnSO}_4(a = 1)$$

并设在上述温度范围外,E 随 T 的变化率保持不变,求丹尼尔电池在 298 K 时反应的 $\Delta_r G_m$、$\Delta_r H_m$、$\Delta_r S_m$ 和可逆热效应 Q_R。

解:

$$\left(\frac{\partial E}{\partial T} \right)_p = \frac{E_2 - E_1}{T_2 - T_1} = \frac{(1.096\ 1 - 1.103\ 0)\ \text{V}}{(313 - 298)\ \text{K}} = - 4.6 \times 10^4\ \text{V} \cdot \text{K}^{-1}$$

$$\Delta_r G_m = - zEF = - 2 \times 1.103\ 0\ \text{V} \times 96\ 500\ \text{C} \cdot \text{mol}^{-1} = - 212.9\ \text{kJ} \cdot \text{mol}^{-1}$$

$$\Delta_r S_m = zF \left(\frac{\partial E}{\partial T} \right)_p = 2 \times 96\ 500\ \text{C} \cdot \text{mol}^{-1} \times (- 4.6 \times 10^{-4}\ \text{V} \cdot \text{K}^{-1})$$
$$= - 88.78\ \text{J} \cdot \text{K}^{-1} \cdot \text{mol}^{-1}$$

$$\Delta_r H_m = \Delta_r G_m + T \Delta_r S_m = - 212.9\ \text{kJ} \cdot \text{mol}^{-1} + 298\ \text{K} \times (- 88.78 \times 10^{-3})\ \text{kJ} \cdot \text{K}^{-1} \cdot \text{mol}^{-1}$$
$$= - 239.4\ \text{kJ} \cdot \text{mol}^{-1}$$

$$Q_R = T \Delta_r S_m = 298\ \text{K} \times (- 88.78\ \text{J} \cdot \text{K}^{-1} \cdot \text{mol}^{-1}) = - 26.46\ \text{kJ} \cdot \text{mol}^{-1}$$

6.9　电极电势和电池电动势

6.9.1　标准电极

原电池是由两个相对独立的电极组成的,每个电极都具有一定的电极电势,虽然单个电极电势目前仍无法直接测定,但可以测得两个电极所组成的电池的总电动势,当电池处于平衡态时,两个电极的电势之差就等于该可逆电池的电动势。为了方便计算研究,人们决定选择一个标准电极作为参照物进行比较,即将某一电极与标准电极构成一个原电池,此时测得的电池电动势即为该给定电极的电极电势。

电化学中最常用的参比电极是标准氢电极。按照国际纯粹与应用化学联合会(IUPAC)的规定,将标准氢电极作为负极,待测电极作为正极,将二者组成电池,所测得的电池电动势为给定电极的电极电势。标准氢电极的构成是将利用电镀法镀上一层黑色铂黑的铂片插入含有氢离子的溶液中,并不断用氢气冲打到铂片上,如图 6.12 所示。

当氢气在气相中的分压为 $p^{\ominus}$,且满足以下条件,即氢离子的活度 $a_{m,\text{H}^+} = 1$、氢离子的活度因子 $\gamma_{m,\text{H}^+} = 1$ 以及氢离子的质量摩尔浓度 $m_{\text{H}^+} = 1$,将这样的氢电极称为标准氢电极,规定其电极电势为零,即 $\varphi^{\ominus}(\text{H}^+ | \text{H}_2) = 0$。标准氢电极可表示为

$$\text{Pt} | \text{H}_2(p^{\ominus}) | \text{H}^+ (a_{\text{H}^+ = 1})$$

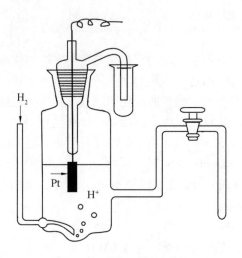

图 6.12　氢电极构造简图

电极上进行的反应为

$$\frac{1}{2}H_2(p^\ominus) \longrightarrow H^+(a_{H^+}=1) + e^-$$

对于任意给定的电极,使其与标准氢电极组合为原电池

标准氢电极 ‖ 给定电极

或

$$Pt \mid H_2(p^\ominus) \mid H^+(a_{H^+=1}) \parallel 给定电极$$

当以标准氢电极作为标准电极时,此原电池的电动势即为该给定电极的氢标电极电势,用 φ 来表示。IUPAC 中规定,把标准氢电极放在电池表达式的左边,作为阳极,发生氧化反应,然后把给定电极放在表达式的右边,作为阴极,发生还原反应。二者共同组成一个原电池,且所测的电动势即为给定电极的电极电势,称为氢标还原电极电势,即 $\varphi_{Ox \mid Red}$。若给定电极实际上进行的是还原反应,则组成的电池是自发进行的,氢标还原电极电势为正值;如果给定电极实际上发生的是氧化反应,那么二者组成的电池就是非自发进行的,氢标还原电极电势为负值。下面以铜电极作为给定电极,与氢标准电极组成原电池为例讨论电极电势,电池如下:

$$Pt \mid H_2(p^\ominus) \mid H^+(a_{H^+}=1) \parallel Cu^{2+}(a_{Cu^{2+}}) \mid Cu(s)$$

电池中发生的电极反应为

阳极,氧化(-)　　　　$H_2(p^\ominus) \longrightarrow 2H^+(a_{H^+}=1) + 2e^-$

阴极,还原(+)　　　　$Cu^{2+}(a_{Cu^{2+}}) + 2e^- \longrightarrow Cu(s)$

电池净反应　$H_2(p^\ominus) + Cu^{2+}(a_{Cu^{2+}}) \longrightarrow Cu(s) + 2H^+(a_{H^+}=1)$

电池的电动势 E 为

$$E = \varphi_R - \varphi_L = \varphi_{Cu^{2+} \mid Cu} - \varphi^{H^+ \mid H_2} = \varphi_{Cu^{2+} \mid Cu}$$

因此,该电池的电动势即为铜电极的氢标还原电极电势。

根据此方法,可以计算出其他电极的标准还原电极电势值,将其按数值大小进行排列,可以总结为标准电极电势表(见附录 8)。电极电势的大小反映了电极上可能发生反

应的次序。当电极电势越小时,越容易失去电子,越容易发生氧化反应,是较强的还原剂;反之,当电极电势越大时,越容易得到电子,越容易发生还原反应,是较强的氧化剂。此外,也反映了某一电极相对于另一电极的氧化还原能力大小的次序,即电动次序,简称为电动序。利用标准电动序,在原电池中,可以判断哪个电极做正极,哪个电极做负极,规律为电势小者发生氧化反应,为负极;在电解池中,可以判断电极上发生反应的次序,规律为阳极上电势小者先发生氧化反应,阴极上电势大者先发生还原反应。

例如:当给定电极为 K、Ca、Al、Zn、Pb 等金属时,$\varphi_{Ox|Red}^{\ominus} < 0$,电池为非自发电池;当两端均为氢电极时,$\varphi_{Ox|Red}^{\ominus} = 0$;当给定电极为 Cu、Hg、Ag、Au 等金属时,$\varphi_{Ox|Red}^{\ominus} > 0$,为自发电池。

对于任意一个作为正极的给定电极,其电极反应为

$$a_{Ox} + ze^- \longrightarrow a_{Red}$$

电极电势的计算通式为

$$\varphi_{Ox|Red} = \varphi_{Ox|Red}^{\ominus} - \frac{RT}{zF}\ln\frac{a_{Red}}{a_{Ox}} \tag{6.39}$$

$$= \varphi_{Ox|Red}^{\ominus} - \frac{RT}{zF}\ln\prod_B a_B^{\nu_B} \tag{6.40}$$

式(6.40)又被称为计算电极还原电极电势的能斯特方程。

以 $Cl^-(a_{Cl^-}) \mid AgCl(s) \mid Ag(s)$ 电池为例,其电极的还原反应为

$$AgCl(s) + e^- \longrightarrow Ag(s) + Cl^-(a_{Cl^-})$$

电极电势的计算式为

$$\varphi_{Cl^-|AgCl|Ag} = \varphi_{Cl^-|AgCl|Ag}^{\ominus} - \frac{RT}{zF}\ln\frac{a_{Ag}a_{Cl^-}}{a_{AgCl}}$$

$$= \varphi_{Cl^-|AgCl|Ag}^{\ominus} - \frac{RT}{F}\ln a_{Cl^-}$$

以氢电极作为标准电极测定电极电势虽然准确率较高,但由于其使用时的条件比较苛刻,且使用并不方便,因此在实验测定时,往往选用二级标准电极。例如甘汞电极,它是二级电池中最常用的一种,将甘汞电极与标准氢电极构成原电池来测量其电极电势,电池书写为

$$Pt \mid H_2(p^{\ominus}) \mid H^+(a=1) \mid\mid Cl^-(a_{Cl^-}) \mid Hg_2Cl_2(s) \mid Hg(l)$$

甘汞电极的电极电势与原电池电动势相等,即

$$E = \varphi(Cl^- \mid Hg_2Cl_2(s) \mid Hg)$$

甘汞电极的构造示意图如图 6.13 所示。

甘汞电极的电极电势与 Cl^- 的活度有关,常用 KCl 溶液的质量摩尔浓度与甘汞电极电势的关系见表 6.5。

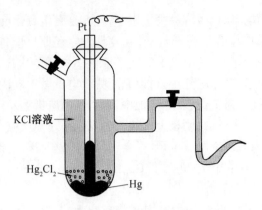

图 6.13 甘汞电极的构造示意图

表 6.5 常用 KCl 溶液的质量摩尔浓度与甘汞电极电势的关系

$m(KCl)$ /$(mol \cdot kg^{-1})$	电极上的还原反应	298 K 时 $\varphi_{(Cl^-|Hg_2Cl_2(s)|Hg)}$/V
0.1		0.333 7
1.0	$Hg_2Cl_2(s) + 2e^- \longrightarrow 2Hg(l) + 2Cl^-(a_{Cl^-})$	0.280 1
饱和		0.241 2

6.9.2 电池电动势的计算方法

利用标准电极电势与能斯特方程是计算电池电动势的两个方法。

1.利用标准电极电势计算电池电动势

以下面三种电池为例：

$(1)\mathrm{Pt}(s) \mid H_2(p^{\ominus}) \mid H^+ (a_{H^+} = 1) \mid\mid Cu^{2+}(a_{Cu^{2+}}) \mid Cu(s)$

$(2)\mathrm{Pt}(s) \mid H_2(p^{\ominus}) \mid H^+ (a_{H^+} = 1) \mid\mid Zn^{2+}(a_{Zn^{2+}}) \mid Zn(s)$

$(3)\mathrm{Zn}(s) \mid Zn^{2+}(a_{Zn^{2+}}) \mid\mid Cu^{2+}(a_{Cu^{2+}}) \mid Cu(s)$

电池反应分别为：

$(1)H_2(p^{\ominus}) + Cu^{2+}(a_{Cu^{2+}}) =\!=\!= Cu(s) + 2H^+ (a_{H^+} = 1)$

$(2)H_2(p^{\ominus}) + Zn^{2+}(a_{Zn^{2+}}) =\!=\!= Zn(s) + 2H^+ (a_{H^+} = 1)$

$(3)Zn(s) + Cu^{2+}(a_{Cu^{2+}}) =\!=\!= Cu(s) + Zn^{2+}(a_{Zn^{2+}})$

由于反应$(3) = (1) - (2)$,则

$$\Delta_r G_m(3) = \Delta_r G_m(1) - \Delta_r G_m(2)$$

又因为

$$\Delta_r G_m(1) = -2E_1F \quad E_1 = \varphi_{Cu^{2+}|Cu(s)}$$

$$\Delta_r G_m(2) = -2E_2F \quad E_2 = \varphi_{Zn^{2+}|Zn(s)}$$

所以

$$E_3 = E_1 - E_2 = \varphi_{Cu^{2+}|Cu(s)} - \varphi_{Zn^{2+}|Zn(s)}$$

由此可推导出,对于任一电池,其电动势均为两个电极电势之差,即电池电动势计算通式为

$$E = \varphi_{Ox|Red}(R) - \varphi_{Ox|Red}(L) \tag{6.41}$$

例如:对于电池(3)

$$Zn(s) \mid Zn^{2+}(a_{Zn^{2+}}) \mid\mid Cu^{2+}(a_{Cu^{2+}}) \mid Cu(s)$$

其电极反应为

$$(-) \qquad\qquad Zn(s) \longrightarrow Zn^{2+}(a_{Zn^{2+}}) + 2e^-$$

$$(+) \qquad\qquad Cu^{2+}(a_{Cu^{2+}}) + 2e^- \longrightarrow Cu(s)$$

净反应 $\qquad Zn(s) + Cu^{2+}(a_{Cu^{2+}}) === Cu(s) + Zn^{2+}(a_{Zn^{2+}})$

则电动势为

$$
\begin{aligned}
E &= \varphi_{Ox|Red(+)} - \varphi_{Ox|Red(-)} \\
&= \left[\varphi^{\ominus}_{Cu^{2+}|Cu} - \frac{RT}{2F}\ln\frac{a_{Cu}}{a_{Cu^{2+}}} \right] - \left[\varphi^{\ominus}_{Zn^{2+}|Zn} - \frac{RT}{2F}\ln\frac{a_{Zn}}{a_{Zn^{2+}}} \right] \\
&= \left[\varphi^{\ominus}_{Cu^{2+}|Cu} - \frac{RT}{2F}\ln\frac{1}{a_{Cu^{2+}}} \right] - \left[\varphi^{\ominus}_{Zn^{2+}|Zn} - \frac{RT}{2F}\ln\frac{1}{a_{Zn^{2+}}} \right]
\end{aligned} \tag{6.42}
$$

式中,φ 的下角标表示还原电势。

2. 从电池的总反应式直接用能斯特方程计算电池电动势

仍以电池(3)为例:

$$Zn(s) \mid Zn^{2+}(a_{Zn^{2+}}) \mid\mid Cu^{2+}(a_{Cu^{2+}}) \mid Cu(s)$$

其电极反应为

$$(-) \qquad\qquad Zn(s) \longrightarrow Zn^{2+}(a_{Zn^{2+}}) + 2e^-$$

$$(+) \qquad\qquad Cu^{2+}(a_{Cu^{2+}}) + 2e^- \longrightarrow Cu(s)$$

净反应 $\qquad Zn(s) + Cu^{2+}(a_{Cu^{2+}}) === Cu(s) + Zn^{2+}(a_{Zn^{2+}})$

利用第二种方法计算的电动势为

$$
\begin{aligned}
E &= E^{\ominus} - \frac{RT}{zF}\ln\prod_B a_B^{\nu_B} \\
&= E^{\ominus} - \frac{RT}{2F}\ln\frac{a_{Zn^{2+}}}{a_{Cu^{2+}}} \\
&= \varphi^{\ominus}_{Cu^{2+}|Cu} - \varphi^{\ominus}_{Zn^{2+}|Zn}
\end{aligned} \tag{6.43}
$$

由结果发现,两种计算电池电动势的方法所得的电动势结果实际上是等同的。总之,在用电极电势计算电池电动势时的注意事项为:

(1)电极反应和电池反应都必须物量和电荷量平衡。

(2)电极电动势都必须用还原电极电势,电动势等于正极的还原电极电势减去负极的还原电极电势。

(3)要注明反应温度,不注明时则默认为 298 K,要注明电极的物态,气体要注明压力,溶液要注明浓度。

6.10 电解与极化作用

6.10.1 分解电压

电解池是将电能转化为化学能的装置,当在电池上施加一个比电池电动势 E 大的外加电压时,电池中的化学反应发生了逆转,这就是电解。当外部电流通过电解质溶液时,阴离子向阳极迁移,阳离子向阴极迁移,并分别在电极上发生氧化还原反应。

电解质在发生电解时,两电极上产生的电解产物会形成原电池,产生与外加电压方向相反的反电动势 E_b,外加电压必须要克服这种电动势,这种使某电解质溶液能连续不断发生电解所必须外加的最小电压称为理论分解电压,在数值上等于该电解池作为可逆电池时的可逆电动势。

实验表明,对任一电解槽进行电解时,随着外加电压的改变,通过该电解槽的电流也随之改变,以 Pt 电极电解 HCl 溶液为例进行分解电压的测定,该实验装置如图 6.14 所示。

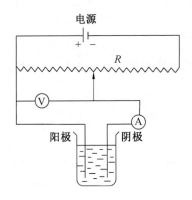

图 6.14　分解电压的测定

图中,阴阳两极均为 Pt 电极。将电解池与可变电阻并联,即可测量出外加电压与相对应的电流。

在两电极上进行的反应为:

阴极:　　　　　　　　$2H^+(a_{H^+}) + 2e^- \longrightarrow H_2(g,p)$

阳极:　　　　　　　　$2Cl^-(a_{Cl^-}) \longrightarrow Cl_2(g,p) + 2e^-$

逐渐增加外加电压,同时测定线路中的电流 I 和电压 E,然后绘制 $I-E$ 曲线,如图6.15所示。

当外加电压很小时,几乎无电流通过,阴、阳极上无 H_2 和 Cl_2 放出。随着 E 的增大,电极表面产生少量 H_2 和 Cl_2,但由于其压力低于大气压,气体无法逸出,转而扩散进溶液中,产生的 H_2 和 Cl_2 构成了原电池,外加电压必须克服这个反电动势,并且随着电压的增大,I 有少许增加,如图 6.15 中 1—2 段。继续增大外加电压,直至 H_2 和 Cl_2 的气压等于外界大气压,在电极上呈气泡逸出。此时反电动势 E_b 达到极大值 $E_{b,max}$,如果再继续增加电压,

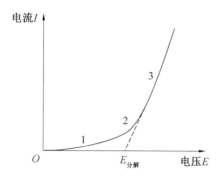

图 6.15　测定分解电压时的 $I - E$ 曲线

会使 I 迅速增加,如图 6.15 中 2—3 段。将直线向下外延至 $I = 0$ 处所得的 $E_{分解}$ 值就是分解电压。

但是实际上,电解过程经常是在不可逆的情况下进行的,因此要想使电解池能够顺利地进行连续反应,除了克服作为原电池时的可逆电动势外,还要克服由于极化在阴、阳两极上产生的超电势 $\eta_{阴}$ 和 $\eta_{阳}$,以及克服电池电阻所产生的电位降 IR,这三者的加和称为实际分解电压,可表示为

$$E_{分解} = E_{可逆} + \Delta E_{不可逆} + IR \tag{6.44}$$

$$\Delta E_{不可逆} = \eta_{阴} + \eta_{阳} \tag{6.45}$$

式中,$E_{可逆}$ 是指理论分解电压;$\Delta E_{不可逆}$ 则是由于电极上发生不可逆的极化现象。并且,随着电流的增加,分解电压的数值也会随之增加。

6.10.2　极化作用

当电极上无电流通过时,电极处于平衡态,这时的电极电势分别称为阳极可逆(平衡)电势($\varphi_{可逆}(阳)$)和阴极可逆(平衡)电势($\varphi_{可逆}(阴)$)。当有电流通过电极时,电极反应的不可逆程度加大,随着电极上电流密度的增加,电极实际分解电势值对平衡值的偏离也越来越大,这种对可逆平衡电势的偏离称为电极的极化。通常,将电极反应偏离平衡时的电极电位与这个电极反应的平衡电极电位之间的差值称为过电位,也称超电势。过电位通常随着电流密度的升高而升高,且阴极的电极电位总是比平衡电位更负,而阳极的电极电位总是比平衡电位更正。在电解池中,极化现象的存在意味着需要施加更多的能量来使反应发生,而在原电池中,意味着回收的能量会有所减少,无论哪种情况,最后都会有部分能量以热量的形式发生损失。

电极发生极化的原因是当有电流通过时,阴极上电子流入电极的速度大而造成负电荷的积累,阳极上电子流出的速度大而造成正电荷的积累。因此,阴极电位向负移动,阳极电位向正移动,都偏离了原来的平衡态,产生所谓的电极极化现象。根据极化产生的不同原因,通常可以简单地把极化分为两类,即浓差极化与电化学极化,并将与之相对应的超电势分别称为浓差超电势和电化学超电势。

在电解过程中,电极附近某离子质量摩尔浓度由于电极反应而发生变化,本体溶液中离子扩散的速度无法弥补离子浓度变化,就导致电极附近溶液的质量摩尔浓度与本体溶

液间有一个浓度梯度,这种浓度差别引起的电极电势的改变称为浓差极化。

例如:在电解一定质量摩尔浓度的硝酸银溶液时:

阴极反应为

$$Ag^+(m_{Ag^+}) + e^- \longrightarrow Ag(s)$$

当发生电解时

$$\varphi_{可逆} = \varphi_{Ag^+|Ag}^\ominus - \frac{RT}{F}\ln\frac{1}{a_{Ag^+}} \tag{6.46}$$

$$\varphi_{不可逆} = \varphi_{Ag^+|Ag}^\ominus - \frac{RT}{F}\ln\frac{1}{a_{e,Ag^+}} \tag{6.47}$$

这两个电极电势之差即为阴极浓差超电势 $\eta_{阴}$

$$\eta_{阴} = (\varphi_{可逆} - \varphi_{不可逆})_{阴} = \frac{RT}{F}\ln\frac{a_{Ag^+}}{a_{e,Ag^+}} \tag{6.48}$$

又因为 $\qquad\qquad a_{e,Ag^+} < a_{Ag^+}$

所以 $\qquad\qquad \varphi_{可逆} > \varphi_{不可逆}$

同理,阳极上有类似情况,但 $\varphi_{可逆} < \varphi_{不可逆}$。

浓差极化的大小取决于浓差的大小,而浓差的大小又与搅拌情况、电流密度和温度有关,因此用搅拌和升温的方法可以减少浓差极化,但有时人们也利用这种极化,例如可以利用滴汞电极上所形成的浓差极化进行极谱分析。

电极反应总是分若干步进行,若其中一步反应速率较慢,则需要较高的活化能。为了使电极反应顺利进行所额外施加的电压称为电化学超电势(亦称活化超电势),这种现象称为电化学极化。

在一定电流密度下,实际发生电解的电极电势 $\varphi_{不可逆}$ 与可逆电极电势 $\varphi_{可逆}$ 之间的差值称为超电势。阳极上的超电势使电极电势变大,阴极上的超电势使电极电势变小。为了使超电势都是正值,把阴极超电势 $\eta_{阴}$ 和阳极超电势 $\eta_{阳}$ 分别定义为

$$\eta_{阴} = (\varphi_{可逆} - \varphi_{不可逆})_{阴} \tag{6.49}$$

$$\eta_{阳} = (\varphi_{不可逆} - \varphi_{可逆})_{阳} \tag{6.50}$$

影响超电势的因素有很多,如电极材料、电流密度、温度、电解液的浓度和性质等,因此超电势的测定通常不能得到完全一致的结果,一般来说析出金属的超电势较小,而析出气体,如氢、氧的超电势均较大。氢在几种电极上的超电势如图 6.16 所示。

1905 年,塔费尔曾提出一个经验式,表示氢超电势与电流密度的定量关系,称为塔费尔公式:

$$\eta = a + b\lg(j/[j]) \tag{6.51}$$

式中,j 是电流密度,$[j]$ 是 j 的单位,表示对数项中为纯数;a、b 是经验常数,a 是指电流密度为单位电流密度时的超电势值,它与电极材料、溶液组成等因素均有关;b 是塔费尔斜率,它的数值对于大多数金属来说相差不多。因此,氢超电势的大小基本取决于 a 的数值,a 越大,氢超电势越大,其不可逆程度也就越大。

塔费尔曲线是指符合塔费尔关系的曲线,一般指极化曲线中强极化区的一段,如图 6.17 所示,该曲线在一定区域内呈现线性关系。对于较简单的电子传递过程可以应用塔

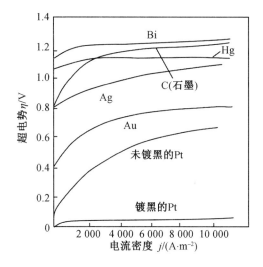

图 6.16　氢在几种电极上的超电势

费尔曲线来分析,利用其线性部分计算出电化学过程中传递的电子数量,并通过将线性部分延长至与 η 轴相交的方式得到电流密度 j。

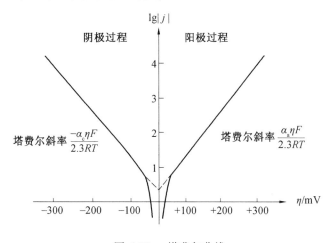

图 6.17　塔费尔曲线

当电解金属盐类的水溶液时,溶液中的金属离子和 H^+ 都会趋向于阴极,那么二者就会在电极上发生竞争反应。此时,在阴极上还原电势越正的离子,其氧化态就越先还原而析出;在阳极上还原电势越负的离子,其还原态越先氧化而析出(氧化还原标准电位见附录 9)。同时,因为有超电势的存在,某些本来在 H^+ 之后发生的还原反应会在阴极上先于 H^+ 发生,这有利于在电解过程中抑制氢气的析出。

一般情况下,过电位值是随通过电极的电流密度变化而变化的,电流密度越大,过电位绝对值越大。但是,一个过电位值只能表示出某一特定电流密度下电极极化的程度,而无法反映出整个电流密度范围内电极极化的规律。为了直观地表达出一个电极过程的极化性能,通常需要通过实验测定超电势或电极电势与电流密度之间的关系曲线,即为极化曲线,极化曲线的形状和变化规律反映了电化学过程的动力学特征。

在电解池中两电极的极化曲线如图 6.18 所示,可以看出,随着电流密度的增大,两电极上的超电势也增大,阳极析出电势变大,阴极析出电势变小,则外加的电压也增加,额外消耗的电能也就越多。

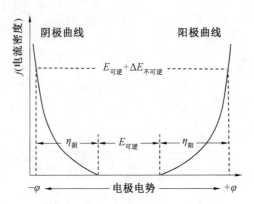

图 6.18　在电解池中两电极的极化曲线

在原电池中测定的极化曲线如图 6.19 所示,负极的极化曲线即阳极极化曲线,正极的极化曲线即阴极极化曲线。随着电流密度的增加,阳极析出电势变大,阴极析出电势变小,由于极化作用,原电池的电动势逐渐减小,使它的做功能力也逐渐下降,在实际应用中,可以利用这种极化来降低金属的电化学腐蚀速度。

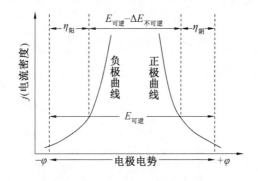

图 6.19　在原电池中测定的极化曲线

6.10.3　金属的腐蚀与防护

金属的腐蚀是指材料在周围环境的化学和电化学作用下的损坏,金属腐蚀分为化学腐蚀和电化学腐蚀两类。大多数金属的腐蚀都是一个电化学过程,当金属被放置在水溶液中或潮湿的大气中,金属表面会形成原电池。阳极上发生氧化反应,使阳极发生溶解,阴极上发生还原反应,一般只起传递电子的作用。

原电池的形成原因主要是金属表面吸附了空气中的水分,形成一层水膜,使空气中的二氧化碳、二氧化硫、二氧化氮等溶解在这层水膜中,形成电解质溶液,而浸泡在这层溶液中的金属又总是不纯的,比较活泼的金属就会失去电子而被氧化,造成金属的腐蚀。例如:钢铁的主要成分为铁和碳,在潮湿的空气中,钢铁表面附有一层含有 H^+、OH^- 与溶解氧的水膜,在钢铁表面形成了一层电解质溶液,并与铁和碳形成无数微小的原电池,其中,铁是阳极,碳是阴极。钢铁的电化学腐蚀分为析氢腐蚀与吸氧腐蚀,反应原理如下。

（1）当水膜呈酸性时,发生析氢腐蚀,如图 6.20（a）所示。

阳极：
$$Fe(s) - 2e^- \longrightarrow Fe^{2+}$$

阴极：
$$2H^+ + 2e^- \longrightarrow H_2(g)$$

总反应：
$$Fe(s) + 2H^+ \longrightarrow Fe^{2+} + H_2(g)$$

（2）当水膜呈中性或酸性很弱时,发生吸氧腐蚀,如图 6.20（b）所示。

阳极：
$$2Fe(s) - 4e^- \longrightarrow 2Fe^{2+}$$

阴极：
$$O_2(g) + 2H_2O + 4e^- \longrightarrow 4OH^-$$

总反应：
$$2Fe(s) + 2H_2O + O_2(g) \longrightarrow 2Fe(OH)_2$$

生成的 $Fe(OH)_2$ 与空气中的氧气和水发生反应,生成铁锈(铁的各种氧化物和氢氧化物的混合物)。

$$4Fe(OH)_2 + 2H_2O + O_2(g) \Longrightarrow 4Fe(OH)_3$$

$$2Fe(OH)_3 \Longrightarrow Fe_2O_3 \cdot xH_2O + (3-x)H_2O$$

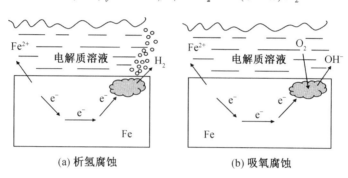

图 6.20　钢铁的析氢腐蚀与吸氧腐蚀

通常两种腐蚀同时存在,但以吸氧腐蚀更为普遍。在金属表面形成浓差电池也能构成电化学腐蚀,例如:同一根铁管,其裂缝处或螺纹联结处氧浓度较低,铁管附近含氧量不同,因此构成了浓差电池。其中,含氧量较高的区域为阴极,发生还原反应;含氧量较低的区域为阴极,发生氧化反应,在电极上进行的反应为

阳极：
$$Fe(s) \longrightarrow Fe^{2+} + 2e^-$$

阴极：
$$\frac{1}{2}O_2(g) + H_2O + 2e^- \longrightarrow 2OH^-$$

对人类生活和工业发展来说,金属腐蚀的危害是惊人的。据统计,工业发达国家每年由于金属腐蚀的直接经济损失占其国民经济总产值的 2% ~ 4%,远远超过水灾、火灾、风灾和地震(平均值)损失的总和。除了造成巨大的经济损失外,金属腐蚀还会引发重大的安全事故,危害社会公共安全,例如:应力腐蚀断裂导致飞机坠毁、石油行业设备腐蚀导致发生爆炸、桥梁倒塌等。此外,金属容器的锈蚀还会导致工业气(液)体的泄漏,致使严重的环境污染,主要呈现在水污染与土壤污染方面。

覆盖层保护是一种可以大量节约贵重金属和合金的防腐方法,是通过将一些耐腐蚀

的非金属物质,如油漆、陶瓷、玻璃、高分子材料(如塑料、橡胶、聚酯等)等覆盖在金属表面,使金属与腐蚀介质隔开。在防腐措施中,还有很大一部分是电化学的应用,如电镀、缓蚀剂和电化学保护等。

电镀法是利用电解原理用耐腐蚀性较强的金属或合金覆盖在被保护的金属表面,通常将镀层金属作为阳极,被保护的金属作为阴极,并将两个电极浸入含有镀层金属离子的电解液内,通入电流,阳极金属失去电子逐渐溶解,同时,电解液中的镀层金属离子得到电子而在阴极析出,并覆盖在待镀金属表面,形成保护层。例如:在镀锌工艺中通过在铁上镀锌可以得到锌铁合金,可以防止铁皮生锈,如图 6.21 所示,反应原理为

阳极: $$Zn(s) - 2e^- \longrightarrow Zn^{2+}$$

阴极: $$Zn^{2+} + 2e^- \longrightarrow Zn(s)$$

将锌镀在铁的表面,可以起到保护层的作用,此时如果镀层遭到破坏,就会形成锌铁原电池,但是此时锌作负极,铁作正极,锌被氧化逐渐溶解,铁仍受到保护,此时这种保护法称为牺牲阳极的阴极保护法。

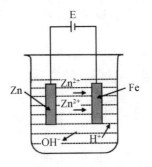

图 6.21　镀锌工艺

缓蚀剂保护是通过添加少量能阻止或减缓金属腐蚀的物质从而保护金属的方法。缓蚀剂的用量少、收效快,且使用方便,被看作最常用的方法。缓蚀剂的种类很多,包括无机盐类(如硅酸盐、正磷酸盐等)、有机腐蚀剂(如胺类、吡啶类等)以及聚合物类腐蚀剂(如聚乙烯类、聚天冬氨酸等)。缓蚀剂可以通过抑制阳极和阴极中的反应或者通过在金属表面形成保护膜来防止腐蚀。阳极型缓蚀剂是在金属表面阳极区与金属离子作用,生成氧化膜,抑制金属向水中溶解,阳极发生钝化,避免阳极腐蚀;阴极型缓蚀剂能与阴极区进行反应,其反应产物在阴极沉积成膜,阻碍了阴极的反应;此外,某些混合型缓蚀剂,既能在阳极成膜,也能在阴极成膜,阻止了水与水中的溶解氧向金属表面的扩散,避免金属腐蚀。

电化学保护法是依靠施加外加电流或构成原电池反应的电化学原理来降低金属腐蚀速度的一项技术,主要包括外加电源的阴极保护法、阳极氧化法和牺牲阳极的阴极保护法。

外加电源的阴极保护法是将被保护的金属与外加电源的负极相连,正极连接在另一附加电极上,使其成为阳极并受到腐蚀,地下水管或输油管等常用此方法进行防腐。利用外加电源的阴极保护法进行海上船舶钢阀门防腐的示意图如图 6.22 所示。

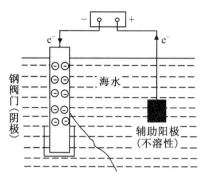

图 6.22　海上船舶钢阀门防腐的示意图

　　其原理是通过外部电源来改变周围环境的电位,使被保护的金属电位处于较低状态,成为整个环境中的阴极,从而起到保护作用。

　　阳极氧化是电解钝化处理的一种,通过将被保护的金属接到外加电源的正极上,使被保护的金属进行阳极极化,其电极电势逐渐升高至某一范围内,使金属"钝化"而得到保护。通过施加外加电源进行阳极极化从而减少阳极溶解速度的现象称为金属钝化,例如:浓硫酸贮罐设备会选择这种方法来进行金属防腐,其原理为将 Fe 置于 H_2SO_4 溶液中,使其作为阳极,用外加电流使阳极极化,其电流密度随电势变化的极化曲线如图 6.23 所示。

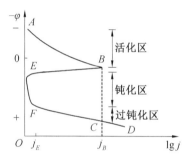

图 6.23　钢在硫酸中的阳极极化曲线

　　由图可知,当铁的电势增加时,极化曲线如 AB 段所示,此时铁处于活化区,阳极反应为 $Fe(s) - 2e^- \longrightarrow Fe^{2+}$。随着电势逐渐增加至 B 点时,电流密度随着电势的增加而迅速降低,这一现象就是钝化现象。此时,金属阳极表面由活化状态变为钝化状态,产生钝化现象的根本原因是金属表面生成了一层阻碍电极反应的钝化膜。EF 区间内金属处于稳定的钝化状态,随着电势继续增加,电流又开始增加,进入过钝化区,电极上发生了新的电极反应,金属溶解速度重新增大。由此可见,用外加电源使被保护的金属作为阳极,使阳极极化,并维持电势在 EF 的钝化区就可以防止金属腐蚀。

　　牺牲阳极的阴极保护法是将电极电势较低的金属和被保护的金属连接在一起,构成原电池,电极电势较低的金属发生氧化而溶解,这种通过消耗金属自身来提供保护的方法称为牺牲阳极的阴极保护法,如镀锌管和热水器中的镁棒。

（1）镀锌管。

热镀锌钢管具有较厚致密的纯锌层覆盖在钢铁表面,锌层表面形成一层薄而致密的氧化锌层,它很难溶于水,避免钢铁基体与腐蚀溶液的接触,对钢铁基体起着一定的保护作用。

（2）热水器中的镁棒。

镁棒又称阳极棒,它和内胆(主要成分是铁)同时与水接触,由于化学原理而形成原电池。由于内胆里的水含有各种杂质并具有一定的腐蚀性,易产生水垢。如果没有阳极镁棒,内胆就会被腐蚀。

6.10.4　电解技术在环境治理中的应用

随着电化学技术的快速发展,电解技术在水处理方面有着广泛的应用,处理方法包括电絮凝法、电化学氧化法、电沉积法、电渗析法与电吸附法等,下面简要介绍几种常见的处理方法。

1.电絮凝

电絮凝又称电混凝,以 Al 或 Fe 为阳极,通入电流后,阳极氧化为 Al^{3+} 或 Fe^{2+} 等离子并在水中水解而发生混凝或絮凝作用,以此来去除水中的污染物,例如:以 Al 作为阳极时电絮凝的基本原理如图 6.24 所示,其基本反应原理如下:

阳极：
$$Al(s) \longrightarrow Al^{3+} + 3e^-$$
$$2H_2O \longrightarrow O_2(g) + 4H^+ + 4e^-$$

阴极：
$$2H_2O + 2e^- \longrightarrow H_2(g) + OH^-$$

在碱性条件下：
$$Al^{3+} + 3OH^- \longrightarrow Al(OH)_3$$

在酸性条件下：
$$Al^{3+} + 3H_2O \longrightarrow Al(OH)_3 + 3H^+$$

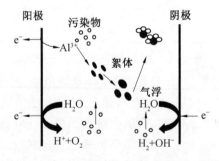

图 6.24　电絮凝基本原理示意图

铝离子经过水解、聚合后,会形成各种羟基络合物,并在溶液中作为絮凝剂,通过压缩双电层、吸附电中和及沉淀网捕等作用将污染物聚集并吸附在其表面。同时,阴极产生的氢气和阳极释放的氧气还会形成微小气泡使污染物上浮并去除,这个过程称为电气浮。

2.电化学氧化法

电化学氧化法分为直接氧化和间接氧化两个过程,直接氧化是指污染物被吸附到电极表面并在电极表面直接发生氧化而去除;间接氧化是利用电流作用下产生的活性中间产物来氧化水体的污染物并进行去除。例如:电极表面可以通过产生羟基自由基·OH 来氧化有机物,具体反应为

阴极:
$$2H^+ + 2e^- \longrightarrow H_2(g)$$
阳极:
$$H_2O \longrightarrow \cdot OH + H^+ + e^-$$

当有机物浓度较高时,可以发生直接电氧化,而在有机物浓度较低时,则与·OH 发生如下反应:

$$有机物 + \cdot OH \longrightarrow 产物$$
$$2 \cdot OH \longrightarrow H_2O + \frac{1}{2}O_2(g)$$

还可以通过电 – 芬顿(Fenton)反应利用电极表面产生的 H_2O_2 来生成·OH,其发生的电极反应如下:

阴极:
$$O_2(g) + 2H^+ + 2e^- \longrightarrow H_2O_2$$
阳极:
$$Fe - 2e^- \longrightarrow Fe^{2+}$$

氧分子在阴极表面还原生成 H_2O_2,生成的 H_2O_2 与还原态金属发生芬顿反应生成·OH,其具体反应为

$$Fe^{2+} + H_2O_2 \longrightarrow Fe^{3+} + \cdot OH + OH^-$$

一些印染废水、垃圾渗滤液等含氯废水也可以通过电化学氧化法进行处理,废水中的氯离子在阳极表面被氧化为氯气,电极反应为

阴极:
$$2H_2O + 2e^- \longrightarrow 2OH^- + H_2(g)$$
阳极:
$$2Cl^- \longrightarrow Cl_2(g) + 2e^-$$

氯气再与水反应生成次氯酸根(OCl⁻),从而起到降解有机物的作用,反应原理如下:
$$Cl_2 + H_2O \longrightarrow HOCl + HCl$$
$$HOCl \longrightarrow H^+ + OCl^-$$

3.电沉积法

在重金属含量较多的废水中,通常会应用到电沉积法,其原理是通入电流后,体系中的重金属离子在阴极处被还原为单质形态,并且沉积在阴极表面,从而达到去除和回收的目的,具体反应原理如下:

阳极:
$$2H_2O \longrightarrow O_2(g) + 4H^+ + 4e^-$$
阴极:
$$M^{n+} + ne^- \longrightarrow M(s)$$

4.光电化学处理法

近年来,一些光电组合的电化学处理方法也在水处理方面有着广泛的应用。光电化学过程是光作用下的电化学过程,光电催化氧化被视为一种组合了光催化氧化过程和电催化氧化过程的更加高效的高级氧化技术,具有一定的发展前景。用于光电催化降解的电极多为以 TiO_2 为主导的氧化物固定膜光电极。如图 6.25 所示为半导体膜表面的光诱导电荷分离机理图,其反应为

TiO$_2$ 光阳极上：

$$TiO_2 + h\upsilon \longrightarrow TiO_2(h^+ + e^-)$$

$$TiO_2(h^+) + OH^-_{surf}(OH^-) \longrightarrow \cdot OH$$

$$或\ TiO_2(h^+) + OH^- \longrightarrow \frac{1}{4}O_2(g) + \frac{1}{2}H_2O$$

暗区 Pt 阴极上：

$$e^- + O_2 \longrightarrow O_2^-$$

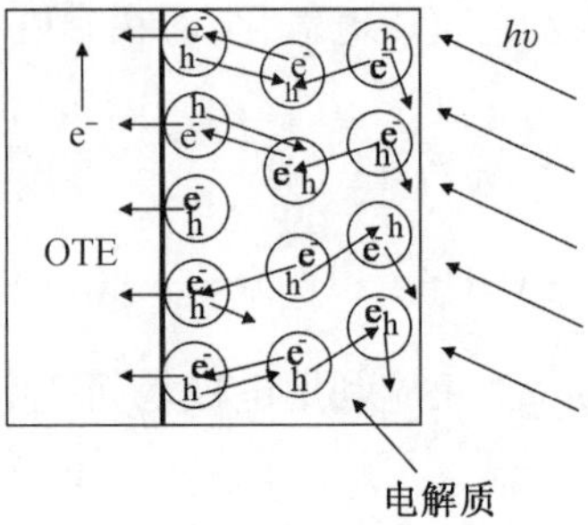

图 6.25   半导体膜表面的光诱导电荷分离机理图

5.电催化还原 CO$_2$

在"双碳"的背景下,二氧化碳捕集利用与封存(CCUS)技术已成为应对全球气候变化的关键技术之一。其中,电催化二氧化碳的还原一直受到研究人员的关注,其原理为将 CO$_2$ 吸附在电极表面,并在催化剂的作用下,将 CO$_2$ 电解还原为 CO、HCOOH、CH$_4$、C$_2$H$_4$等不同的终产物,其反应原理可以概括为

阴极： $xCO_2(g) + nH^+ + ne^- \longrightarrow 产物 + yH_2O$

阳极： $2H_2O \longrightarrow O_2(g) + 4H^+ + 4e^-$

研究表明,不同的金属催化剂催化二氧化碳后生成的终产物不同,例如 Au、Ag、Pd 等会催化产生 CO,Pb、Hg 等金属催化终产物是 HCOOH,其中 Cu 是唯一可以产生多种产物的金属催化剂,其终产物分别为 CO、碳氢化合物、CH$_3$CHO、CH$_3$COOH。

6.电解法

电解技术还可以用于土壤污染的修复,通过在污染的土壤两侧施加直流电压形成电场梯度,土壤中重金属等污染物质就会在电场的作用下被带到电极两端从而清洁土壤,尤其是在土壤渗透性较低时,电解法更具有明显的优势。

6.10.5   电化学工作站

电化学工作站是电化学测量系统的简称,是电化学研究和教学常用的测量设备。电化学工作站在电池检测中有着重要的地位,它将恒电位仪、恒电流仪和电化学阻抗分析仪有机地结合,既能检测电池电压、电流、容量等基本参数,又能检测电池反应机理的交流阻抗参数,从而完成对多种状态下电池参数的跟踪与分析。

电化学体系借助于电极实现电能的输入和输出,电极是电化学反应的场所,电化学体系分为二电极体系和三电极体系,如图 6.26 所示,在电化学测试的过程中通常选择三电极体系。

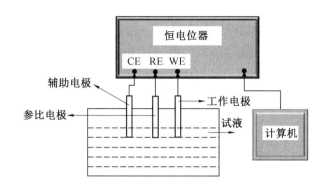

图 6.26 极化曲线实验装置示意图

三电极体系包括工作电极、辅助电极和参比电极。工作电极是指发生电化学反应的电极,在测试过程中可引起试液中待测组分的浓度发生明显变化,常用的"惰性"固体电极为玻璃碳电极和铂电极;在液体电极中,汞和汞齐是最常用的工作电极。辅助电极又称对电极,与工作电极构成回路,只起到导电的作用,通常选择铂和石墨作为辅助电极。为了减少辅助电极极化对工作电极的影响,通常辅助电极的面积要大于工作电极。参比电极是指一个已知电势的接近于理想不极化的电极,参比电极上几乎没有电流通过,用于测定工作电极的电极电势。常见的参比电极有饱和甘汞电极、标准氢电极等。

电化学工作站的基本测试方法包括:稳态测试、伏安法、暂态测试以及交流阻抗法。电化学工作站具有简单易行、灵敏度高以及实用性好等特点,广泛应用于电化学教学与分析、电池材料研究等领域。

本 章 小 结

(1)原电池与电解池的反应本质与法拉第电解定律。

(2)电解质溶液的电导率、摩尔电导率与电解质溶液质量摩尔浓度的关系与离子独立运动定律。

(3)电解质溶液的平均离子活度与平均离子活度因子。

(4)可逆电池的书写方法与电极反应方程式的写法。

(5)通过能斯特方程计算原电池电动势及其与热力学函数之间的关系。

(6)实际分解电压与理论分解电压。

(7)电极的极化作用与超电势。

(8)金属的腐蚀原理与防护措施。

(9)电解技术在工业生产、环境治理等方面的实际应用。

本 章 习 题

1.已知 25 ℃ 水的离子积 $K_w = 1.008 \times 10^{-14}$,NaOH、HCl 和 NaCl 的 $\varLambda_m^\infty$ 分别等于

$0.024\ 811\ S \cdot m^2 \cdot mol^{-1}$、$0.042\ 616\ S \cdot m^2 \cdot mol^{-1}$ 和 $0.012\ 645\ S \cdot m^2 \cdot mol^{-1}$。

（1）求 25 ℃ 时纯水的电导率；

（2）利用该纯水配制 AgBr 饱和水溶液，测得溶液的电导率 k（溶液）$= 1.664 \times 10^{-5}\ S \cdot m^2 \cdot mol^{-1}$。求 AgBr(s) 在纯水中的溶解度。

2.电池 $Pt \mid H_2(101.325\ kPa) \mid HCl(0.1\ mol \cdot kg^{-1}) \mid Hg_2Cl_2(s) \mid Hg$ 电动势 E 与温度 T 的关系为 $E/V = 0.069\ 4 + 1.881 \times 10^{-3}\ T/K - 2.9 \times 10^{-6}(T/K)^2$。

（1）写出电极反应和电池反应；

（2）计算 25 ℃ 时该反应的 $\Delta_r G_m$、$\Delta_r S_m$、$\Delta_r H_m$ 以及电池恒温可逆放电时该反应过程的 $Q_{r,m}$；

（3）若反应在电池外在同样温度下恒压进行，计算系统与环境交换的热。

3.已知 25 ℃ 时 AgBr 的溶度积 $K_{sp}^{\ominus} = 4.88 \times 10^{-13}$，$E^{\ominus}(Ag^+) = 0.799\ 4\ V$，$E^{\ominus}(Br \mid Br_2(1) \mid Pt) = 1.066\ V$。试计算 25 ℃ 时，

（1）银 – 溴化银电极的标准电极电势 $E^{\ominus}(Br \mid AgBr \mid Ag)$；

（2）AgBr(s) 的标准生成吉布斯函数。

4.将下列反应设计成原电池，并应用标准电极电势表的数据计算 25 ℃ 时电池反应的 $\Delta_r G_m$ 及 $K^{\ominus}$。

（1）$2Ag^+ + H_2(g) \longrightarrow 2Ag + 2H^+$；

（2）$Sn^{2+} + Pb^{2+} \longrightarrow Sn^{4+} + Pb$。

5.试设计一个电池，使其中进行下述反应：

$$Fe^{2+}(a_{Fe^{2+}}) + Ag^+(a_{Ag^+}) \Longleftrightarrow Ag(s) + Fe^{3+}(a_{Fe^{3+}})$$

（1）写出电池的反应式；

（2）计算上述电池反应在 298 K、反应进度为 1 mol 时的标准平衡常数 $K_a^{\ominus}$；

（3）若将过量磨细的银粉加到质量摩尔浓度为 $0.05\ mol \cdot kg^{-1}$ 的 $Fe(NO_3)_3$ 溶液中，求当反应达平衡后，Ag^+ 的质量摩尔浓度为多少（设活度因子均等于 1）。

6.试为下述反应设计一电池：

$$Cd(s) + I_2(s) \Longrightarrow Cd^{2+}(a_{Cd^{2+}}) + 2I^-$$

求电池在 298 K 时的标准电动势 $E^{\ominus}$、反应的 $\Delta_r G_m^{\ominus}$ 和标准平衡常数 $K_a^{\ominus}$。如将电池反应写成

$$\frac{1}{2}Cd(s) + \frac{1}{2}I_2(s) \Longrightarrow \frac{1}{2}Cd^{2+}(a_{Cd^{2+}}) + I^-$$

再计算 $E^{\ominus}$、$\Delta_r G_m^{\ominus}$ 和 $K_a^{\ominus}$，比较两者的结果，并说明为什么。

7.已知 298 K 时，反应 $2H_2O(g) \Longrightarrow 2H_2(g) + O_2(g)$ 的平衡常数为 9.7×10^{-81}，这时 $H_2O(1)$ 的饱和蒸气压为 3 200 Pa，试求 298 K 时下述电池的电动势 E。

$$Pt \mid H_2(p^{\ominus}) \mid H_2SO_4(0.01\ mol \cdot kg^{-1}) \mid O_2(p^{\ominus}) \mid Pt$$

（298 K 时的平衡常数是根据高温下的数据间接求出来的。由于氧电极上的电极反应不易达到平衡，不能测出电动势 E 的精确值，所以可通过上法来计算 E 值。）

8.在 298 K 和标准压力下，试写出下列电解池在两电极上所发生的反应，并计算其理

论分解电压：

（1）$Pt(s) \mid NaOH(1.0 \ mol \cdot kg^{-1}, \gamma_{\pm} = 0.68) \mid Pt(s)$；

（2）$Pt(s) \mid HBr(0.05 \ mol \cdot kg^{-1}, \gamma_{\pm} = 0.860) \mid Pt(s)$；

（3）$Ag(s) \mid AgNO_3(0.50 \ mol \cdot kg^{-1}, \gamma_{\pm} = 0.526) \mid\mid AgNO_3(0.01 \ mol \cdot kg^{-1}, \gamma_{\pm} = 0.902) \mid Ag(s)$。

9.在 298 K 时，使下述电解池发生电解反应：

$$Pt(s) \mid CdCl_2(1.0 \ mol \cdot kg^{-1}) \ , \ NiSO_4(1.0 \ mol \cdot kg^{-1}) \mid Pt(s)$$

问：当外加电压逐渐增加时，两电极上首先分别发生什么反应？这时外加电压至少为多少（设活度因子均为 1，超电势可忽略）？

10.在 298 K 和标准大气压下，当电流密度 $j = 0.1 \ A \cdot cm^{-2}$，$H_2(g)$ 和 $O_2(g)$ 在 $Ag(s)$ 电极上的超电势分别为 0.87 V 和 0.98 V。现用 $Ag(s)$ 电极电解质量摩尔浓度为 $0.01 \ mol \cdot kg^{-1}$ 的 NaOH 溶液，问：这时在两个银电极上首先发生什么反应？此时外加电压为多少（已知 $\varphi_{OH \mid Ag_2O \mid Ag}^{\ominus} = 0.344$ V（设活度因子为 1））。

11.在 293 K 和标准压力下，测得所用纯水的电导率 $k(H_2O) = 1.50 \times 10^{-4} \ S \cdot m^{-1}$，$CaF_2(s)$ 饱和水溶液的电导率 $k(CaF_2 \ 溶液) = 3.86 \times 10^{-3} \ S \cdot m^{-1}$，试计算 $CaF_2(s)$ 的溶度积常数 $K_{sp}^{\ominus}$（已知 $\varLambda_m^{\infty}(CaCl_2) = 0.023 \ 34 \ S \cdot m^2 \cdot mol^{-1}$，$\varLambda_m^{\infty}(NaCl) = 0.010 \ 89 \ S \cdot m^2 \cdot mol^{-1}$，$\varLambda_m^{\infty}(NaF) = 0.009 \ 02 \ S \cdot m^2 \cdot mol^{-1}$）。

12.298 K 时，测得 $BaSO_4$ 饱和水溶液的电导率为 $4.58 \times 10^{-4} \ S \cdot m^{-1}$，求 $BaSO_4$ 的溶度积常数 $K_{sp}^{\ominus}$（已知所用溶剂纯水的电导率为 $1.52 \times 10^{-4} \ S \cdot m^{-1}$，离子的无限稀释摩尔电导率 $\varLambda_m^{\infty}\left(\dfrac{1}{2}Ba^{2+}\right) = 6.36 \times 10^{-3} \ S \cdot m^2 \cdot mol^{-1}$，$\varLambda_m^{\infty}\left(\dfrac{1}{2}SO_4^{2-}\right) = 7.98 \times 10^{-3} \ S \cdot m^2 \cdot mol^{-1}$（设所有的活度因子均为 1））。

13.计算 298 K 时下列电池的电动势：

$$Pb(s) \mid PbCl_2 \mid HCl(m = 0.1 \ mol \cdot kg^{-1}) \mid H_2(p_{H_2} = 10 \ kPa) \mid Pt$$

已知 $E_{Pb^{2+} \mid Pb}^{\ominus} = - \ 0.126$ V，$PbCl_2(s)$ 在水中饱和溶液的质量摩尔浓度为 $0.039 \ mol \cdot kg^{-1}$（设所有活度因子均等于 1）。

14.铁在酸性介质中腐蚀反应为 $Fe + 2H^+ + \dfrac{1}{2} O_2 \longrightarrow Fe^{2+} + H_2O$，当 $a_{H^+} = 1$，$a_{Fe^{2+}} = 1$，$p_{O_2} = p^{\ominus} = 100 \ kPa$ 时，反应向哪个方向进行？

15.298 K 时，试计算下列电池的标准电动势 $E^{\ominus}$ 的值：

$$Pt \mid H_2(p^{\ominus}) \mid H^+ (a_{H^+} = 1) \mid\mid OH^- (a_{OH^-} = 1) \mid O_2(p^{\ominus}) \mid Pt$$

已知下列反应的 $\Delta_r G_m^{\ominus}$ 分别为：

（1）$H_2(p^{\ominus}) + \dfrac{1}{2} O_2(p^{\ominus}) = H_2O(l)$ $\Delta_r G_{m,1}^{\ominus} = - \ 237.23 \ kJ \cdot mol^{-1}$

（2）$H_2O(l) = H^+ (a_{H^+} = 1) + OH^- (a_{OH^-} = 1)$ $\Delta_r G_{m,2}^{\ominus} = 79.705 \ kJ \cdot mol^{-1}$

第7章 化学动力学

本章重点、难点：

(1) 化学动力学的基本定理。

(2) 宏观化学反应速率的表示及计算。

(3) 化学反应速率方程的定义及计算。

(4) 基元反应、复杂反应、反应级数、速率常数等化学动力学基本概念。

(5) 简单级数反应的概念及特征。

(6) 从实验数据判断反应级数、建立速率方程并进行相关计算。

(7) 温度对反应速率的影响以及正向调控方法。

(8) 阿伦尼乌斯公式的各种表示形式与不同温度下速率常数的换算。

(9) 活化能的含义、计算方法及其对反应速率的影响。

(10) 三种典型的复合反应的动力学特点、近似方法与简单计算。

(11) 运用稳定态近似、平衡假设的近似方法从复杂反应机理推导出速率方程。

(12) 掌握拟定反应历程的一般方法，根据实验速率方程推测可能的反应机理。

(13) 了解直链反应、酶促反应、光化学和催化反应动力学的基本特征。

本章实际应用：

(1) 通过研究水处理过程中各种因素，如浓度、温度、催化剂、pH 等对反应速率的影响，选择性改变反应条件，使化学反应按照设定目标进行。

(2) 生物体系的反应离不开酶的优良催化性能，有效提高主反应速率，随之影响营养物质的转化、吸收以及生物体的生长和代谢。

(3) 反应器中水处理的反应速率直接决定了特定尺寸的反应器在一定时间内所能达到的产率或产量。通过加入催化剂，降低反应活化能，生成的活性自由基以降解目标污染物，从而达到提高降解处理效率的目的。

(4) 光催化在有机物污染物降解中发挥重要作用。例如二氧化钛光解催化可以降解亚硝基二甲基苯胺(NDMA)和一些氧化剂或消毒剂。此外，可以由化合物吸收光子的速率和量子产率(光子反应的效率)来估计化合物被光解的速率，估算反应器的处理流量等。

知识框架图

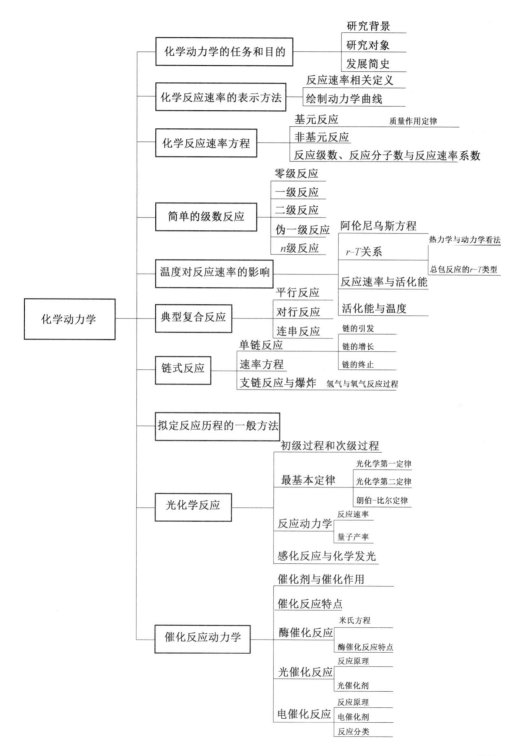

7.1 引　言

化学反应速率和化学反应机理是化学动力学固有的特征,无论是在理解化学反应的"生成"特性方面,还是在设计新的化学过程和反应器方面,化学动力学都起到不可低估的指导作用。

目前,化学动力学是一个极具挑战和冒险的领域,其中至少有四门学科的重叠,包含化学、物理、化学工程和数学。事实上,当代化学动力学本身就是不同领域的复杂组合。化学动力学的发展对其他科学领域产生了很大的影响,例如:链式反应的概念在发现后立即在19世纪30年代被用于核物理学。化学动力学的研究既能够提供如何避免危险品的爆炸、材料的腐蚀或产品的老化、变质等方面的知识,还可以为科研成果的工业化进行最优设计和最优控制,为现有生产优化操作条件。此外,根据化学动力学的分析目标,可以控制反应条件,提高主反应的速率,以增加化工产品的产量;可以知道如何抑制或减慢副反应的速率,以减少原料的消耗,减轻分离操作的负担,并提高产品的质量。

为了获得用于设计高效催化过程和反应器的模型,通过研究化学转化速率对反应条件(即温度、压力、浓度)的依赖性,考察各种因素对反应速率的影响,以化学过程的数学模拟为基础,催化反应器的模拟需要建立一系列的模型,从动力学模型到催化剂颗粒模型再到催化剂床层模型,最后到反应器模型,在这个引入模型的层次结构中,动力学模型代表着初始水平级别。如果不参考动力学模型,就无法对化学反应器进行技术上有趣的描述。通常,在模拟动力学时所获得的数据是基于稳态条件下的动力学数据。在过去的25年中,通过所谓的"组合催化"选择最优的催化剂问题受到了很多关注,其中涉及同时对许多不同催化剂进行稳态测试。然而,用于精确的催化剂动力学表征的技术和方法还未完善,特别是在非稳态条件下的催化剂的表征,这也是新一代催化剂设计中的一个关键问题。

化学反应动力学的研究旨在基于动力学和非动力学的(吸附、解吸、光谱等)数据重建化学反应机制,用于说明反应物、产物、中间体、反应步骤、表面性质、吸附模式等,即所谓反应的机理。在化学动力学的实践中,每个基本步骤由正向和反向基本反应组成,其动力学的依赖性受质量作用定律的支配,无论在理论上还是实践上,都具有重要的意义。

本章主要讨论反应速率方程、反应速率与反应机理的关系;简要介绍反应速率理论;然后介绍溶液中的反应、光化学、催化作用等。

7.2　化学动力学任务和目的

7.2.1　化学热力学的研究对象和局限性

通过化学热力学的研究,我们可以得知某反应化学变化的方向、能达到的最大限度以及外界条件对平衡的影响。换言之,化学热力学只能预测反应的可能性。但无法预料反

应能否真实发生,反应的速率如何,反应的机理如何。以氨气和水的合成反应为例:在 298 K 时,

$$\frac{1}{2}N_2 + \frac{3}{2}H_2 \longrightarrow NH_3(g) \quad \Delta_r G_m^\ominus = -16.63 \text{ kJ} \cdot \text{mol}^{-1}$$

$$H_2 + \frac{1}{2}O_2 \longrightarrow H_2O(l) \quad \Delta_r G_m^\ominus = -237.19 \text{ kJ} \cdot \text{mol}^{-1}$$

通过热力学分析,上述两反应均能发生,并且水的合成反应向右进行的趋势理应很大。但实际情况下,将氮气与氢气、氢气与氧气放在同一空间内却几乎不能发生反应。合成氨反应需要在高温高压、催化剂条件下进行。氢气与氧气在 1 073 K 的高温下以爆炸的形式瞬间完成,或在催化剂(如钯)的存在下常温常压就可以以较快的速率合成水。因此,仅对化学反应进行热力学分析是不完整的,它并不能回答如何使反应真实发生。

7.2.2　化学动力学的研究对象

化学动力学研究化学反应的速率和反应的机理以及温度、压力、催化剂、溶剂和光照等外界因素对反应速率的影响,把热力学的反应可能性变为现实性,是化学反应工程的主要理论基础之一。

以上述氨气和水的合成反应为例。通过动力学分析,就会知道这两个反应在常温、常压且无催化剂的情况下无法进行,需要予以一定的温度、压力或者相应的催化剂后才可以按照热力学的设想进行反应。

了解反应速率以及各种因素对反应速率的影响,人们就知道如何控制反应条件、寻找合适的催化剂,使其按照预先设定的状态进行。反应机理是指反应物按照什么途径、经过哪些步骤才转化为最终产物。知道了反应机理,才可以找出决定反应速率的关键步骤,使主反应速率加快,副反应速率控制在最小,从而减少原料的消耗、减轻分离操作的负担、提高化工产品的产量与质量,使化工生产过程变得更加"多快好省"。从宏观动力学向微观反应动力学理论的发展转变过程中,不同阶段的理论成果为深入研究反应细节提供了依据,如化学动力学能提供如何避免危险品的爆炸、材料的腐蚀或产品的老化、变质等方面的知识;还可以为科研成果的工业化进行最优设计和最优控制,为现有生产选择最适宜的操作条件。随着各种新型谱仪的出现和用激光、交叉离子束等实验手段对微观反应动力学的研究越来越深入,人们对反应机理的研究不断上升到新的高度。

7.2.3　化学动力学发展简史

从历史上来说,化学动力学的发展比化学热力学迟,所以相对来说,化学动力学在许多领域尚待研究。化学动力学的发展,大体上可以分为如下几个阶段。

19 世纪后半叶,宏观反应动力学阶段。主要的成就是质量作用定律和阿伦尼乌斯公式的确立,并由此提出了活化能的概念。由于这一时期测试手段的水平相对较低,所以对反应动力学的研究基本停留在宏观水平,因此其结论仅适用于总包反应。

20 世纪前叶,宏观反应动力学向微观反应动力学的过渡阶段。

20世纪50年代,微观反应动力学阶段。从理论上对反应速率进行探讨,提出了碰撞理论和过渡态理论,建立了反应系统的势能面。在这一阶段中,另一重要发现是链反应,使化学动力学的研究从总包反应深入到基元反应,即由宏观反应动力学向微观反应动力学过渡。由于分子束和激光技术的发展,这一阶段成功开创了分子反应动态学(或称微观反应动力学)。它深入到研究态－态反应的层次,研究由不同量子态的反应物转化为不同量子态的产物的速率及反应的细节。

近百年来,由于相邻学科基础理论和技术上的进展,实验方法和检测手段的日新月异(如磁共振技术、闪光光解技术等),使化学动力学发展极快。

时间在化学动力学中是极为重要的变量,其测试精度上的大大提高,为人们提供了许多前所未有的新的信息,为深入研究反应的细节提供了依据。表7.1是20世纪50年代以来,时间分辨率的测量编年史。

表7.1 时间分辨率的测量编年史

时间	1950 年	1970 年	1980 年	1990 年	2000 年	2020 年
分辨率 /s	$< 10^{-3}$	10^{-6}	10^{-12}	10^{-15}	10^{-18}	10^{-21}

波谱学仪器不断更新换代,使微观形貌和分子结构越发清晰可见。量子化学理论与计算机方法和程序的发展,使我们能够详细计算反应机理或利用有限的已知参数去设计预期功能的新产物,并进一步推测反应的具体历程。

虽然总体上化学动力学的发展相对较为迅速,但与经典热力学相比,理论尚不够完善。要从定量的角度和从原子、分子水平来说明或解决化学反应历程与相关的动力学问题,还需要继续努力。

7.3 化学反应速率的表示方法

反应物分子经碰撞后才可能发生反应,在一定温度下,化学反应的速率正比于反应分子的碰撞次数,而在单位体积内、单位时间内的碰撞次数又与反应物的浓度成正比,可见反应速率与反应物浓度直接相关,反应速率就是参加反应的某一物质的浓度对于时间的变化率。表示某化学反应的反应速率与浓度、时间等参数间的关系式,称为化学反应的速率方程式,简称速率方程或动力学方程。

7.3.1 反应速率的定义

当反应开始时,反应物逐渐转化为产物,因此反应物浓度不断降低而生成物浓度不断升高。因此,反应物随时间的消耗与生成物随时间的生成均能描述化学反应的进展情况。

在物理学的概念中,"速度(velocity)"是矢量,有方向性,而"速率(rate)"是标量,表示浓度随时间的变化率,无方向性,因此均为正值。以反应"R ——→ P"为例(表7.2):

表 7.2 速度与速率的对比

概念	反应物	产物
速度	$\dfrac{\mathrm{d}[R]}{\mathrm{d}t} < 0$	$\dfrac{\mathrm{d}[P]}{\mathrm{d}t} > 0$
速率	$-\dfrac{\mathrm{d}[R]}{\mathrm{d}t} = \dfrac{\mathrm{d}[P]}{\mathrm{d}t} > 0$	

速度可以在几何上表示为反应物或产物浓度随时间变化曲线的切线。如图 7.1 所示,切线的斜率正负表示了反应的方向性。在大部分情况下,反应物或产物的浓度随时间的变化并不是线性关系。反应开始时反应物的浓度较大,反应速率较快,单位时间内得到的产物也较多。而在反应后期,反应物的浓度变小,反应较慢。但也有些反应,反应开始时需要有一定的诱导时间(如链反应),反应速率极低,然后不断加快,达到最大值后才由于反应物的消耗而逐渐降低。一些自催化反应也有类似的情况。

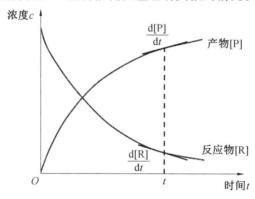

图 7.1 反应物与产物的浓度随时间的变化曲线

由于浓度变化率与生成物和反应物的化学计量数相关,因此用两者表示的数值大部分情况下并不一致。但若采用反应进度(ξ)随时间的变化率来表示反应速率,则不会产生这种差异。

设反应为 $$\alpha R \longrightarrow \beta P$$

$$t = 0 \quad n_R(0) \quad n_P(0)$$
$$t = t \quad n_R(t) \quad n_P(t)$$

若反应开始时($t = 0$),反应物 R 和生成物 P 的物质的量分别是 $n_R(0)$ 和 $n_P(0)$,当反应时间为 t 时,物质的量分别为 $n_R(t)$ 和 $n_P(t)$,则反应进度为

$$\xi = \frac{n_R(t) - n_R(0)}{-\alpha} = \frac{n_P(t) - n_P(0)}{\beta}$$

对反应物的计量系数(α)取负值,生成物的计量系数(β)取正值。

若用 $0 = \sum_B \nu_B B$ 表示某化学反应,则反应进度定义为

$$\mathrm{d}\xi = \frac{\mathrm{d}n_B}{\nu_B} \tag{7.1}$$

式中,ν_B 为化学反应式中物质 B 的计量系数,对反应物取负值,对生成物取正值;ξ 的单位为 mol。

将式(7.1)对 t 微分,得到在某个时刻 t 时反应进度的变化率,即称为反应的转化速率(conversion rate of reaction),用 $\dot{\xi}$ 表示:

$$\dot{\xi} = \frac{d\xi}{dt} = \frac{1}{\nu_B}\frac{dn_B}{dt} \tag{7.2}$$

即单位时间内发生的反应进度,单位为 $mol \cdot s^{-1}$。需要注意的是,应用式(7.2)时必须指明化学反应的方程式。反应的转化速率 $\dot{\xi}$ 为广度量,仍依赖于反应系统的大小。因此将单位体积的转化速率定义为反应速率:

$$r = \frac{1}{V}\frac{d\xi}{dt} = \frac{1}{V}\dot{\xi} \tag{7.3}$$

式中,r 为强度量,其单位为 $mol \cdot m^{-3} \cdot s^{-1}$。转化速率和反应速率都与物质 B 的选择无关,但与化学计量式的写法有关。

对于恒容反应,例如密闭容器中的反应或液相反应,体积 V 为常数,反应可用浓度来表示,即

$$r = \frac{1}{\nu_B}\frac{dn_B/V}{dt} = \frac{1}{\nu_B}\frac{dc_B}{dt} \tag{7.4}$$

对于反应 $\alpha R \longrightarrow \beta P$ 而言,如果在反应过程中体积是恒定的,式(7.4)可写为

$$r = -\frac{1}{\alpha}\frac{dc_R}{dt} = \frac{1}{\beta}\frac{dc_P}{dt}; \quad r = -\frac{1}{\alpha}\frac{d[R]}{dt} = \frac{1}{\beta}\frac{d[P]}{dt}$$

式中,以 $[R]$ 表示反应物 R 的浓度 c_R;$[P]$ 表示生成物 P 的浓度 c_P。

对于任意反应

$$eE + fF \Longrightarrow gG + hH; \quad 0 = \sum_B \nu_B B$$

则有

$$r = -\frac{1}{e}\frac{d[E]}{dt} = -\frac{1}{f}\frac{d[F]}{dt} = \frac{1}{g}\frac{d[G]}{dt} = \frac{1}{h}\frac{d[H]}{dt} = \frac{1}{\nu_B}\frac{d[B]}{dt} \tag{7.5}$$

对于气相参与的化学反应,r 的表示是类似的。以 $N_2O_5(g)$ 的分解反应为例:

$$N_2O_5(g) \Longrightarrow N_2O_4(g) + \frac{1}{2}O_2(g)$$

$$r = -\frac{d[N_2O_5]}{dt} = \frac{d[N_2O_4]}{dt} = 2\frac{d[O_2]}{dt}$$

由于气相反应中压力比浓度更容易测定,因此可以用参加反应各种物种的分压来代替浓度,即

$$r' = -\frac{dp_{N_2O_5}}{dt} = \frac{dp_{N_2O_4}}{dt} = 2\frac{dp_{O_2}}{dt}$$

此时 r' 的单位为 $Pa \cdot s^{-1}$。对于理想气体,$p_B = c_B RT$,所以 $r' = r(RT)$。

对于多相催化反应,反应速率可以定义为

$$r = \frac{1}{Q}\frac{d\xi}{dt} \tag{7.6a}$$

式中,Q 代表催化剂用量,若 Q 改用质量 m 表示,则

$$r_m = \frac{1}{m}\frac{d\xi}{dt} \tag{7.6b}$$

式中,r_m 为在给定条件下催化剂的比活性,单位 $mol \cdot kg^{-1} \cdot s^{-1}$。如果 Q 改用催化剂的堆体积 V(包括粒子自身的体积和粒子间的空间)表示,则

$$r_V = \frac{1}{V}\frac{d\xi}{dt} \tag{7.6c}$$

式中,r_V 为单位体积催化剂的反应速率,单位 $mol \cdot m^{-3} \cdot s^{-1}$。如果 Q 改用催化剂的表面积 A 表示,则

$$r_A = \frac{1}{A}\frac{d\xi}{dt} \tag{7.6d}$$

式中,r_A 为表面反应速率(a real rate of reaction),单位 $mol \cdot m^{-2} \cdot s^{-1}$。

7.3.2　绘制动力学曲线

要测定化学反应速率,必须测出在不同反应时刻的反应物或生成物的浓度,并绘制物质浓度随时间的变化曲线,即为动力学曲线。在 t 时刻作曲线的切线,就可以知道反应在 t 时的瞬时速率。测定不同时刻各物质浓度的方法有化学方法和物理方法。

1. 化学方法

在反应过程中的不同时刻取出一定量反应物,并用骤冷、冲稀、加阻化剂、除去催化剂等方法使反应立即停止,然后进行化学分析。该方法可以直接得到不同时刻某物质浓度的数值,但实验操作较为烦琐。

2. 物理方法

在反应过程中,利用各种方法测定与浓度有关的物理性质(如旋光度、折射率、电导率、电动势、界电常数、黏度和进行比色等),或用现代谱仪(IR、UV – VIS、ESR、NMR、ESCA 等)监测与浓度有定量关系的物理量的变化,从而求得浓度变化。物理方法用于获得一些原位反应(in situ)的数据。由于并未直接测量浓度,所以要提前了解测量物理量与物质浓度之间的数学关系,最好是选择呈线性关系的一些物理量。

在实际情况中,通常选择测定反应的初速率,因为这时外界的干扰少,对研究反应动力学很有用。对于一些反应时间很短的快速反应,必须采取一些特殊的测试方法。工业上对这种快速反应常采用快速流动法进行测量,即将反应物迅速混合后,在长管式反应器的一端以一定速度输入,另一端流出产物,然后用物理方法测定反应管的不同位置上反应物的浓度,进而绘制动力学曲线。

7.4   化学反应的速率方程

在学习本章内容之前,首先需要了解速率方程的概念。速率方程又称动力学方程,它表明了反应速率与浓度等参数之间的关系或浓度等参数与时间的关系。速率方程可表示为微分式或积分式,其具体形式取决于不同的化学反应,必须由实验来确定。常见的表示形式有:

$$r = \mathrm{d}x / \mathrm{d}t \tag{7.7a}$$

$$r = k[\mathrm{A}] \tag{7.7b}$$

$$\ln \frac{a}{a - x} = k_1 t \tag{7.7c}$$

基元反应的速率方程是其中最为简单的。

7.4.1   基元反应和非基元反应

我们通常所写的化学方程式仅代表反应的总结果,只是反应的化学计量式。例如:在气相中 H_2 可以分别与 Cl_2、Br_2、I_2 三种卤素反应,反应计量式为

(1)$H_2 + I_2 \Longrightarrow 2HI$

(2)$H_2 + Cl_2 \Longrightarrow 2HCl$

(3)$H_2 + Br_2 \Longrightarrow 2HBr$

这三个化学反应的计量式相似,反应历程却大不相同。经过大量的实验验证,可以得知 H_2 与 I_2 的实际反应历程为

(4)$I_2 + M \Longrightarrow 2I \cdot + M$

(5)$H_2 + 2I \cdot \longrightarrow 2HI$

式中,M 是惰性物质,指反应器的器壁,或是不参与反应而只起传递能量作用的第三物种。

H_2 与 Cl_2 的实际反应历程为

(6)$Cl_2 + M \longrightarrow 2Cl \cdot + M$

(7)$Cl \cdot + H_2 \longrightarrow HCl + H \cdot$

(8)$H \cdot + Cl_2 \longrightarrow HCl + Cl \cdot$

(9)$Cl \cdot + Cl \cdot + M \longrightarrow Cl_2 + M$

H_2 与 Cl_2 的实际反应历程为

(10)$Br_2 + M \longrightarrow 2Br \cdot + M$

(11)$Br \cdot + H_2 \longrightarrow HBr + H \cdot$

(12)$H \cdot + Br_2 \longrightarrow HBr + Br \cdot$

(13)$H \cdot + HBr \longrightarrow H_2 + Br \cdot$

(14)$Br \cdot + Br \cdot + M \longrightarrow Br_2 + M$

综上可知,方程式(1)、(2)、(3) 只是表示了这三个反应的总结果。

如果一个化学反应,反应物分子在碰撞中相互作用,在一次化学行为中就能转化为生成物分子,则这种反应称为基元反应(elementary reaction)或简称为元反应。例如:上述

反应历程中,式(4) ~ (14)的反应都是基元反应。基元反应是化学反应的本质。若某化学反应总是经过若干个基元反应后才转化为产物分子,则这种反应称为非基元反应。非基元反应是许多基元反应的总和,亦称为总包反应或简称为总反应(overall reaction)。

在总反应中,连续或同时发生的所有基元反应代表了反应所经过的途径,在动力学上称为反应机理或反应历程(reaction mechanism)。即方程(4) ~ (5)、(6) ~ (9)和(10) ~ (14)分别代表了三种卤素与 H_2 的反应历程。在有些情况下,反应机理还要给出所经历的每一步的立体化学结构图。此外,在不同的条件下,同一反应也可能存在不同的反应机理。了解反应机理有助于掌握化学反应的内在规律,从而更好地驾驭反应。

7.4.2　质量作用定律

基元反应的速率与反应物浓度(含有相应的指数)的乘积成正比。其中,各浓度的指数就是基元反应方程中各反应物的计量系数。这就是质量作用定律(law of mass action),它只适用于基元反应。

例如:对于反应(6) ~ (9),其基元反应与反应速率见表 7.3。

表 7.3　反应(6) ~ (9)的基元反应与反应速率

反应编号	基元反应	反应速率 r
(6)	$Cl_2 + M \longrightarrow 2Cl \cdot + M$	$k_1[Cl_2][M]$
(7)	$Cl \cdot + H_2 \longrightarrow HCl + H \cdot$	$k_2[Cl_2][H_2]$
(8)	$H \cdot + Cl_2 \longrightarrow HCl + Cl \cdot$	$k_3[H][Cl_2]$
(9)	$2Cl \cdot + M \longrightarrow Cl_2 + M$	$k_4[Cl]^2[M]$

7.4.3　反应的级数、反应分子数和反应的速率常数

在化学反应的速率方程中,各反应物浓度项上的指数称为该反应物的级数(order of reaction)。所有反应物浓度项指数的代数和称为该反应的总级数,通常用 n 表示。n 的大小表明浓度对反应速率影响的大小。反应级数可以是正数、负数、整数、分数或零,甚至有的反应无法用简单的数字来表示级数。对于一个指定的基元反应,其反应级数由于反应条件的不同而可能不同。常由实验结果归纳得到的反应速率方程来判断级数,见表 7.4。

表 7.4　反应级数与速率方程的对应关系

速率方程	反应物 A	反应物 B	总级数 n
$r = k_0$	零级	零级	零级
$r = k[A]$	一级	零级	一级
$r = k[A][B]$	一级	一级	二级
$r = k[A]^2[B]$	二级	一级	三级
$r = k[A][B]^{-2}$	一级	负二级	负一级
$r = k[A][B]^{1/2}$	一级	0.5 级	1.5 级
$r = k[A][B]/(1 - [B]^{1/2})$	一级	无简单级数	

在基元反应中,实际参加反应的分子数目称为反应分子数。反应分子数可区分为单分子反应、双分子反应和三分子反应,四分子反应目前尚未发现。反应分子数属于微观范畴,通常与反应的级数一致。反应分子数通常由基元反应的形式来判定,例如:$A \longrightarrow P$是单分子反应;$A + B \longrightarrow P$是双分子反应;$2A + B \longrightarrow P$是三分子反应。但是,也有些基元反应表现出来的反应级数与反应分子数不一致,例如:乙醚的热分解反应是单分子反应,通常也是一级反应,但在低温下则表现为二级反应。一些双分子反应,在通常情况下是二级反应,但在某种特殊情况下也可以使其成为一级反应。

总而言之,反应级数和反应分子数属于两个不同范畴的概念。反应级数是针对宏观的总反应而言,反应分子数是针对微观的基元反应而言。尽管在大部分情况下,二者的数值相同,但其意义是有区别的。对于某指定基元反应,反应分子数有确定的值,但反应级数会根据反应条件的不同产生差异。

速率方程中的比例系数 k 称为反应的速率常数,又称为速率系数,是一个与浓度无关的量。其物理意义在于当反应物的浓度均为单位浓度时,k 相当于反应速率。不同反应有不同的速率常数,在催化剂等其他条件确定时,k 值仅是温度的函数。此外,速率系数没有固定的单位,其单位随着反应级数的不同而不同。

速率常数 k 在化学动力学中非常重要,其数值直接反映了反应速率的快慢。在化学工程中,k 值是确定反应历程、设计合理的反应器等的重要依据。

7.5　简单级数的反应

7.5.1　零级反应

若反应速率与反应物浓度的零次方成正比,该反应即为零级反应,其反应速率与反应物浓度无关。也就是说,不管 A 的浓度是多少,单位时间内 A 发生反应的数量是一定的。

设某一零级反应

$$A \xrightarrow{k_0} C$$

反应速率方程的微分形式为

$$r = k_0 c_A^0 = - \frac{dc_A}{dt} = k_0 \tag{7.8}$$

零级反应的速率常数 k_0 的物理意义是单位时间内 A 的浓度减少的量,其单位为 $mol \cdot m^{-3} \cdot s^{-1}$。在零级反应中,$k_0$ 只与温度有关。

将式(7.8) 积分后:

$$- \int_{c_0}^{c_A} dc_A = \int_0^t k_0 dt \tag{7.9}$$

即

$$c_0 - c_A = k_0 t \tag{7.10}$$

式中,c_0 为反应初始($t = 0$) 时反应物 A 的浓度;c_A 为反应至某一时刻 t 时反应物 A 的浓度。由式(7.10)可知，c_A 与 t 呈线性关系，斜率为 k_0，如图 7.2 所示。

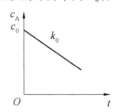

图 7.2　零级反应的直线关系

反应物反应掉一半所需要的时间定义为反应的半衰期，用 $t_{1/2}$ 表示。将 $c_A = \dfrac{1}{2}c_0$ 代入式(7.10)，得零级反应的半衰期为

$$t_{1/2} = \frac{c_0}{2k_0} \tag{7.11}$$

该式表明零级反应的半衰期正比于反应物的初浓度，即 $t_{1/2} \propto c_0$。

反应总级数为零的反应并不多，大多数是表面催化反应，例如高压下氨在钨丝上的分解反应，反应方程式为 $2NH_3 \longrightarrow N_2 + 3H_2$。因为反应只在金属表面产生，若金属表面已被气体分子所饱和，气相浓度的改变不能影响表面反应物的浓度，故反应速率与气相浓度无关。此外，一些光化学反应只与光的强度有关，光的强度保持恒定则为等速反应，反应速率并不随反应物的浓度变小而有所变化，同样是零级反应。

7.5.2　一级反应

反应速率只与反应物浓度的一次方成正比的反应称为一级反应。常见的一级反应有放射性元素的蜕变、分子重排、五氧化二氮的分解等。

$$^{226}_{86}Ra \longrightarrow \, ^{222}_{86}Ra + \, ^{4}_{2}He \qquad r = k\left[\, ^{226}_{88}Ra\right]$$

$$N_2O_5 \longrightarrow N_2O_4 + \frac{1}{2}O_2 \qquad r = k\left[N_2O_5\right]$$

设有某一级反应（与 a 无关，不影响动力学方程）

$$aA \xrightarrow{\; k_1 \;} C$$

反应速率方程的微分形式为

$$r = -\frac{dc_A}{dt} = k_1 c_A \tag{7.12}$$

即

$$-\frac{dc_A}{c_A} = k_1 dt \tag{7.13}$$

式(7.13)也可写为 $-(dc_A/c_A)/dt = k_1$，因此一级反应的速率常数 k_1 的物理意义是单位时间内反应物 A 反应掉的分数为 $-(dc_A/c_A)/dt$，其单位为 s^{-1}。

将式(7.13)积分：

$$-\int_{c_0}^{c_A} \frac{1}{c_A} dc_A = \int_0^t k_1 dt \tag{7.14}$$

得

$$\ln c_A = -k_1 t + \ln c_0 \tag{7.15}$$

或

$$\ln \frac{c_0}{c_A} = k_1 t \tag{7.16}$$

由式(7.16)可以看出,一级反应$\ln c_A$与t呈线性关系,斜率为$-k_1$,如图7.3所示。

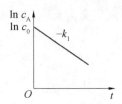

图 7.3　一级反应的直线关系

类似地,将$c_A = \frac{1}{2} c_0$代入式(7.16),得一级反应的半衰期为

$$t_{1/2} = \frac{\ln 2}{k_1} = \frac{0.693\ 1}{k_1} \tag{7.17}$$

由式(7.17)可知,一级反应的半衰期是一个与反应物起始浓度(c_0)无关的常数。这是一级反应的重要特点,可以通过$t_{1/2}$是否为定值判断该反应是否为一级反应。

但是当获得实验数据后,往往先考虑$c_A - t$关系作图,若注意到c_A与t的关系接近双曲线型时,就可以基本判断该反应为一级反应,如图7.4所示。

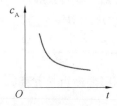

图 7.4　一级反应的曲线关系

令x_A为时间t时反应物 A 已反应的分数,则称x_A为该时刻 A 的转化率,即

$$x_A = \frac{c_0 - c_A}{c_0} = 1 - \frac{c_A}{c_0}$$

进一步可转化为

$$\frac{c_A}{c_0} = 1 - x_A; \quad \frac{c_0}{c_A} = \frac{1}{1 - x_A}$$

代入式(7.16),得

$$\ln \frac{1}{1 - x_A} = k_1 t \tag{7.18}$$

【例 7.1】　实验室某药品的分解为一级反应,当它分解 30% 即失效,不能再继续使用。已知该药品的初始质量浓度为 $5.0 \times 10^{-3} \text{kg} \cdot \text{dm}^{-3}$,在室温下放置 20 个月后质量浓度降为 $4.2 \times 10^{-3} \text{kg} \cdot \text{dm}^{-3}$,求该药品的使用有效期。

解:

将数据代入一级反应速率方程式

$$k = \frac{1}{t}\ln \frac{c_0}{c} = \frac{1}{20}\ln \frac{5.0 \times 10^{-3}}{4.2 \times 10^{-3}} = 8.72 \times 10^{-3}(\text{月}^{-1})$$

因此,有效期应为

$$t = \frac{1}{k}\ln \frac{c_0}{c_0(1 - x_A)} = \frac{1}{8.72 \times 10^{-3}}\ln \frac{5.0 \times 10^{-3}}{5.0 \times 10^{-3}(1 - 0.3)} = 40.9(\text{月}) \approx 40(\text{月})$$

7.5.3　二级反应

反应速率与物质浓度成二次方正比的反应,称为二级反应。二级反应是最常遇见的反应。碘化氢、甲醛气体的热分解,乙烯、丙烯和异丁烯的气相二聚作用,水溶液中乙酸乙酯的皂化反应等均为二级反应。二级反应总体分为单一反应物和两种反应物的情形,接下来分别讨论。

1.单一反应物

$$\text{A} + \text{A} \xrightarrow{k_2} \text{C}$$

速率方程为

$$r = -\frac{\text{d}c_A}{\text{d}t} = k_2 c_A^2 \tag{7.19}$$

积分

$$-\int_{c_0}^{c_A} \frac{\text{d}c_A}{c_A^2} = k_2 \int_0^t \text{d}t \tag{7.20}$$

得积分式

$$\frac{1}{c_A} - \frac{1}{c_0} = k_2 t \tag{7.21}$$

二级反应中 k_2 的单位是 $\text{m}^3 \cdot \text{mol}^{-1} \cdot \text{s}^{-1}$。由式(7.21)可以看出,二级反应的 $1/c_A$ 与 t 呈线性关系,截距为 $1/c_0$,斜率为 k_2,如图 7.5 所示。

同理,将 $c_A = \frac{1}{2}c_0$ 代入式(7.21),得二级反应的半衰期为

$$t_{1/2} = \frac{1}{c_0 k_2} \tag{7.22}$$

即二级反应的半衰期与反应物的初始浓度成反比。

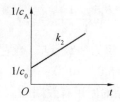

图 7.5　二级反应的直线关系

类似地,将转化率 x_A 代入式(7.21) 可得

$$\frac{1}{c_0} \times \frac{x_A}{1 - x_A} = k_2 t \tag{7.23}$$

该式是二级反应速率积分式的另一种形式。

2.两种反应物

$$A + B \xrightarrow{k_2} C$$

速率方程为

$$r = -\frac{dc_A}{dt} = k_2 c_A c_B \tag{7.24}$$

由于物质 A 和 B 的起始浓度可以相同也可以不相同,因此需要分为两种情况进行讨论。

(1)A 与 B 的起始浓度相同。

反应速率方程可写为

$$r = -\frac{dc_A}{dt} = k_2 c_A^2 = -\frac{dc_B}{dt} = k_2 c_B^2 \tag{7.25}$$

可以看出,当两种反应物初始浓度相同时,反应的动力学特征与单一物质的特征几乎相同,只是可以分别由 A、B 两种反应物来表示。

(2)A 与 B 的起始浓度不同。

为方便表示,将设 A 与 B 的起始浓度分别为 $c_{A,0}$ 和 $c_{B,0}$,仅考虑 A 与 B 化学计量数相同的简单形式,故有 $c_{A,0} - c_A = c_{B,0} - c_B$,将其代入式(7.24) 可得

$$r = -\frac{dc_A}{dt} = k_2 c_A (c_A + c_{B,0} - c_{A,0}) \tag{7.26}$$

对式(7.26) 积分可得

$$\frac{1}{c_{B,0} - c_{A,0}} \ln \frac{c_B - c_{B,0}}{c_A - c_{A,0}} = k_2 t \tag{7.27}$$

由于 A 与 B 的初始浓度不同,因此半衰期对 A 和 B 而言是不一样的,没有统一的表达式。

上述关于两种物质二级反应的分析仅讨论了 A 与 B 化学计量数相同的情况。在实际中,两种反应物的化学计量数往往不同,此时的动力学分析过程变得十分复杂。以 $aA + bB \longrightarrow C$ 为例,其反应速率方程为

$$r = -\frac{1}{a}\frac{dc_A}{dt} = ak_2 c_A \left[a^{-1}bc_A + \left(c_{B,0} - a^{-1}bc_{A,0} \right) \right] \tag{7.28}$$

可以看出,式(7.28)就已经十分复杂,后续的动力学分析变得更加困难。在工程上,由于 $aA + bB \longrightarrow C$ 的应用更为广泛,所以引入伪一级反应动力学对问题进行简化。

7.5.4　伪一级反应

对于某二级反应 $A + B \longrightarrow C$,速率方程为

$$r = -\frac{dc_A}{dt} = k_2 c_A c_B$$

若将反应物 B 的浓度大大增加,远大于反应物 A 的浓度,以致在反应过程中 B 的浓度变化很小或者基本不变,则可以将反应过程中任一时刻反应物 B 的浓度看作 c_B 常数,即 $c_B = c_{B,0}$。将其代入原速率方程中,则

$$r = -\frac{dc_A}{dt} = k_2 c_{B,0} c_A = k_{tot} c_A \tag{7.29}$$

于是,二级反应被简化为一级反应。这类通过过量浓度法得到一级的结论是在特殊情况下形成的,故称为伪一级反应动力学。式中,k_{tot} 称为表观速率常数。

$$k_{tot} = k_2 c_{B,0} \tag{7.30}$$

将(7.29)进行定积分后可得

$$\ln c_A = -k_{tot} t + \ln c_{A,0} \tag{7.31}$$

即在伪一级反应中,$\ln c_A$ 与 t 呈线性关系,斜率为 $-k_{tot}$,截距为 $\ln c_{A,0}$。因此,通过检测 c_A 随 t 的变化就能得到该反应的动力学关系,并通过作图获得 k_{tot} 的值。

Cl_2 常用于饮用自来水的消毒中。这是因为 Cl_2 易溶于水,并与水发生如下反应产生次氯酸:$Cl_2 + H_2O \rightleftharpoons HCl + HClO$。次氯酸具有强氧化性,可以杀死水中的各种微生物。次氯酸在水环境中还会进一步分解:$HClO \rightleftharpoons H^+ + ClO^-$。

若被酚类化合物污染过的地面水作为饮用水源,苯酚会与水中余氯反应生成氯酚类物质,使自来水散发猫尿臭味。但是,我国规定生活饮用水水源中苯酚的质量浓度小于 $0.002\ mg \cdot L^{-1}$,并且饮用水的消毒要求为 $[ClO^-/HClO] \geqslant 0.5\ mg \cdot L^{-1}$,即余氯浓度远远大于苯酚,可以认定为该情况下苯酚与余氯的反应为伪一级反应,其动力学特征满足伪一级反应动力学特征。

7.5.5　n 级反应

n 级反应具有诸多复杂的形式,本书只讨论最简单的情况:

$$r = -\frac{dc_A}{dt} = k_n c_A^n \tag{7.32}$$

该式适用于只有一种反应物,或者具有多种反应物,但其浓度符合化学计量比的反应。反应级数 n 可以是除 1 外的整数(0,2,3,$\cdots$)或分数(1/2,3/2,$\cdots$)。

式(7.32)积分得

$$\frac{1}{n-1}\left(\frac{1}{c_A^{n-1}} - \frac{1}{c_0^{n-1}}\right) = k_n t \tag{7.33}$$

式中, k_n 的单位为 $(\text{mol} \cdot \text{m}^{-3})^{1-n} \cdot \text{s}^{-1}$。$1/c_A^{n-1} - t$ 呈线性关系。

将 $c_A = c_0/2$ 代入式(7.33),整理可得半衰期:

$$t_{1/2} = \frac{2^{n-1} - 1}{(n-1)k_n c_0^{n-1}} \tag{7.34}$$

即半衰期 $t_{1/2}$ 与 c_0^{n-1} 成反比。

7.5.6 动力学方程小结

为了便于查阅,将上述几种具有简单级数反应($n = 1, 2, 3, \cdots, n$)的速率公式和特征进行总结,见表7.5,这些特征往往用于判断反应级数。

表7.5 具有简单级数反应的速率公式和特征

级数	速率方程		特征		
	微分式	积分式	k 的单位	直线关系	$t_{1/2}$
0	$-\dfrac{dc_A}{dt} = k_0$	$c_0 - c_A = k_0 t$	$\text{mol} \cdot \text{m}^{-3} \cdot \text{s}^{-1}$	$c_A - t$	$\dfrac{c_0}{2k_0}$
1	$-\dfrac{dc_A}{dt} = k_1 c_A$	$\ln\dfrac{c_0}{c_A} = k_1 t$	s^{-1}	$\ln c_A - t$	$\dfrac{\ln 2}{k_1}$
2	$-\dfrac{dc_A}{dt} = k_2 c_A^2$	$\dfrac{1}{c_A} - \dfrac{1}{c_0} = k_2 t$	$(\text{mol} \cdot \text{m}^{-3})^{-1} \cdot \text{s}^{-1}$	$\dfrac{1}{c_A} - t$	$\dfrac{1}{c_0 k_2}$
3	$-\dfrac{dc_A}{dt} = k_3 c_A^3$	$\dfrac{1}{2}\left(\dfrac{1}{c_A^2} - \dfrac{1}{c_0^2}\right) = k_3 t$	$(\text{mol} \cdot \text{m}^{-3})^{-2} \cdot \text{s}^{-1}$	$\dfrac{1}{c_A^2} - t$	$\dfrac{1}{2c_0^2 k_2}$
n	$-\dfrac{dc_A}{dt} = k_n c_A^n$	$\dfrac{1}{n-1}\left(\dfrac{1}{c_A^{n-1}} - \dfrac{1}{c_0^{n-1}}\right) = k_n t$	$(\text{mol} \cdot \text{m}^{-3})^{1-n} \cdot \text{s}^{-1}$	$\dfrac{1}{c_A^{n-1}} - t$	$\dfrac{2^{n-1} - 1}{(n-1)k_n c_0^{n-1}}$

7.5.7 反应级数的测定法

动力学方程需要基于大量的实验数据或用拟合来确定。设化学反应的速率方程为

$$r = -\frac{1}{a}\frac{dc_A}{dt} = k c_A^{n_A} c_B^{n_B} \cdots$$

有些复杂反应速率方程不仅与反应物的浓度有关,还与产物的浓度有关。对于复杂情况,实验上采用初始速率法或隔离法将其转化为上述形式进行研究。在化工生产中,若不知准确的反应历程时,常采用上述形式作为经验公式用于化工设计中。确定速率方程的关键是确定 n_A 和 n_B 的值,不同的值对应不同的积分形式。常用于确定级数和速率常数的方法包括尝试法和半衰期法。而尝试法与半衰期法均是基于反应速率方程的积分形式进行的。当遇到产物对反应速率有干扰的复杂反应时,这两种方法就不再适用,因此利用

初始速率法或隔离法对复杂反应进行简化。下面分别介绍。

1.尝试法

尝试法通常利用各级反应速率方程积分形式的线性关系来确定反应的级数。对实验所得到的数据$(t_i, c_{A,i})$分别作$c_A - t(n = 0)$、$\ln c_A - t(n = 1)$以及$1/c_A^{n-1} - t$的图,呈现线性关系的图对应于相应的速率方程。根据回归直线的斜率可以计算速率常数。由于二级反应最为常见,通常首先尝试$1/c_A - t$图。

当然也可以不用作图法,而是直接进行计算,即将各组实验数据代入各级速率方程的积分式中,计算速率常数k。若实验数据代入一级反应方程式后得到的k是一个常数,说明反应为一级反应,以此类推。如果算出来的k不是一个常数,或者作图时得不到直线,则该反应就不是具有简单整数级数的反应。

此外,需要注意的是,如果实验的浓度范围不够大或者实验进行的时间较短,各级反应均呈现直线关系,很难区别出究竟是几级反应。因此,要使用尝试法确定反应速率方程,要求反应的浓度范围够大且反应进度至少为60%。

2.半衰期法

半衰期法是指利用同一反应在相同条件下一系列不同初始浓度所对应的半衰期的线性关系来确定反应的级数。将反应物起始浓度设为c_0,对于零级反应,$t_{1/2} \propto c_0$,c_0增加一倍,$t_{1/2}$也增加一倍。对于一级反应,$t_{1/2}$是一个与c_0无关的常数。而对于$n(n \neq 1)$级反应:

$$t_{1/2} = \frac{2^{n-1} - 1}{(n - 1)k_n c_0^{n-1}}$$

取对数,则

$$\ln t_{1/2} = \ln \frac{2^{n-1} - 1}{(n - 1)k_n} + (1 - n)\ln c_0 \tag{7.35}$$

即反应半衰期的对数与反应物 A 初始浓度的对数呈线性关系,斜率为$1 - n$。

如对两个不同起始浓度c_0'和c_0''进行实验,分别得到半衰期$t_{1/2}'$和$t_{1/2}''$,则

$$\frac{t_{1/2}'}{t_{1/2}''} = \left(\frac{c_0''}{c_0'}\right)^{n-1}$$

容易得到反应的级数n:

$$n = 1 - \frac{\ln(t_{1/2}''/t_{1/2}')}{\ln(c_0''/c_0')} \tag{7.36}$$

由两组数据就可以求出n,但存在一定的偶然性。通常需要对多组数据进行线性回归,通过回归直线的斜率来确定反应的级数。该方法并不限于反应一定要进行到$1/2$,也可以取反应进行到$1/4$或$1/8$等的时间来计算。

实际上,要得到$(c_0, t_{1/2})$数据并不需要改变初始浓度重复进行多次实验,只需要进行一次动力学实验,在所得的$c_A - t$图上得到一系列的$(c_0, t_{1/2})$数据。具体做法为:在曲线上任取一点(t_1, c_1),找到浓度为$c_1/2$的另一点(t_2, c_2),把c_1看作初始浓度,则$t_2 - t_1$即为

初始浓度为 c_1 的半衰期,由此就可以获得两组或以上的数据进行半衰期计算。应用该方法时需要注意所取的浓度 $c_1 \leqslant 2c_{min}$,c_{min} 为实验数据中浓度的最小值,并且所取的点尽量使 $(c_0, t_{1/2})$ 数据分布均匀。

3.初始速率法

为了排除产物对反应速率的影响,测定不同初始浓度下的初始反应速率 r_0(由 $c_A - t$ 曲线在 $t = 0$ 处的斜率确定),再利用反应速率的微分形式来确定反应的级数。由于采用初始速率,此时反应生成的产物的量可以忽略不计,从而排除了产物生成对反应速率的影响。通过一系列的实验,每次实验只改变一个组分,如 A 的初始浓度,而保持其他组分初始浓度不变,可得到 A 组分的反应分级数。通过对每个组分采用相同的处理,即可确定反应所有的分级数。下面以应用初始速率法确定反应组分 A 的分级数为例说明分析过程。

设反应的速率方程为

$$r = kc_A^{n_A} c_B^{n_B} c_C^{n_C} \cdots$$

则初始速率为 $r_0 = kc_{A,0}^{n_A} c_{B,0}^{n_B} c_{C,0}^{n_C} \cdots$。求对数可得

$$\ln r_0 = \ln k + n_A \ln c_{A,0} + n_B \ln c_{B,0} + n_C \ln c_{C,0} + \cdots$$

改变 A 的初始浓度,而保持其他组分初始浓度不变,重复多次实验,可得到多组数据 $(c_{A,0}, r_0)$。由于 B,C,$\cdots$ 的初始浓度固定,因此 $\ln r_0$ 与 $\ln c_{A,0}$ 呈线性关系:

$$\ln r_0 = n_A \ln c_{A,0} + K \tag{7.37}$$

式中,K 为常数。$\ln r_0 - \ln c_{A,0}$ 的直线斜率为 n_A。

在只有两个数据点 $(c_{A,1}, r_1)$ 和 $(c_{A,2}, r_2)$ 的情况下,应用式(7.37)即得

$$n_A = \frac{\ln(r_2/r_1)}{\ln(c_{A,2}/c_{A,1})} \tag{7.38}$$

其他组分的分级数通过类似的步骤获得。

4.隔离法

在隔离法中,除要确定反应分级数的组分 A 外,使其他组分的浓度大量过量($c_{B,0} \gg c_{A,0}, c_{C,0} \gg c_{A,0}, \cdots$),因此在反应中可以认为这些组分的浓度为常数,从而建立伪 n 级反应:

$$r = (k_A c_{B,0}^{n_B} c_{C,0}^{n_C} \cdots) c_A^{n_A} = k' c_A^{n_A} \tag{7.39}$$

其反应级数可通过尝试法或半衰期法得到。利用同样的步骤即可确定所有组分的分级数。

7.6 温度对反应速率的影响

大多数化学反应的反应速率会随温度的升高而增加。在通常情况下,温度对浓度的影响可以忽略,因此温度对反应速率的影响主要体现在速率常数随温度的变化上。van't Hoff 根据大量的实验数据总结出一条经验规律:对于均相热化学反应而言,温度每升高 10 K,反应速率近似增加 2 ~ 4 倍,即

$$\frac{k(T + 10 \text{ K})}{k(T)} \approx 2 \sim 4 \tag{7.40}$$

式(7.40)称为范托夫规则(van't Hoff rules)。式中,$k(T)$ 代表反应在温度为 T 时的速率常数,$k(T + 10 \text{ K})$ 代表同一反应在温度为 $T + 10$ K 时的速率常数。这个比值称为反应速率的温度系数。

范托夫规则常用来估计温度对反应速率的影响,但是估算值并不准确,只能在缺少数据时,用它做粗略计算。因此,范托夫规则只是一个近似规则。

7.6.1　阿伦尼乌斯方程

Arrhenius 研究了许多气相反应的速率,特别是对蔗糖在水溶液中的转化反应做了大量的研究工作。他提出了活化能的概念,并揭示了反应的速率常数与温度的依赖关系,即阿伦尼乌斯方程,其表达式为

$$k = A e^{-\frac{E_a}{RT}} \tag{7.41}$$

式中,k 是温度为 T 时的反应速率常数;R 是摩尔气体常数;A 是指前因子,与 k 具有相同的量纲;E_a 是表观活化能,通常简称为活化能,单位 $J \cdot mol^{-1}$。

Arrhenius 认为,并不是所有反应分子之间的任何一次碰撞都能导致反应的发生,只有那些能量足够高的分子之间的直接碰撞才能发生反应。能发生反应的分子称为"活化分子"。由非活化分子变成活化分子所需的能量称为活化能。最初,Arrhenius 认为反应的活化能 E_a 和指前因子 A 只取决于反应物质的本性而与温度无关。

式(7.41)取对数后可得

$$\ln k = \ln A - \frac{E_a}{RT} \tag{7.42}$$

由式(7.42)可知,若以 $\ln k - \frac{1}{T}$ 作图,可得一直线,由斜率和截距可分别求出 E_a 和 A。

若假定 E_a 和 A 与 T 无关,将式(7.42)对 T 微分,得

$$\frac{d\ln k}{dT} = \frac{E_a}{RT^2} \tag{7.43}$$

式(7.43)表明 $\ln k$ 随 T 的变化率与 E_a 成正比。也就是说,E_a 越高,反应速率随温度的升高增加得越快,即活化能越高的反应对温度越敏感。通俗来说,若同时存在几个反应,则高温对活化能高的反应有利,低温对活化能低的反应有利,这个规律常用于生产上选择适宜温度来加速主反应和抑制副反应。

阿伦尼乌斯方程在化学动力学的发展过程中具有非常重要的作用,特别是他所提出的活化分子的活化能的概念,在反应速率理论的研究中起了很大的作用。

7.6.2　热力学和动力学对 $r - T$ 关系的看法

本书在第 5 章中讨论平衡常数与温度的关系时,介绍过范托夫公式:

$$\frac{\mathrm{d}\ln K^{\ominus}}{\mathrm{d}T} = \frac{\Delta_r H_m^{\ominus}}{RT^2}$$

可以看出,该式与阿伦尼乌斯方程的微分形式很相似。范托夫公式是从热力学角度说明温度对平衡常数的影响,而阿伦尼乌斯公式是从动力学角度说明温度对反应速率常数的影响。下面分别从热力学观点和动力学观点讨论温度对反应的影响。

1.热力学观点

对于吸热反应,$\Delta_r H_m^{\ominus} > 0$,$\frac{\mathrm{d}\ln K^{\ominus}}{\mathrm{d}T} > 0$,即随温度的升高,平衡常数 $K^{\ominus}$ 增大。也就是说,温度升高有利于正向反应,平衡转化率随温度的升高而增加,温度降低则会使平衡转化率降低。

对于放热反应,$\Delta_r H_m^{\ominus} < 0$,$\frac{\mathrm{d}\ln K^{\ominus}}{\mathrm{d}T} < 0$,从热力学的角度看,升高温度不利于正向反应的进行。温度越高,反应的平衡转化率越低。

2.动力学观点

由于在阿伦尼乌斯公式中活化能通常为正值,所以当温度上升时 k 也增加,正向反应速率总是随温度升高而加快。

于是对于放热反应,热力学观点中升温抑制转化和动力学观点中升温加快速率遇到了矛盾。在实际生产中,速率因素总是矛盾的主要方面。因此通常为了保证一定的反应速率,选择适当提高温度,牺牲一部分平衡转化率。例如:合成氨反应是一个放热放应,虽然在常温下的转化率理应比高温时高,但是反应速率却很慢。由于目前合成氨反应仍没有合适的催化剂使反应速率提高到可在常温下能进行工业生产,因此只能选择提高温度、牺牲平衡转化率的方式提高反应速率,使得短时间内可以得到一定数量的产品,而且剩余原料还可以循环使用。理论上,合成氨反应具有最适宜温度 T_m,该值可以用对反应速率求极值的办法求出。在实际工业生产中,合成氨的反应温度一般控制在 773 K。

虽然在实际生产中绝大部分反应都是通过升温、提高反应速率来弥补转化率低的不足,但是也不能盲目提高温度,如果温度过高、反应过快,可能会导致局部过热、燃烧和爆炸等事故。此外,温度过高也会影响催化剂活性(如烧结失活)或引发副反应,因此在工业化生产过程中需要全面考虑问题,衡量各种利弊。

7.6.3　反应速率与温度关系的几种类型

总包反应由许多简单基元反应组成,因此总包反应的反应速率与温度的关系比较复杂。实验表明,总包反应的反应速率 r 与温度 T 之间的关系大致可以分为如下几种类型(图7.6)。

图7.6(a)为根据阿伦尼乌斯公式绘制的S形曲线,当 $T \to 0$ 时,$r \to 0$;当 $T \to \infty$ 时,r 有定值。并且,这是一个在全温度范围内绘制的曲线。

由于一般实验都是在常温的有限温度区间中进行,所得数据绘制的曲线如图7.6(b)

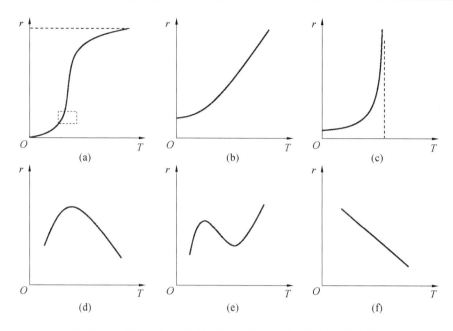

图 7.6　总包反应中反应速率 r 与温度 T 之间的关系示意图

所示,实际上是图 7.6(a) 在有限温度范围内(虚线框内表示部分) 的放大图。在有限的温度区间内,反应速率随温度的升高而逐渐加快,它们之间呈指数关系,这类反应在实际中最为常见。图 7.6(a) 和(b) 都遵守阿伦尼乌斯公式。

图 7.6(c) 是总包反应中含有爆炸型的反应。在低温时,温度对反应速率的影响不大,基本符合阿伦尼乌斯公式。但当温度升高到某一极限值时,反应会以爆炸的形式极快地进行。

图 7.6(d) 在温度不太高时,速率随温度的升高而加快,到达一定的温度,速率反而下降。这种反应类型常在一些受吸附速率控制的多相催化反应(如加氢反应) 和酶催化反应中。这是因为高温可能对催化剂活性具有不利影响,并且温度超过一定程度时,酶活性会开始丧失。

图 7.6(e) 中速率在随温度升到某一高度时下降,继续升高温度后速率又迅速增加,反应速率曲线出现了最高点和最低点,可能是由于发生了图 7.6(c) 和(d) 类型的副反应。该反应类型可以在碳的氢化反应中观察到。

图 7.6(f) 的反应类型是反常的,温度升高,速率反而下降。这种类型十分少见,如 NO 氧化成 NO_2 就属于这一类型。

7.6.4　反应速率与活化能之间的关系

反应速率 $r \propto k$。在阿伦尼乌斯公式中,将活化能 E_a 看作与温度无关的常数,这在一定的温度范围内与实验结果相比是基本成立的。

根据阿伦尼乌斯公式 $k = A\exp(-E_a/RT)$,以 $\ln k$ 对 $1/T$ 作图,可得一直线,其斜率为 $-E_a/R$。图 7.7 为 $\ln k$ 对 $1/T$ 的示意图,图中纵坐标采用自然对数坐标,所以其读数为 k 的数值。根据斜率公式,E_a 越大,斜率的绝对值也越大,由于 E_a 通常为正值,于是有

$E_a(3) > E_a(2) > E_a(1)$。

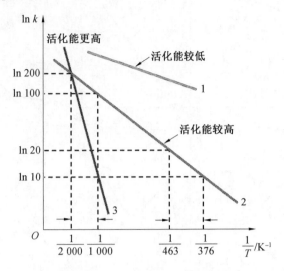

图 7.7　ln k 对 1/T 的示意图

对于一个给定的反应,在低温范围内反应的速率随温度的变化更敏感。例如反应 2,在温度由 376 K 增加到 463 K 时,k 值由 10 增到 20,即温度增加 87 K,k 值增加了一倍。而在高温范围内,若想要 k 增加一倍,如由 100 增至 200,温度要由 1 000 K 变成 2 000 K,即增加 1 000 K 才行。

对于活化能不同的反应,当温度增加时,E_a 越大,k 随 T 的变化也越大。例如 $E_a(3) > E_a(2)$,当温度从 1 000 K 变成 2 000 K 时,k_2 从 100 增加到 200,增大了一倍,而 k_3 却从 10 变成了 200,增加了 19 倍。由此可见,当几个反应同时发生时,升高温度对 E_a 大的反应更加有利。这种关系也可以由公式来说明:

$$\frac{\mathrm{d}\ln k_1}{\mathrm{d}T} = \frac{E_{a,1}}{RT^2}; \quad \frac{\mathrm{d}\ln k_2}{\mathrm{d}T} = \frac{E_{a,2}}{RT^2}$$

两式相减,得

$$\frac{\mathrm{d}\ln(k_1/k_2)}{\mathrm{d}T} = \frac{E_{a,1} - E_{a,2}}{RT^2}$$

若 $E_{a,1} > E_{a,2}$,当温度升高时,k_1/k_2 的值增加,即 k_1 随温度增加的倍数大于 k_2 增加的倍数。反之,若 $E_{a,1} < E_{a,2}$,则温度升高时,k_1/k_2 的值减少,即 k_1 随温度增加的倍数小于 k_2 增加的倍数。也就是说,高温有利于活化能较高的反应,而低温有利于活化能较低的反应。

对于两种反应均在系统中发生的复杂反应,可以应用上述温度对反应速率的影响规律来确定适宜的反应温度。

对于连续反应

$$A \xrightarrow[E_{a,1}]{k_1} B \xrightarrow[E_{a,2}]{k_2} C$$

如果 B 是需要的产物,而 C 是反应的副产物,则希望 k_1/k_2 的值越大越好,更有利于产物 B

的生成。因此,若 $E_{a,1} > E_{a,2}$,则选择较高的反应温度;若 $E_{a,1} < E_{a,2}$,则选择较低的反应温度。

对于平行反应

$$A \longrightarrow \begin{cases} \xrightarrow{k_1, E_{a,1}} B \\ \xrightarrow{k_2, E_{a,2}} C \end{cases}$$

类似地,如果 $E_{a,1} > E_{a,2}$,升高温度会使 k_1/k_2 随之升高,对以 B 为终产物的反应 1 有利;如果 $E_{a,1} < E_{a,2}$,升高温度会使 k_1/k_2 随之下降,对以 C 为终产物的反应 2 有利。因此,需要根据所需要的产物进行温度调整。

此外,在硝化、氯化等有机反应中可能会出现三个或以上的平行反应,若主反应的活化能的值处在中间位置,则不能通过简单的升高温度或降低温度,而可以通过求极值的方法确定对一个最有利于产物合成的中间温度。以三个平行反应为例:

$$T = \frac{E_{a,3} - E_{a,2}}{R \ln \left(\dfrac{E_{a,3} - E_{a,1}}{E_{a,1} - E_{a,2}} \cdot \dfrac{A_3}{A_2} \right)}$$

证明过程略。当然,若能找到合适的催化剂,大幅降低 $E_{a,1}$,增大 k_1,也能使主要反应的选择性大大提高。

7.6.5　活化能与温度的关系

Arrhenius 在经验式中假定活化能是与温度无关的常数,这与大部分实验相符。但是,当实验温度继续升高时,以 $\ln k$ 对 $1/T$ 作图的直线就会发生弯折,这说明活化能还是与温度有关的。

在后续讨论反应的速率理论时,将会指出 k 与 T 的关系为

$$k = A_0 T^m \exp \left(-\frac{E_0}{RT} \right) \tag{7.44}$$

式中,A_0、m 和 E_0 均是由实验测定的参数,与温度无关。式中多了一个 T^m 项,可以看作对阿伦尼乌斯经验公式的一个修正项,使之成为含有三个参量的经验公式,称之为三参量公式。式(7.44) 也可以写为

$$\ln \left(\frac{k}{T^m} \right) = \ln A_0 - \frac{E_0}{RT} \quad \text{或} \quad \ln k = \ln A_0 + m \ln T - \frac{E_0}{RT} \tag{7.45}$$

由式(7.45) 可知,$\ln k$ 与 $1/T$ 偏离线性关系的程度取决于 $m \ln T$ 项数值的大小。

阿伦尼乌斯公式中 E_a 应是温度的函数,考虑到温度的影响,将其改写为

$$k = A T^2 \exp \left(-\frac{E_0}{RT} \right) \tag{7.46}$$

将式(7.45) 对 T 微分后,代入式(7.46),得到 E_a 与 T 之间的关系表达式:

$$E_a = E_0 + mRT \tag{7.47}$$

式(7.47) 即为活化能 E_a 与温度 T 的关系表达式。由于通常一般反应的 m 值较小,所以 E_a

与 T 的关系几乎可以忽略，使得不少系统的实验值仍符合阿伦尼乌斯公式。

7.7　典型复合反应

前面讨论了一些简单的反应，而实际上化学反应往往很复杂，经常是由两个或多个基元反应组合而成的复合反应系统。从反应机理来看，包含了两个或两个以上的基元反应的化学反应称为复杂反应。组成复杂反应的多个基元反应以不同的形式和次序相互组合，可以分成平行反应、对行反应、连串反应等。由于复杂反应是基元反应的组合，故可以借助研究基元反应的方法来处理，本节仅对复杂反应中最简单的情况加以讨论，并着重讨论其动力学规律及特点。

7.7.1　平行反应

1.定义

相同反应物同时进行若干个不同的反应称为平行反应，这种情况在有机反应中较多。通常将生成期望产物的反应称为主反应，其余为副反应。总的反应速率等于所有平行反应速率之和。组成平行反应的几个反应的级数可以相同，也可以不同，前者数学处理较为简单。

2.速率方程

本节仅考虑只有两个反应组成的一级平行反应。

令 $x = x_1 + x_2$。反应速率方程为

$$
A \underset{k_2}{\overset{k_1}{\longrightarrow}} \begin{array}{c} B \\ \\ C \end{array}
$$

$$
\begin{array}{cccc}
 & [A] & [B] & [C] \\
t=0 & a & 0 & 0 \\
t=t & a-x_1-x_2 & x_1 & x_2
\end{array}
$$

$$
r = \frac{\mathrm{d}x}{\mathrm{d}t} = \frac{\mathrm{d}x_1}{\mathrm{d}t} + \frac{\mathrm{d}x_2}{\mathrm{d}t} = k_1(a-x) + k_2(a-x)
$$

$$
= (k_1 + k_2)(a - x) \tag{7.48}
$$

对式（7.48）进行定积分：

$$
\int_0^x \frac{\mathrm{d}x}{a-x} = (k_1 + k_2) \int_0^t \mathrm{d}t
$$

得

$$
\ln \frac{a}{a-x} = (k_1 + k_2)t \tag{7.49}
$$

由此可见，两个平行的一级反应的微分式和积分式，与简单一级反应的基本相同，仅

是两个平行反应的速率常数的加和。

两个都是二级反应的平行反应的例子如氯苯的再氯化,可得对位和邻位的两种二氯苯产物。设反应开始时 C_6H_5Cl 和 Cl_2 的浓度分别为 a 和 b,且无产物存在,反应到某时刻 t 时,产物的浓度分别为 x_1 和 x_2,则

$$r_1 = \frac{dx_1}{dt} = k_1(a - x_1 - x_2)(b - x_1 - x_2) \tag{7.50a}$$

$$
\begin{array}{c}
C_6H_5Cl \;+\; Cl_2 \\
a-x_1-x_2 \quad b-x_1-x_2
\end{array}
\left.
\begin{array}{l}
\xrightarrow{\;k_1\;} \text{对-}C_6H_4Cl_2 + HCl \\[2mm]
\xrightarrow{\;k_2\;} \text{邻-}C_6H_4Cl_2 + HCl
\end{array}
\right.
$$

$$r_2 = \frac{dx_2}{dt} = k_2(a - x_1 - x_2)(b - x_1 - x_2) \tag{7.50b}$$

由于两个反应同时进行,反应的速率等于两个反应的速率之和,所以

$$r = r_1 + r_2 = (k_1 + k_2)(a - x_1 - x_2)(b - x_1 - x_2)$$

令 $x = x_1 + x_2$,则

$$r = \frac{dx}{dt} = (k_1 + k_2)(a - x)(b - x)$$

移项作定积分,得

$$\frac{1}{a - b}\ln\frac{b(a - x)}{a(b - x)} = (k_1 + k_2)t \tag{7.51}$$

若将式(7.50a) 与式(7.50b) 相除,则得

$$\frac{dx_1/dt}{dx_2/dt} = \frac{k_1}{k_2}$$

由于这两个反应是同时开始而分别进行的,开始时均无产物存在,因此两个反应的速率之比应等于生成物的数量之比,即

$$\frac{dx_1/dt}{dx_2/dt} = \frac{x_1}{x_2}$$

所以

$$\frac{k_1}{k_2} = \frac{x_1}{x_2} \tag{7.52}$$

只要知道起始浓度 a 和 b,再知道反应经历的时间 t,生成物的量 x_1 和 x_2,则由式(7.51) 可求得 $(k_1 + k_2)$,由式(7.52) 可求得比值 k_1/k_2,将所得结果联立求解,就能求得 k_1 和 k_2。如果所求得的 k_1 和 k_2 相差很大,则速率大的一般称为主反应,而其余的则称为副反应。

从式(7.52) 可以看出,当温度一定时,比值 k_1/k_2 是一个定值,也就是说生成物中对位和邻位的比值是一定的。如果我们希望多得某一种产品,就要设法改变 k_1/k_2 的值。一种方法是选择适当的催化剂,提高催化剂对某一反应的选择性以改变 k_1/k_2 的值;另一种方法是通过改变温度来改变 k_1/k_2 的值。例如甲苯的氯化,可以直接在苯环上取代,也可

以在甲基上取代,这两个反应可平行进行。实验表明,在低温下(300 ~ 320 K)使用$FeCl_3$作为催化剂时主要是在苯环上取代;而在较高温下(390 ~ 400 K)并用光激发,则主要是在甲基上取代。

如果两个平行反应的级数不相同,情况就复杂一些。例如:两个平行反应的速率公式为

$$r_1 = kc_Ac_B, \quad r_2 = k'c_B^2$$

则

$$\frac{r_1}{r_2} = \frac{k}{k'} \cdot \frac{c_A}{c_B}$$

如果反应1的产物是所需要的,为了得到更多的反应1的产物并尽量抑制反应2的进行,显然c_A应控制得高些,c_B则以较低为宜。

3.特点

总之,平行反应有以下特点:

(1)平行反应的总速率等于各平行反应速率之和。

(2)速率方程的微分式和积分式与同级的简单反应的速率方程相似,只是速率常数为各个平行反应速率常数的和。

(3)当各产物的起始浓度为零时,在任一瞬间,各产物浓度之比等于速率常数之比,若各平行反应的级数不同,则无此特点。

(4)用合适的催化剂可以改变某一反应的速率,从而提高主反应产物的产量。

(5)用改变温度的办法,可以改变产物的相对含量。活化能高的反应,速率系数随温度的变化率也大。

7.7.2 对行反应/对峙反应

1.定义

在正、反两个方向上都能进行的反应称为对峙反应,亦称为可逆反应。

正、逆反应可以为相同级数,也可以为具有不同级数的反应;可以是基元反应,也可以是非基元反应。例如:

$$A \Longleftrightarrow B$$

$$
\begin{array}{lcc}
t = 0 & a & 0 \\
t = t & a - x & x \\
t = t_e & a - x_e & x_e
\end{array}
$$

$$A \Longleftrightarrow B + C$$

$$A + B \Longleftrightarrow C + D$$

$$\cdots$$

现以最简单的对峙反应即1 - 1级对峙反应为例,讨论对峙反应的特点和处理方法。下标"e"表示平衡。

净的右向反应速率取决于正向及逆向反应速率的总结果,即

$$r = \frac{dx}{dt} = r_{正} - r_{逆} = k_1(a - x) - k_{-1}x \tag{7.53}$$

根据式(7.53),无法同时解出 k_1 和 k_{-1} 值,还需一个联系 k_1 和 k_{-1} 的公式,这可以从平衡条件得到。当达到平衡时 $r = \frac{dx}{dt} = 0$,所以

$$k_1(a - x_e) = k_{-1}x_e$$

$$\frac{x_e}{a - x_e} = \frac{k_1}{k_{-1}} = K \tag{7.54}$$

或

$$k_{-1} = k_1 \frac{a - x_e}{x_e} \tag{7.55}$$

K 即平衡常数。将式(7.55)代入式(7.53),得

$$\frac{dx}{dt} = k_1(a - x) - k_{-1} \frac{a - x_e}{x_e}x = \frac{k_1 a(x_e - x)}{x_e} \tag{7.56}$$

将式(7.56)作定积分,得

$$k_1 = \frac{x_e}{ta}\ln\frac{x_e}{x_e - x} \tag{7.57}$$

求出 k_1 后再代入式(7.55),即可求出 k_{-1},或从式(7.54)已知平衡常数 K 而求出 k_{-1}。

对于 $2 - 2$ 级对峙反应,处理的方法基本相同。

$$
\begin{array}{ccccccc}
A & + & B & \underset{k_{-2}}{\overset{k_2}{\rightleftharpoons}} & C & + & D
\end{array}
$$

$$
\begin{array}{ccccc}
t = 0 & a & b & 0 & 0 \\
t = t & a - x & b - x & x & x \\
t = t_e & a - x_e & b - x_e & x_e & x_e
\end{array}
$$

设 $a = b$,则

$$r = \frac{dx}{dt} = k_2(a - x)^2 - k_{-2}x^2 \tag{7.58}$$

平衡时:

$$k_2(a - x)^2 = k_{-2}x^2$$

$$\frac{x_e^2}{(a - x_e)^2} = \frac{k_2}{k_{-2}} = K \tag{7.59}$$

代入式(7.58),积分:

$$\int_0^x \frac{dx}{(a - x)^2 - \frac{1}{K}x^2} = \int_0^t k_2 dt$$

得

$$k_2t = \frac{\sqrt{K}}{2a}\ln\frac{a+(\beta-1)x}{a-(\beta+1)x} \tag{7.60}$$

式中

$$\beta^2 = \frac{1}{K}$$

2.特点

对峙反应的特点:

(1)对峙反应的净速率等于正、逆反应速率之差值。

(2)在达到平衡时,反应净速率等于零。

(3)正、逆速率系数之比等于平衡常数,即 $K = k_f/k_b$。

(4)在 $c-t$ 图上,达到平衡后,反应物和产物的浓度不再随时间而改变。

7.7.3 连串反应 / 连续反应

1.定义

有很多化学反应是经过连续几步才完成的,前一步的生成物就是下一步的反应物,如此依次连续进行,这种反应就称为连续反应,或称为连串反应。连续反应的数学处理极为复杂,我们只考虑最简单的由两个单向一级反应组成的连续反应。

$$A \xrightarrow{k_1} B \xrightarrow{k_2} C$$

$$t=0 \quad\quad a \quad\quad 0 \quad\quad 0$$

$$t=t \quad\quad x \quad\quad y \quad\quad z$$

反应开始时,设 A 的浓度为 a,B 与 C 的浓度为 0,经过时间 t 后,A、B、C 的浓度分别为 x、y、z。生成 B 的净速率等于其生成速率与消耗速率之差。

由于 B 在反应开始前及反应结束后均不出现,故为中间体。

$$-\frac{dx}{dt} = k_1x \tag{7.61}$$

$$\frac{dy}{dt} = k_1x - k_2y \tag{7.62}$$

$$\frac{dz}{dt} = k_2y \tag{7.63}$$

首先对式(7.61)求解,这是一个典型的一级反应,其积分公式为

$$-\int_a^x \frac{dx}{x} = \int_0^t k_1 dt$$

积分得

$$\ln\frac{a}{x} = k_1t \text{ 或 } x = ae^{-k_1t} \tag{7.64}$$

将式(7.64)代入式(7.62),得

$$\frac{\mathrm{d}y}{\mathrm{d}t} = k_1 a e^{-k_1 t} - k_2 y$$

这是一个 $\frac{\mathrm{d}y}{\mathrm{d}x} + Py = Q$ 型的一次线性微分方程,该方式的解为

$$y = \frac{k_1 a}{k_2 - k_1}(e^{-k_1 t} - e^{-k_2 t}) \tag{7.65}$$

按照化学反应式,$a = x + y + z$ 或 $z = a - x - y$,将式(7.64)和式(7.65)代入后,得

$$z = a(1 - \frac{k_2}{k_2 - k_1}e^{-k_1 t} + \frac{k_1}{k_2 - k_1}e^{-k_2 t}) \tag{7.66}$$

2.连续反应的近似处理

以上讨论的是 k_1 和 k_2 相差不大即两个反应的速率大致相等的情况。当其中某一步反应的速率很慢,就将它的速率近似作为整个反应的速率,这个慢步骤称为连续反应的速率决定步骤。

如果第一步反应很快,$k_1 \gg k_2$,原始反应物很快全部转化为 B,则生成最终产品 C 的速率主要取决于第二步反应。在式(7.66)中,若令 $k_1 \gg k_2$,则可以简化为 $z = a(1 - e^{-k_2 t})$。

还有一种极端情况,如第二步反应很快,$k_1 \ll k_2$,中间产物 B 一旦生成立即转化为 C,则反应的总速率(即生成产物 C 的速率)取决于第一步。在式(7.66)中,若令 $k_1 \ll k_2$,则可以简化为 $z = a(1 - e^{-k_1 t})$。

3.连续反应的 $c - t$ 关系曲线

因为中间产物既是前一步反应的生成物,又是后一步反应的反应物,它的浓度有一个先增后减的过程,中间会出现一个极大值。这个极大值的位置和高度取决于两个速率常数的相对大小,如图 7.8 所示。

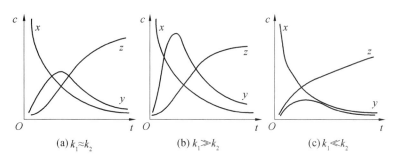

图 7.8　连续反应中浓度随时间变化的关系图

中间产物 B 的浓度在反应过程中出现极大值,是连续反应突出的特征。在反应前期,反应物 A 的浓度较大,因而生成 B 的速率较快,B 的数量不断增加。但是随着反应继续进行,A 的浓度逐渐减小,相应地使生成 B 的速率减慢。而同时,由于 B 的浓度增大,进一步

生成最终产物的速率不断加快,使 B 大量消耗,因此 B 的数量反而下降。当生成 B 的速率与消耗 B 的速率相等时,就出现极大点。

4.中间产物极大值的计算

可以利用动力学方程式(7.65),求得 y 为极大值时的参数。将式(7.65)对 t 微分,当 y 有极大值时,

$$\frac{\mathrm{d}y}{\mathrm{d}t} = 0$$

即

$$\frac{\mathrm{d}y}{\mathrm{d}t} = \frac{k_1 a}{k_2 - k_1}(k_2 \, \mathrm{e}^{-k_2 t} - k_1 \, \mathrm{e}^{-k_1 t}) = 0$$

相应的反应时间为 t_m:

$$t_\mathrm{m} = \frac{\ln k_2 - \ln k_1}{k_2 - k_1}$$

再代入式(7.65),得

$$y_\mathrm{m} = a\left(\frac{k_1}{k_2}\right)^{\frac{k_2}{k_2 - k_1}} \tag{7.67}$$

式中,y_m 为 B 处于极值时的浓度。y_m 显然与 a 以及 k_1 和 k_2 的比值有关。如果 $k_1 \gg k_2$,y_m 出现较早,数值也较大;如果 $k_1 \ll k_2$,则 y_m 出现较迟,而且数值较小。

7.8 链式反应

实践中有一类特殊反应,只要用光、热、辐射等方法使反应开始,反应就能通过活性组分的生成和消失自动连续反应,通过活性组分(自由基或原子)相继发生一系列的连续反应,像链条一样使反应自动发展下去,这类反应称为链式反应。

7.8.1 链式反应的特征

工业上很多重要的工艺过程,如橡胶的合成,塑料、高分子化合物的制备,石油的裂解,碳氢化合物的氧化等,都与链反应有关。所有的链反应,都是由下列三个基本步骤组成的。

① 链的引发(链的开始):处于稳定态的分子吸收了外界的能量,如加热、光照或加引发剂,使它分解成自由原子或自由基等活性传递物。活化能相当于所断键的键能。

② 链的增长(链的传递):链引发所产生的活性传递物与另一稳定分子作用,在形成产物的同时又生成新的活性传递物,使反应如链条一样不断发展下去,直至反应物被耗尽为止。由于自由原子或自由基有较强的反应能力,故所需活化能一般小于 40 kJ·mol^{-1}。

③ 链的终止:两个活性传递物相碰形成稳定分子或发生歧化,失去传递活性;或与器壁相碰,形成稳定分子,放出的能量被器壁吸收,造成反应停止,如

$$Cl \cdot + 器壁 \longrightarrow 断链$$

因此,改变反应器的形状或表面涂料等都可能影响反应速率,这种器壁效应是链反应的特点之一。

根据链的传递方式不同,可将链反应分为直链反应和支链反应。

7.8.2　由链式反应的机理推导反应速率方程

以 $H_2(g)$ 和 $Cl_2(g)$ 反应为例,该反应的净结果为

$$H_2(g) + Cl_2(g) \longrightarrow 2HCl$$

根据很多人的研究,生成 HCl 的速率既与 $[Cl_2]^{\frac{1}{2}}$ 成正比,又与 $[H_2]$ 的一次方成正比,即

$$r = \frac{1}{2} \frac{d[HCl]}{dt} = k[Cl_2]^{\frac{1}{2}}[H_2]$$

据此,人们推测反应的历程和相应的活化能如表 7.6 所示。

表 7.6　$H_2(g)$ 和 $Cl_2(g)$ 的链式反应

反应		$E_a/(kJ \cdot mol^{-1})$
$(1)Cl_2 + M \xrightarrow{k_1} 2Cl \cdot + M$	链的引发	242
$(2)Cl \cdot + H_2 \xrightarrow{k_2} HCl + H \cdot$	链的增长	24
$(3)H \cdot + Cl_2 \xrightarrow{k_3} HCl + Cl \cdot$		13
…		
$(4)2Cl \cdot + M \xrightarrow{k_4} Cl_2 + M$	链的终止	0

这个反应的速率可以用 HCl 生成的速率来表示。在(2)、(3)步中都有 HCl 分子生成,所以

$$\frac{d[HCl]}{dt} = k_2[Cl \cdot][H_2] + k_3[H \cdot][Cl_2] \tag{7.68}$$

这个速率方程中不但涉及反应物 H_2 和 Cl_2 的浓度,而且涉及活性很大的自由基原子 $Cl \cdot$ 和 $H \cdot$ 的浓度。由于 $Cl \cdot$ 和 $H \cdot$ 等中间产物十分活泼,它们只要碰上其他分子或其他的自由基都将立即反应,所以在反应过程中它们的浓度很低,并且寿命很短,用一般的实验方法难以测定它们的浓度。同时,在反应过程中会出现许多中间化合物和许多复杂的连续反应,如果需严格地找出反应系统中各物种的时间与浓度的关系(即 $t - c$ 关系),则要给出许多微分方程,然后联立求解。这是很难办到的,即使有了高速计算机也是十分麻烦而且并非必要的。采用稳态近似法可把问题简化,它能够以少数几个代数方程代替许多微分方程。

由于自由基等中间产物极活泼,它们参加许多反应,但浓度低、寿命短,所以可以近似

地认为在反应达到稳定状态后,它们的浓度基本上不随时间而变化,即

$$\frac{d[\mathrm{Cl}\cdot]}{dt} = 0, \qquad \frac{d[\mathrm{H}\cdot]}{dt} = 0$$

这种近似处理的方法称为稳态近似法。因为只有在流动的敞开系统中,控制必要的条件,有可能使反应系统中各物种的浓度保持一定,不随时间而变。而在封闭系统中,由于反应物浓度的不断下降,生成物浓度的不断增高,要保持中间产物的浓度不随时间而变,严格讲是不大可能的。所以,稳态处理法只是一种近似方法,但确能解决很多问题。

根据上述 H_2 和 Cl_2 反应的历程,用稳态近似处理法得

$$\frac{d[\mathrm{Cl}\cdot]}{dt} = 2k_1[\mathrm{Cl}_2][\mathrm{M}] - k_2[\mathrm{Cl}\cdot][\mathrm{H}_2] + k_3[\mathrm{H}\cdot][\mathrm{Cl}_2] - 2k_4[\mathrm{Cl}\cdot]^2[\mathrm{M}] = 0$$

$$(7.69)$$

$$\frac{d[\mathrm{H}\cdot]}{dt} = k_2[\mathrm{Cl}\cdot][\mathrm{H}_2] - k_3[\mathrm{H}\cdot][\mathrm{Cl}_2] = 0 \qquad (7.70)$$

将式(7.70)代入式(7.69),得

$$2k_1[\mathrm{Cl}_2] = 2k_4[\mathrm{Cl}\cdot]^2$$

$$[\mathrm{Cl}\cdot] = \left(\frac{k_1}{k_4}\right)[\mathrm{Cl}_2]^{\frac{1}{2}} \qquad (7.71)$$

将式(7.70)、式(7.71)代入式(7.68),得

$$\frac{d[\mathrm{HCl}]}{dt} = 2k_2\left(\frac{k_1}{k_4}\right)^{\frac{1}{2}}[\mathrm{Cl}_2]^{\frac{1}{2}}[\mathrm{H}_2]$$

所以

$$\frac{1}{2}\frac{d[\mathrm{HCl}]}{dt} = k[\mathrm{Cl}_2]^{\frac{1}{2}}[\mathrm{H}_2] \qquad (7.72)$$

式中,$k = k_2\left(\dfrac{k_1}{k_4}\right)^{\frac{1}{2}}$。根据这个速率方程,$Cl_2$ 和 H_2 的反应是 1.5 级反应。根据 Arrhenius 公式:

$$k_1 = A_1\exp\left(-\frac{E_{a,1}}{RT}\right)$$

$$k_2 = A_2\exp\left(-\frac{E_{a,2}}{RT}\right)$$

$$k_4 = A_4\exp\left(-\frac{E_{a,4}}{RT}\right)$$

则 $k = A_2\left(\dfrac{A_1}{A_4}\right)^{\frac{1}{2}}\exp\left\{-\dfrac{E_{a,2} + \dfrac{1}{2}(E_{a,1} - E_{a,4})}{RT}\right\} = A\exp\left(-\dfrac{E_a}{RT}\right)$

所以,Cl_2 和 H_2 总反应的指前因子和表观活化能分别为

$$A = A_2\left(\frac{A_1}{A_4}\right)^{\frac{1}{2}}$$

$$E_a = E_{a,2} + \frac{1}{2}(E_{a,1} - E_{a,4}) = \left[24 + \frac{1}{2}(242 - 0) \right] \text{kJ} \cdot \text{mol}^{-1} = 145 \text{ kJ} \cdot \text{mol}^{-1}$$

若 Cl_2 和 H_2 的反应是若干个基元反应组合而成的,而不是依照链反应的方式进行,则按照 30% 规则估计其活化能约为

$$E_a = 0.3(\varepsilon_{H-H} - \varepsilon_{Cl-Cl}) = 0.3 \times (436 + 242) \text{ kJ} \cdot \text{mol}^{-1} = 203.4 \text{ kJ} \cdot \text{mol}^{-1}$$

显然反应会选择活化能较低的链反应方式进行。又由于 $\varepsilon_{H-H} < \varepsilon_{Cl-Cl}$,故一般链引发总是从 Cl_2 开始,而不是从 H_2 开始。同理,H_2 与 Br_2 或 H_2 与 I_2 的反应之所以有它们自己所特有的历程,也因为按照那种历程所需的活化能最低。在反应物分子和生成物分子之间往往可以存在若干不同的平行通道,而起主要作用的通道总是活化能最低而反应速率最快的捷径。

7.8.3　支链反应与爆炸

H_2 和 O_2 的混合气在一定的条件下会发生爆炸,由于造成爆炸的原因不同,爆炸可分为两种类型,即热爆炸和支链爆炸。

当 II_2 和 O_2 发生支链反应时:

链的开始:　　　　　　　　　　$H_2 \longrightarrow H \cdot + H \cdot$

直链反应:　　　　$H \cdot + O_2 + H_2 \longrightarrow H_2O + OH \cdot$

　　　　　　　　　　$OH \cdot + H_2 \longrightarrow H_2O + H \cdot$

支链反应:　　　　　　　$H \cdot + O_2 \longrightarrow OH \cdot + O \cdot$

　　　　　　　　　　$O \cdot + H_2 \longrightarrow OH \cdot + H \cdot$

链在气相中的中断:　　　$2H \cdot + M \longrightarrow H_2 + M$

　　　　　　　　　$OH \cdot + H \cdot + M \longrightarrow H_2O + M$

链在器壁上的中断:　　　　$H \cdot + 器壁 \longrightarrow 销毁$

　　　　　　　　　　$OH \cdot + 器壁 \longrightarrow 销毁$

支链反应也有链引发过程,所产生的活性质点一部分按直链方式传递下去,还有一部分每消耗一个活性质点,同时产生两个或两个以上的新活性质点,使反应像树枝状支链的形式迅速传递下去,反应的速率迅速加快,最后可以达到支链爆炸的程度,如图 7.9 所示。

图 7.9　支链反应

当一个放热反应在无法散热的情况下进行时,反应热使反应系统的温度猛烈上升,而温度又使这个放热反应的速率按指数规律上升,放出的热量也随之上升,这样的恶性循环

很快使反应速率几乎毫无止境地增加,最后就会发生爆炸。这样发生的爆炸就是热爆炸。

爆炸反应通常都有一定的爆炸区,当反应达到燃烧或爆炸的压力范围时,反应的速率由平稳而突然增加。图 7.10 是氢混合系统的爆炸界限与温度、压力的关系。

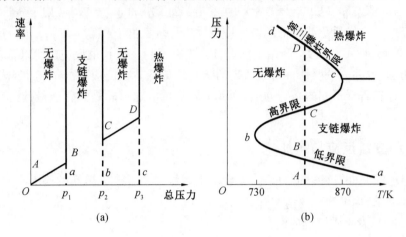

图 7.10　氢混合系统的爆炸界限与温度、压力的关系

支链反应有可能引发支链爆炸,但能否爆炸还取决于温度和压力。当总压力低于 p_1(图 7.10(a)),即 AB 段,反应进行得平稳。当压力在 p_1 至 p_2 之间,反应的速率很快,自动地加速,发生爆炸或燃烧。当压力超过 p_2,一直到 p_3 的阶段即 CD 段,反应速率反而减慢。当压力超过 p_3,又发生爆炸。

上述系统中两个压力限与温度的关系,可用图 7.10(b) 来表示。图中 ab 为低的爆炸界限,bc 为高的爆炸界限,cd 代表第三爆炸界限。第三爆炸界限以上的爆炸是热爆炸(对于 H_2 和 O_2 的反应来说,存在 cd 线。但是否所有的爆炸反应都有第三爆炸界限,则尚不能肯定)。温度低于 730 K,无论压力如何变化,都不会爆炸。

7.9　拟定反应历程的一般方法

以石油裂解中一个重要反应 —— 乙烷热分解的反应历程为例,说明确定反应历程的一般过程。

乙烷的热分解反应在 823 ~ 923 K 间,由实验室测得其主要产物是氢和乙烯(此外还有少量的甲烷),反应方程式可以写为

$$C_2H_6(g) \longrightarrow C_2H_4(g) + H_2(g)$$

实验得出,在较高的压力下,它是一级反应,其反应速率方程式为

$$-\frac{d[HCl]}{dt} = k[C_2H_6]$$

由实验测得反应的活化能为 284.5 $kJ \cdot mol^{-1}$ 左右,质谱仪和其他实验技术证明,在乙烷的分解过程中有自由基 $CH_3 \cdot$ 和 $C_2H_5 \cdot$ 生成。根据这些实验事实,有人认为该反应是按下列链反应机理进行的:

（1）$C_2H_6(g) \xrightarrow{k_1} 2CH_3 \cdot$　$E_1 = 351.5 \text{ kJ} \cdot \text{mol}^{-1}$

（2）$CH_3 \cdot + C_2H_6 \xrightarrow{k_2} CH_4 + C_2H_5 \cdot$　$E_2 = 33.5 \text{ kJ} \cdot \text{mol}^{-1}$

（3）$C_2H_5 \cdot \xrightarrow{k_3} C_2H_4 + H \cdot$　$E_3 = 167 \text{ kJ} \cdot \text{mol}^{-1}$

（4）$H \cdot + C_2H_6 \xrightarrow{k_4} H_2 + C_2H_5 \cdot$　$E_4 = 29.3 \text{ kJ} \cdot \text{mol}^{-1}$

（5）$H \cdot + C_2H_5 \cdot \xrightarrow{k_5} C_2H_6$　$E_5 = 0 \text{ kJ} \cdot \text{mol}^{-1}$

在反应中，（1）是链的开始，（2）、（3）、（4）是链的传递，（5）是链的终止。上述乙烷热分解的链反应机理是否正确还需要予以检验。首先必须按上述反应机理找出反应速率和反应物浓度的关系，检验其是否与实验结果一致，还要根据各基元反应的活化能来估算总的活化能，看所得到的活化能是否和实验值相符。此外，如果还有其他实验事实，则所提出的机理也应能给予说明。

根据上述机理，反应的速率为

$$-\frac{d[C_2H_6]}{dt} = k_1[C_2H_6] + k_2[CH_3 \cdot][C_2H_6] + k_4[C_2H_6][H \cdot] - k_5[H \cdot][C_2H_5 \cdot]$$

$$(7.73)$$

式（7.73）中各个自由基的浓度$[CH_3 \cdot]$、$[H \cdot]$、$[C_2H_5 \cdot]$在反应过程中很难直接测定，可以通过稳态处理法求出它们与反应物浓度$[C_2H_6]$之间的关系。

$$\frac{d[CH_3 \cdot]}{dt} = 2k_1[C_2H_6] - k_2[CH_3 \cdot][C_2H_6] = 0 \qquad (7.74)$$

$$\frac{d[C_2H_5 \cdot]}{dt} = k_2[CH_3 \cdot][C_2H_6] - k_3[C_2H_5 \cdot] + k_4[C_2H_6][H \cdot] - k_5[H \cdot][C_2H_5 \cdot] = 0$$

$$(7.75)$$

$$\frac{d[H \cdot]}{dt} = k_3[C_2H_5 \cdot] - k_4[C_2H_6][H \cdot] - k_5[H \cdot][C_2H_5 \cdot] = 0 \qquad (7.76)$$

以上三式相加，得

$$2k_1[C_2H_6] - 2k_5[H \cdot][C_2H_5 \cdot] = 0$$

所以

$$[H \cdot] = \left(\frac{k_1}{k_5}\right)\frac{[C_2H_6]}{[C_2H_5 \cdot]} \qquad (7.77)$$

从式（7.74）可得

$$[CH_3 \cdot] = \frac{2k_1}{k_2} \qquad (7.78)$$

把式（7.77）代入式（7.76），得

$$[C_2H_5 \cdot]^2 - \left(\frac{k_1}{k_3}\right)[C_2H_6][C_2H_5 \cdot] - \left(\frac{k_1 k_4}{k_3 k_5}\right)[C_2H_6]^2 = 0$$

这是一个以$[C_2H_5 \cdot]$为变数的二次方程式，其解为

$$\left[\,C_2H_5\,\cdot\,\right]\ =\ \left[\,C_2H_6\,\right]\left[\frac{k_1}{2k_3}\ \pm\ \sqrt{\left(\frac{k_1}{2k_3}\right)^2+\left(\frac{k_1k_4}{k_3k_5}\right)}\ \right]$$

k_1 是链引发步骤的速率常数，一般不是很大，可略去不计。同时，负值为不合理解，也不予考虑。所以简化为

$$\left[\,C_2H_5\,\cdot\,\right]\ =\ \left(\frac{k_1k_4}{k_3k_5}\right)^{\frac{1}{2}}\left[\,C_2H_6\,\right] \tag{7.79}$$

再代入式(7.77)，得

$$\left[\,H\,\cdot\,\right]\ =\ \left(\frac{k_1k_3}{k_4k_5}\right)^{\frac{1}{2}} \tag{7.80}$$

将式(7.78)、式(7.79)、式(7.80)代入式(7.73)，整理后得

$$-\frac{d\left[\,C_2H_6\,\right]}{dt}\ =\ \left[\,2k_1+\left(\frac{k_1k_3k_4}{k_5}\right)^{\frac{1}{2}}\,\right]\left[\,C_2H_6\,\right]$$

在括号中，相对来说可以略去 k_1，故得

$$-\frac{d\left[\,C_2H_6\,\right]}{dt}\ =\ \left(\frac{k_1k_3k_4}{k_5}\right)^{\frac{1}{2}}\left[\,C_2H_6\,\right]\ =\ k\left[\,C_2H_6\,\right] \tag{7.81}$$

即反应对 $\left[\,C_2H_6\,\right]$ 为一级。由于反应的活化能越大，速率常数越小，基元反应(1)的活化能比其他几个都大，故相对来说略去 k_1 及高次方项，不致引入太大的误差。

由此可见，按照上述反应机理导出的反应速率方程式即式(7.81)是一个一级反应，与实验所得结果基本一致。

再看如何由基元反应的活化能来估计总的活化能。在式(7.81)中，

$$k\ =\ \left(\frac{k_1k_3k_4}{k_5}\right)^{\frac{1}{2}}$$

根据温度与反应速率常数的关系 $k=A\exp\left(\dfrac{-E_a}{RT}\right)$ 可以得出

$$A\exp\left(\frac{-E_a}{RT}\right)\ =\ \left(\frac{A_1A_3A_4}{A_5}\right)^{\frac{1}{2}}\exp\left[\,-\frac{1}{2}\left(\frac{E_1+E_3+E_4-E_5}{RT}\right)\,\right]$$

$$E_a\ =\ \frac{1}{2}(E_1+E_3+E_4-E_5)$$

$$=\ \frac{1}{2}(351.5+167+29.3-0)\ kJ\cdot mol^{-1}$$

$$=\ 274\ kJ\cdot mol^{-1}$$

这个数值与实验直接测得的表观活化能 284.5 $kJ\cdot mol^{-1}$ 也是接近的。

由于反应级数和活化能的数值都基本上与实验结果大致相符，这表明上述机理在实验的条件下基本是合理的。关于乙烷的热分解反应有不少人进行过研究，在较低的压力和较高的温度时，实验测得反应为 2/3 级，这主要是因为当反应的条件不同时，链终止的步骤有所不同。

　　在处理复杂反应的历程时,除了稳态近似法以外,还有速控步近似和平衡假设两种方法。适当采用可以免去解复杂的联立微分方程,使稳态简化不致引入很大误差。

　　在一系列的连续反应中,若其中有一步反应的速率最慢,它控制了总反应的速率,使反应的速率基本等于最慢一步的速率,则这最慢的一步反应称为速控步或决速步。

　　例如:有反应

$$H^+ + HNO_2 + C_6H_5NH_2 \xrightarrow{Br^-} C_6H_5N_2^+ + 2H_2O$$

实验得出的速率方程为

$$r = k[H^+][HNO_2][Br^-]$$

而反应物 $[C_6H_5NH_2]$ 对反应速率无影响,未出现在速率方程式中。因此,该反应的可能历程是

(1) $H^+ + HNO_2 \rightleftharpoons H_2NO_2^+$ (快速平衡)

(2) $H_2NO_2^+ + Br^- \xrightarrow{k_2} ONBr + H_2O$ (慢)

(3) $ONBr + C_6H_5NH_2 \xrightarrow{k_3} C_6H_5N_2^+ + H_2O + Br^-$ (快)

第(2)步是总反应的速控步,因此总反应的速率为

$$r = k_2[H_2NO_2^+][Br^-]$$

中间产物的浓度 $[H_2NO_2^+]$ 可从快速平衡反应(1)中求得:

$$[H_2NO_2^+] = \frac{k_1}{k_{-1}}[H^+][HNO_2] = K[H^+][HNO_2]$$

代入总反应速率公式,得

$$r = \frac{k_1 k_2}{k_{-1}}[H^+][HNO_2][Br^-] = k[H^+][HNO_2][Br^-]$$

这与实验结果一致。表观速率常数 $k = \dfrac{k_1 k_2}{k_{-1}}$,不包括速控步以下的快反应的速率常数 k_3,但包括了速控步及以前所有反应的速率常数。由于反应物 $C_6H_5NH_2$ 是出现在速控步以后的快反应中,所以它的浓度对总反应基本无影响,故不出现在速率方程中。

　　从上例中可以看到,在一个含有对峙反应的连续反应中,如果存在速控步,则总反应速率及表观速率常数仅取决于速控步及它以前的平衡过程,与速控步以后的各快反应无关。另外,因速控步反应很慢,假定快速平衡反应不受其影响,各正、逆向反应间的平衡关系仍然存在,从而可以利用平衡常数 K 及反应物浓度来求出中间产物的浓度,这种处理方法称为平衡假设。称为假设是因为在化学反应进行的系统中,完全平衡是达不到的,这也仅是一种近似的处理方法。

　　设某总反应为 $A + B \longrightarrow P$,总反应速率用 $r = \dfrac{d[P]}{dt}$ 表示,其一种反应历程为

$$A \rightleftharpoons B \tag{1}$$

$$C + B \xrightarrow{k_2} P \tag{2}$$

则 $r = \dfrac{d[P]}{dt} = k_2[C][B]$。究竟用何种近似方法来消去中间产物的浓度项 $[C]$,则要视具

体情况而定,也就是说稳态近似、速控步及平衡假设的使用是有一定前提的。

(1) 如果 $k_{-1} + k_2[B] \gg k_1$,中间产物 C 一旦产生,马上会被消耗掉,这时对中间产物 C 做稳态近似:

$$\frac{d[C]}{dt} = k_1[A] - k_{-1}[C] - k_2[B][C] = 0 \tag{7.82}$$

$$[C] = \frac{k_1[A]}{k_{-1} + k_2[B]} \tag{7.83}$$

$$r = \frac{k_1 k_2[A][B]}{k_{-1} + k_2[B]} \tag{7.84}$$

如果 $k_{-1} \ll k_2[B]$,则 $k_{-1} + k_2[B] \approx k_2[B]$,则总速率

$$r = k_1[A] \tag{7.85}$$

因这时反应(1)是速控步,反应物 B 参加速控步后面的快反应,因此不影响反应速率。

(2) 如果 $k_{-1} \gg k_2[B]$,这时反应(2)是速控步。要反应(1)的平衡能维持,还需 $k_{-1} \gg k_1$,使平衡能很快建立,这时才能用平衡假设。当(1)处于平衡时,得

$$[C] = \frac{k_1}{k_{-1}}[A] = K[A] \tag{7.86}$$

则

$$r = \frac{k_1 k_2}{k_{-1}}[A][B] \tag{7.87}$$

对照式(7.84),只有在 $k_{-1} \gg k_2[B]$ 时,两式基本相等。所以,使用平衡假设是有条件的,只有第一个平衡是快速平衡,第二步是慢反应,作为速控步,这时才可以采用平衡假设这一近似方法。

利用决速步近似、稳态近似法及平衡假设法三种近似处理方法,在推导复杂反应的速率方程时就要简便得多了。

化学反应的反应机理并不是凭空想象出来的,也不是先有一套假设再逐步验证的,而是要首先掌握足够的实验数据,从实验中找出反应速率与浓度的关系、活化能,以及判断在分解过程中是否有自由基存在等,然后根据这些事实来考虑其历程。而所设想的历程即使是理论上符合逻辑,也必须经过实验的检验,整个过程就是实践、认识、再实践、再认识的过程。

一般来说,拟定反应机理大致要经过下列几个步骤。

(1) 初步的观察和分析。

根据对反应系统所观察到的现象,初步了解反应是复相还是均相反应,反应是否受光的影响。注意反应过程中有无颜色的改变,有无热量放出,有无副产物生成,以及其他可能观察到的现象。根据对现象的分析,再有计划、有系统地进行实验。

(2) 收集定量的数据。

例如:① 测定反应速率与各个反应物浓度的关系,确定反应的总级数。② 测定反应速率与温度的关系,确定反应的活化能。③ 测定有无逆反应或其他可能的复杂反应,确

定反应过程中的主反应是什么,副反应又是什么。④ 中间产物的寿命可能很短,数量也可能不多,因此对它们的检验常常必须用特殊的方法(如用淬冷法或原位磁共振谱色谱 – 质谱联合谱仪、闪光光解等近代测试手段)。但是一旦检验出有某种中间化合物存在,则对于反应机理的确定往往起到很重要的作用。O_2、Cl_2O、NO 等具有未成对的电子,易于捕获自由基。在反应系统中加入这些物质,观察反应速率是否下降,以判断系统中是否有自由基存在。而自由基的存在常能导致链反应。

(3) 拟定反应机理。

根据所观察到的事实和收集到的数据,提出可能的反应步骤,然后逐步排除那些与活化能大小不相符的反应或与事实有抵触的反应步骤。对所提出的机理必须进行多方面的考验。除了根据反应级数、速率方程式、活化能之外,还可以按具体情况进行具体分析。例如:可用同位素来判别机理,也可以根据我们对物质结构的已有常识来判断。如能就机理中的中间步骤单独进行实验,则更为有效。整个机理的速率方程式应经过逐步检验,必须与观测到的全部实验事实一致,这个反应机理才能初步确定下来。通过对势能面的量化计算,也可以了解反应过程中最可能经过的途径等(但势能面的计算是相当复杂的问题)。

如果发现有新的实验事实,则所提出的反应机理必须能够说明新的实验事实,否则反应机理必须修正或者重新考虑。以上列举的只是拟定反应机理的一般过程,并不是对任何一个反应所有的研究步骤都必须用到,也可能还有其他研究步骤需要补充,这完全要对具体问题做具体分析并从整体上综合考虑。

7.10　光化学反应

7.10.1　光化学反应的初级过程和次级过程

光化学反应又称光化反应,是由于吸收光量子而引起的化学反应,如光合作用中碳水化合物的合成、染料在空气中的褪色、胶片的感光作用等都是光化学反应。

可见光的波长范围是 400 ~ 750 nm,紫外光波长范围为 150 ~ 400 nm,近红外光的波长范围为 750 ~ 2 500 nm。在光化学中,人们关注的为波长在 100 ~ 1 000 nm 的光波(其中包括紫外、可见光和红外线)。光子的能量随光的波长的增大而下降,因为一个光子的能量 ε 为

$$\varepsilon = h\nu \tag{7.88}$$

而波长为

$$\lambda = \frac{c}{\nu} \tag{7.89}$$

则

$$\varepsilon = \frac{hc}{\lambda} \tag{7.90}$$

式中,h 为普朗克常数;c 为光速;ν 为频率。

1 mol 光量子能量称为一个"Einstein"。波长越短,能量越高。可以引起光化学反应的光是可见光和紫外光,红外光由于能量较低,不足以引发光化学反应(但红外激光可以引发光化学反应)。

光化学反应是从反应物吸收光子开始的,此过程称为光化学反应的初级过程,它使反应物的分子或原子中的电子能态由基态跃迁到较高能量的激发态(式中上角标"*"代表激发态),例如:

$$Hg(g) + h\nu \longrightarrow Hg^*(g) \tag{7.91}$$

$$Br_2(g) + h\nu \longrightarrow 2Br^*(g) \tag{7.92}$$

这两个过程都是初级过程,初级过程的产物还可以进行一系列的次级过程,如发生光淬灭、放出荧光或磷光等,再跃迁回到基态使次级反应停止。

7.10.2　光化学最基本定律

Grotthus(格罗特斯)和 Draper(德拉波)在1818年提出了光化学第一定律,又称之为 Grotthus - Draper 定律。该定律提出只有被分子吸收的光才能引起光化学反应。根据这个定律,在研究光化学反应时要注意光源、反应器材料与溶剂的选择。

光化学第二定律是指在初级过程中,一个被吸收的光子只活化一个分子。该定律是由 Stark(斯塔克)和 Einstein(爱因斯坦)在 1908—1912 年提出的,故又称为 Stark - Einstein 定律。

当平行的单色光通过浓度为 c、长度为 d 的均匀介质时,未被吸收的透射光强度 I_t 与入射光强度 I_0 之间的关系为

$$I_t = I_0 \exp(-kdc) \tag{7.93}$$

式中,k 为摩尔吸收系数,其值与入射光的波长、温度、溶剂等性质有关。该式被称为 Lambert - Beer(朗伯 - 比尔)定律。

光的吸收过程是光化学反应的初级过程,光化学第二定律只适用于初级过程,该定律也可表示为

$$A + h\nu \longrightarrow A^* \tag{7.94}$$

式中,A^* 为 A 的电子激发态,即活化分子。活化分子可能直接变为产物,也可能和低能量分子相撞而失活,或者引发其他次级反应。因此,引入了量子产率的概念来衡量光化学反应的效率,用 Φ 表示。对一指定反应:

$$\Phi \xlongequal{\text{def}} \frac{\text{反应物分子消失数}}{\text{吸收光子数}} = \frac{\text{反应消失的物质的量}}{\text{吸收光子的物质的量}} \tag{7.95}$$

$$\Phi' \xlongequal{\text{def}} \frac{\text{产物分子 B 生成数}}{\text{吸收光子数}} = \frac{\text{生成产物 B 的物质的量}}{\text{吸收光子的物质的量}} \tag{7.96}$$

式中,Φ 和 Φ' 的数值很可能不相等,例如:

$$2HBr + h\nu(\lambda = 200 \text{ nm}) \longrightarrow H_2 + Br_2$$

此时,$\Phi = 2$,而 $\Phi' = 1$。

当 $\Phi > 1$ 时,是由于初级过程活化了一个分子,而次级过程中又使若干反应物发生反应。例如:$H_2 + Cl_2 \longrightarrow 2HCl$ 的反应,一个光子引发了一个链反应,量子效率可达 10^6。

当 $\Phi < 1$ 时,是由于初级过程被光子活化的分子,尚未来得及反应便发生了分子内或分子间的传能过程而失去活性。

动力学中常用反应速率(r) 和吸收光子速率(I_a) 来定义量子产率,可表示为

$$\Phi \stackrel{\text{def}}{=\!=} \frac{r}{I_a} \tag{7.97}$$

式中,r 为反应速率,用实验可测量;I_a 为吸收光速率,用露光计测量。

7.10.3　光化学反应动力学

光化学反应的初级反应与入射光的频率、强度(I_0) 有关,因此要探究光化学反应的动力学,首先要了解其初级反应,然后再确定其次级过程。要确定反应历程,仍然要依靠实验数据,测定某些物质的生成速率或某些物质的消耗速率。各种分子光谱在确定初级反应过程时常是有力的实验工具,以 A_2 光解反应为例,其总反应为

$$A_2 + h\nu \longrightarrow 2A$$

反应机理:

初级过程 $\qquad\qquad A_2 + h\nu \xrightarrow{\ I_a\ } A_2^*\,(激发活化)$

次级过程 $\qquad\qquad A_2^* \xrightarrow{\ k_2\ } 2A\,(解离)$

$$A_2^* + A_2 \xrightarrow{\ k_3\ } 2A_2\,(能量转移而失活)$$

在初级过程中,光化学反应的初速率只与吸收光强度 I_a 有关,与反应物浓度无关,产物 A 的生成速率为

$$\frac{\mathrm{d}[A]}{\mathrm{d}t} = 2k_2[A_2^*]$$

反应速率为

$$r = \frac{1}{2}\frac{\mathrm{d}[A]}{\mathrm{d}t} = k_2[A_2^*]$$

对 A_2^* 作稳态近似处理

$$\frac{\mathrm{d}[A_2^*]}{\mathrm{d}t} = I_a - k_2[A_2^*] - k_3[A_2^*][A_2] = 0$$

则

$$[A_2^*] = \frac{I_a}{k_2 + k_3[A_2]}$$

反应速率 r 为

$$r = \frac{1}{2}\frac{\mathrm{d}[A]}{\mathrm{d}t} = \frac{k_2 I_a}{k_2 + k_3[A_2]}$$

该反应的量子产率为

$$\Phi = \frac{r}{I_a} = \frac{k_2}{k_2 + k_3[A_2]}$$

7.10.4 感应反应与化学发光

有些物质对光不敏感,不能直接吸收某种波长的光而进行光化学反应,但是如果在系统中加入另一种物质,它能吸收这样的辐射,然后将光能传递给反应物,使反应物发生作用,而该物质本身在反应前后并未发生变化,这种物质就称为光敏剂,又称感光剂,这样的反应就是感光反应(或光敏反应)。例如:氢气分解时必须用汞蒸气作感光剂,用波长为 253.7 nm 的紫外光照射时,氢气并不解离,具体反应原理如下:

将 1 mol $H_2(g)$ 解离成氢原子需要的解离能为 436 kJ·mol^{-1},而 1 mol 波长为 253.7 nm 的紫外光子的能量为

$$u = \frac{Lhc}{\lambda} = \frac{6.02 \times 10^{23} mol^{-1} \times 6.63 \times 10^{-34} J \cdot s \times 3.0 \times 10^8 m \cdot s^{-1}}{253.7 \times 10^{-9} m} = 472 \text{ kJ} \cdot mol^{-1}$$

此时,尽管紫外光子的能量已大于氢气的解离能,但仍不能使氢解离,只有在氢气中混入少量汞蒸气后,$Hg(g)$ 受光活化成为 $Hg^*(g)$,它能使氢分子立刻分解,则汞蒸气就是该反应的感光剂,具体原理如下:

$$Hg(g) + h\nu \longrightarrow Hg^*(g)$$
$$Hg^*(g) + H_2(g) \longrightarrow Hg(g) + H_2^*(g)$$
$$H_2^*(g) \longrightarrow 2H \cdot$$

在植物光合作用中,$CO_2(g)$ 和 H_2O 都不能直接吸收阳光($\lambda = 400 \sim 700$ nm),需要用叶绿素作为感光剂来吸收阳光并使 $CO_2(g)$ 和 H_2O 合成糖类:

$$6CO_2(g) + 6H_2O \xrightarrow[h\nu]{\text{叶绿素}} C_6H_{12}O_6 + 6O_2(g)$$

化学发光可以看作光化学反应的逆过程,是在化学反应过程中产生了激发态的分子,当这些激发态的分子回到基态的同时放出的辐射。由于这种辐射的温度较低,所以又称为化学冷光。例如:$CO(g)$ 燃烧时,能形成激发态的 $CO_2^*(g)$ 和 $O_2^*(g)$,这些激发态能放出光,具体反应为

$$O_2^* \longrightarrow O_2 + h\nu$$
$$CO_2^* \longrightarrow CO_2 + h\nu'$$

不同反应放出的辐射的波长不同,有的在可见光区,有的在红外光区,后者称为红外化学发光,例如热反应:

$$H + X_2 \longrightarrow X + HX^*$$

激发态 HX^* 可以放出红外辐射,通过研究这种辐射,可以了解初生态产物中的能量分配情况。

7.11 催化反应动力学

7.11.1 催化剂与催化作用

在化学反应中,将可以明显改变反应速率,而本身在反应前后保持数量和化学性质不

变的物质称为催化剂,这种作用则称为催化作用。根据催化剂对化学速率的改变可以分为正催化剂和负催化剂,可以加快反应速率的催化剂称为正催化剂,反之,起到降低反应速率作用的催化剂称为阻化剂或负催化剂。因为催化剂本身是参与反应的,所以虽然其化学性质在反应前后不发生改变,但其物理性质有可能改变。

随着现代工业的快速发展,工业生产更加追求高效节能,催化剂已经成为工业技术的核心。据统计,约有 90% 以上的工业过程会使用催化剂,尤其在化工、医药、农药、燃料等工业中,80% 以上的产品在生产过程中都会使用催化剂。工业上大部分用的催化剂都是正催化剂,如氨氮合成氨、尿素的合成、高分子的聚合反应等。然而,也有一部分工业会采用阻化剂,例如塑料和橡胶中的防老剂、金属防腐用的缓蚀剂和汽油燃烧中的防爆震剂等。

催化反应通常可以分为均相催化和多相催化。催化剂与反应系统处在同一个相,没有相界面存在的反应称为均相催化,如用硫酸作催化剂使乙醇和乙酸生成乙酸乙酯的反应就是液相均相反应,这种起到均相催化作用的催化剂称为均相催化剂。当催化剂与反应系统处在不同相时,发生的反应称为多相催化,例如用固体超强酸作催化剂使乙醇和乙酸生成乙酸乙酯的反应就是多相催化反应,这时起催化作用的催化剂称为多相催化剂。在工业生产中,石油裂解、直链烷烃芳构化等反应也属于多相催化反应。

催化剂在催化过程中可能会因各种因素而失去活性,其中,反应原料中含有的一些微量杂质使催化剂的活性、选择性明显下降或丧失的现象称为催化剂中毒,这种占领固体催化剂活性中心,使其失去活性的杂质称为催化剂毒物。毒物通常是具有孤对电子元素(如 S、N、P 等) 的化合物,如 H_2S、HCN、PH_3 等。如果用加热、使用气体或液体冲洗等方法可以使催化剂活性恢复,那么这种现象称为催化剂暂时性中毒。如果用上述方法都不起作用,则称为催化剂永久性中毒,必须重新更换催化剂。中毒是在化工生产中使用催化剂时经常遇到的问题,为了防止催化剂中毒,反应物必须进行预先净化。

催化剂能改变反应速率,是由于改变了反应的活化能,并改变了反应历程。设某基元反应为 $A + B \xrightarrow{k_0} AB$,反应活化能为 E_0,加入催化剂 K 后的反应机理为

$$A + K \rightleftharpoons AK(快平衡)$$

$$AK + B \xrightarrow{k_3} AB + K(慢反应)$$

用平衡假设法推导速率方程

$$r = \frac{d[AB]}{dt} = k_3[AK][B]$$

$$[AK] = \frac{k_1}{k_2}[A][K]$$

可得

$$r = \frac{k_1 k_3}{k_2}[K][A][B] = k[A][B]$$

$$k = \frac{k_1 k_3}{k_2}[K]$$

式中,k 为表观速率常数,可以通过它求得表观活化能为
$$E_a = E_1 + E_3 - E_2$$

活化能与反应进程的关系如图 7.11 所示。可以看出
$$E_a \ll E_0$$
所以
$$k \gg k_0$$

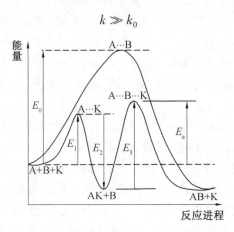

图 7.11   催化反应的活化能与反应的途径

活化能的降低对于反应速率的影响是很大的,也有某些催化反应,活化能降低得不多,而反应速率却改变很大。有时也发现同一反应在不同的催化剂上反应,其活化能相差不大,而反应速率相差很大,这种情况可由活化熵的改变来解释,公式表示为

$$k_{(r)} = \frac{k_B T}{h}(c^{\ominus})^{1-n}\exp\left(\frac{\Delta_r^{\neq} S_m^{\ominus}}{R}\right)\exp\left(-\frac{\Delta_r^{\neq} H_m^{\ominus}}{RT}\right)$$

$$= A\exp\left(-\frac{E_a}{RT}\right) \tag{7.98}$$

式中,$\Delta_r^{\neq} H_m^{\ominus}$ 近似为反应的活化能,如果活化熵 $\Delta_r^{\neq} S_m^{\ominus}$ 改变很大,就相当于指前因子 A 改变很大,也可以明显地改变速率常数值。

7.11.2   催化反应的特点

催化反应的特点可以归纳如下。

(1)催化剂能加速反应速率的本质是改变了反应的历程,降低了整个反应的表观活化能。

(2)催化剂在反应前后,其化学性质没有改变,但由于在反应过程中参与了反应,所以物理性质可能会发生改变。

(3)催化剂不影响反应的化学平衡,从热力学角度来看,不能改变热力学函数 $\Delta_r G_m$、$\Delta_r G_m^{\ominus}$ 的值,催化剂不能改变反应的方向和限度,只能同时加速正向和逆向反应的速率,缩短达到平衡所需的时间,使平衡提前到达,而不能移动平衡点。

(4)催化剂有特殊的选择性,某一类的反应只能用某些催化剂来进行催化,同一催化剂在不同的反应条件下,也有可能得到不同的产品。

（5）有些反应,其反应速率和催化剂的浓度成正比,这可能是催化剂参加了反应成为中间化合物。对于气 – 固相催化反应,增加催化剂的用量或增加催化剂的比表面,都将增加反应速率。

（6）在催化剂或反应系统内加入少量的杂质可以强烈地影响催化剂的作用,这些杂质既可成为助催化剂也可成为反应的毒物。

7.11.3　酶催化反应

酶催化反应是以酶作为催化剂进行催化的化学反应。酶是由活细胞产生的、对其底物具有高度特异性和催化性能的蛋白质或 RNA,是一类极为重要的生物催化剂。在生物体内进行的各种复杂的反应,如蛋白质、脂肪的合成与分解等基本上都是酶催化反应。酶催化反应可以看作介于均相与非均相催化反应之间的一种催化反应,既可以看作反应物与酶形成了中间化合物,也可以看作在酶的表面首先吸附了反应物,然后再进行反应。

Michaelis、Menten、Briggs、Haldane、Henry 等人对酶催化反应动力学进行了研究,提出的反应历程如下:

$$S + E \Longleftrightarrow ES \longrightarrow E + P$$

他们认为酶（E）与底物（S）先形成中间化合物（ES）,然后中间化合物（ES）再进一步分解为产物（P）,并释放出酶（E）。在整个反应过程中,ES 的分解速率很慢,但是它控制着整个反应的速率,利用稳态近似法处理:

$$\frac{\mathrm{d}[P]}{\mathrm{d}t} = k_2[ES]$$

$$\frac{\mathrm{d}[ES]}{\mathrm{d}t} = k_1[S][E] - k_{-1}[ES] - k_2[ES] = 0$$

所以

$$[ES] = \frac{k_1[S][E]}{k_{-1} + k_2} = \frac{[S][E]}{K_M} \tag{7.99}$$

式中,K_M 称为米氏常数,$K_M = \dfrac{k_{-1} + k_2}{k_1}$,这个公式也被称为米氏公式。由于式中 $K_M = \dfrac{[S][E]}{[ES]}$,所以米氏常数实际上相当于[ES]的不稳定常数。因此,反应速率可表示为

$$r = \frac{\mathrm{d}[P]}{\mathrm{d}t} = k_2[ES] = \frac{k_2[S][E]}{K_M} \tag{7.100}$$

若令酶的原始浓度为$[E_0]$,反应达稳态后,它一部分变为中间化合物$[ES]$,余下的部分仍处于游离状态,浓度为$[E]$,即

$$[E] = [E_0] - [ES] \tag{7.101}$$

代入式（7.99）后可得

$$[ES] = \frac{[E][S]}{K_M} = \frac{([E_0] - [ES])[S]}{K_M} \tag{7.102}$$

$$[ES] = \frac{[E_0][S]}{K_M + [S]} \tag{7.103}$$

反应速率为

$$r = \frac{d[P]}{dt} = k_2[ES] = \frac{k_2[E_0][S]}{K_M + [S]} \tag{7.104}$$

若以反应速率 r 为纵坐标,以底物浓度[S]为横坐标作图,可得图 7.12。从图上可以看出,酶催化反应一般为零级,有时为一级。

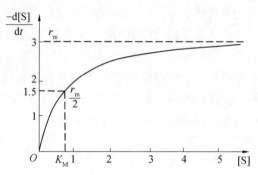

图 7.12　典型的酶催化反应速率曲线

当底物浓度很大时,$[S] \gg K_M$,$r = k_2[E_0]$,即反应速率只与酶的浓度成正比,而与底物浓度[S]无关,对[S]来说呈零级反应。

当底物浓度很小时,$[S] \ll K_M$,$r = \frac{k_2[E_0][S]}{K_M}$,此时反应与底物浓度成正比,对[S]来说呈一级反应。

当底物浓度$[S] \to \infty$ 时,速率趋近于极大值 r_m,即 $r = r_m = k_2[E_0]$。将其代入式(7.103)可得

$$\frac{r}{r_m} = \frac{[S]}{K_M + [S]} \tag{7.105}$$

当$r = \frac{r_m}{2}$时,$K_M = [S]$,也就是说当反应速率达到最大速率的一半时,底物的浓度就等于米氏常数。将式(7.105)重排可得

$$\frac{1}{r} = \frac{K_M}{r_m} \cdot \frac{1}{[S]} + \frac{1}{r_m}$$

以$\frac{1}{r}$ 对$\frac{1}{[S]}$ 作图,可以得到一条直线,从直线的斜率可以求得$\frac{K_M}{r_m}$,从直线的截距可以求得$\frac{1}{r_m}$,二者联立即可求得 K_M 和 r_m。

酶催化反应有以下几个特点。

(1)高选择性:酶的选择性很高,一种酶通常只能催化一种反应,它的选择性超过了任何一种人造催化剂,例如脲酶只能将尿素迅速转化为氨和二氧化碳,而对其他反应没有

任何活性。

（2）高效率：酶催化反应的催化效率非常高，它比人造催化剂的效率高出 $10^8 \sim 10^{12}$ 倍。

（3）反应条件温和：酶催化反应所需的条件比较温和，一般在常温、常压下即可进行。

（4）酶催化反应同时具有均相催化和多相催化的特点：因为酶本身是呈胶体状态而又是分散的，接近于均相，但是酶催化的反应过程是反应物聚集（或被吸附）在酶的表面进行的，这又与多相反应类似。

（5）反应历程复杂：酶催化反应受 pH、温度、离子强度影响较大。酶本身的结构也极其复杂，且酶的活性本身也可以进行调节。

7.11.4　光催化反应

目前，光催化与电催化是多相催化的两大研究领域。光催化反应是指以半导体为光催化剂，在光照条件下发生的催化反应，而催化剂本身并不参与反应，只是起到加快反应速率的作用。光催化的原理是利用光来激发二氧化钛等半导体光催化剂，利用它们产生的电子和空穴来参加氧化还原反应。

在绝对零度温度下，半导体的价带是满带，受到光电注入或热激发后，价带中的部分电子会越过禁带，进入能量较高的空带，空带中存在电子后即成为导电的能带 —— 导带。

光催化剂中存在着位于不同位置的价带和导带，二者形成的空间称为禁带带隙宽度，因此，当能量大于或等于能隙的光照射到半导体光催化剂上时，光催化剂价带上的电子（e^-）被激发跃迁到了导带上，而在价带上形成了相对稳定的空穴（h^+），从而形成电子 - 空穴对。在电场的作用下，会使电子 - 空穴对分离并迁移到光催化剂上，此时吸附在光催化剂表面的溶解氧会俘获电子形成超氧自由基（$\cdot O_2^-$），而空穴将吸附在催化剂表面的氢氧根离子和水氧化成羟基自由基（$\cdot OH$），二者具有很强的氧化性，可以将很多难处理的新污染物降解为二氧化碳和水，实现光的催化降解。半导体光催化的基本原理示意图如图 7.13 所示。

常见的光催化剂为 TiO_2、SnO_2、$BiOCl$（氯氧化铋），它们都具有稳定的化学性质、优异的氧化还原能力，并且成本低廉，可以实现光能到化学能的转化。其中，二氧化钛（TiO_2）是目前公认的最佳光催化剂。

当二氧化钛吸收一个足够能量的光子时，其分子轨道中的一个电子离开价带跃迁至导带，其带隙为 3.2 eV，电子的跃迁使得在价带中形成一个空穴，并在导带中形成一个电子，表达式如下：

$$TiO_2 \xrightarrow{h\nu} h^+ + e_{cb}$$

式中，h^+ 为价带中的空穴，电荷 1.6×10^{-19} C；e_{cb} 为导带中的电子，电荷 1.6×10^{-19} C。其产生的空穴可以与吸附在催化剂表面上的 OH^-（或 H_2O）发生作用生成羟基自由基

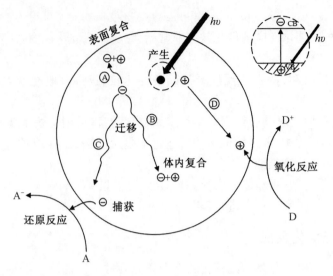

图 7.13　半导体光催化的基本原理示意图

（·OH）。其反应原理如下：

$$h^+ + H_2O \longrightarrow H^+ + \cdot OH$$

导带电子可以还原氢离子和氧气，这取决于 pH 和氧气浓度，反应如下：

$$H^+ + e_{cb} \longrightarrow \frac{1}{2}H_2（厌氧条件下）$$

$$O_2 + e_{cb} \longrightarrow \cdot O_2^-（好氧条件下）$$

由于产生的羟基自由基与超氧自由基具有很强的氧化作用，因此可以与污染物发生氧化还原反应，将其降解为二氧化碳和水，在环境治理方面有很广泛的应用，是一种高能环保的技术手段。

光催化技术有以下优点。

（1）过程中直接用空气中的氧气作氧化剂，不再添加任何其他物质，无二次污染，且成本较低，属于绿色环保型技术。

（2）光催化氧化能力强，催化效率高，可以将有机污染物分解为二氧化碳和水等无机小分子物质，净化效果彻底。

（3）半导体光催化剂化学性质稳定，不存在吸附饱和现象，使用寿命长，理论上无须进行更换。

但是，由于传统光催化剂的禁带宽度都较宽，所以限制了光吸收边缘，使得它们只能在紫外光区域内响应，因此，并没有很好地利用太阳能的能量。为了提高太阳能的利用率，可以通过与带隙窄的半导体复合、添加金属修饰，使其形成等离子共振效应以及缩短电子传输距离，延长电子寿命等方法来缩短带隙，进而提高光催化效率。

7.11.5　电催化反应

电催化反应是指存在于电极表面或溶液相中的修饰物（电活性或非电活性物质）促

进或抑制电极、电解质界面上的电荷转移反应的一种催化作用,在电场的作用下,选择合适的电极材料,可以起到加速电极反应的作用。具有催化作用的电极材料在反应中可以改变反应的活化能,从而改变电极反应速率或反应方向,而其本身并不发生质的变化。

电催化反应分为氧化 - 还原电催化和非氧化 - 还原电催化两种类型,氧化 - 还原电催化是指固定在电极表面的催化剂发生了氧化 - 还原反应,从而成为电荷的媒介体,实现了电子的传递,也被称为媒介电催化,如图 7.14(a) 所示。这种电催化可以降低催化反应的超电势,加快反应速率。非氧化 - 还原电催化是指催化剂本身不发生氧化还原反应,而在电子的转移中,会生成某种化学加成物以及其他电活性的中间体,总的活化能降低,又称为外壳层催化,如图 7.14(b) 所示,这种催化剂主要包括合金、金属氧化物、贵金属等。

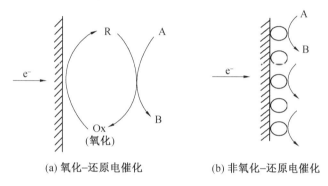

(a) 氧化–还原电催化　　　　(b) 非氧化–还原电催化

图 7.14　氧化 - 还原电催化与非氧化 - 还原电催化过程示意图

电催化作用覆盖电极反应和催化作用两个方面,因此电催化剂必须同时具有这两种功能:① 能导电和比较自由地传递电子;② 能对底物进行有效的催化活化作用。传统的电催化剂包括贵金属(如 Pt、Ag 等) 与过渡金属(如 Ni、Co 等)。但是这些金属的价格较为昂贵,且具有耐久性差、资源短缺等缺点,因此一些新型电催化剂如层状双氢氧化物(LDH)、有机金属框架(MOF) 逐渐被开发出来。这些新型电催化剂成本低廉,可实现电能到化学能的转化,并且具有高活性位点密度和高暴露,可以快速进行质量传输且反应的电子电导率很高。

电催化过程中催化剂的导电性对于电荷传输效率与反应动力学极其重要,因此需要提高催化剂的导电性,通过杂原子掺杂、空位构建等方式对催化剂进行修饰可以有效提高其导电性。例如:通过用 P 填充 Co_3O_4 中的氧空位,从而得到性能优异的 $P - Co_3O_4$ 电催化剂,可以显著提高电导率,具体结构如图 7.15 所示。

为了进一步提高其催化活性,还可对金属原子的电子结构进行优化,增强催化剂表面活性位点对反应物和中间产物的吸附作用。此外,采用原位表征技术,如原位 X 射线衍射、原位拉曼光谱等手段来研究电催化过程中电催化剂表面状态的变化规律,可以为设计长寿命电催化剂提供指导。

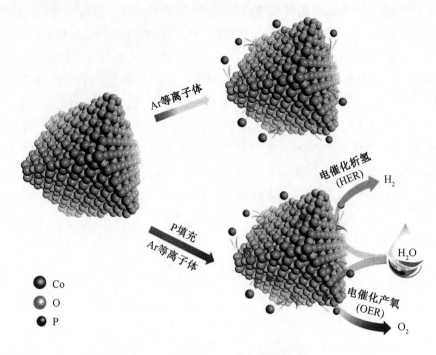

图 7.15　P 填充 Co_3O_4 氧空位示意图

本 章 小 结

（1）介绍了化学热力学与化学动力学的研究对象。化学热力学研究一个过程进行的方向与限度，不考虑该过程进行的快慢；化学动力学则研究变化的快慢即速率问题。

（2）讨论了反应速率方程的微分表达式、各级反应速率方程的积分形式，并从速率常数的单位、与浓度相关量和与时间相关量之间的直线关系及反应的半衰期等讨论了各级反应的特征。

（3）讨论了通过实验测定反应级数的尝试法、半衰期法、初始速率法和隔离法及其适用条件。

（4）讨论了反应速率常数与温度之间的关系，即阿伦尼乌斯方程，并通过该方程研究了反应活化能对反应速率的影响，还附加介绍了活化能与温度的关系。

（5）介绍了光化学反应的过程与基本定律以及光化学反应动力学。

（6）介绍了感应发光与化学发光。

（7）讨论了催化反应的原理、特点，对催化剂进行了介绍。

（8）介绍了酶催化、光催化和电催化三种催化反应。

本 章 习 题

1.某一级反应进行 10 min 后，反应物反应掉 30%。问反应掉 50% 需多少时间？

2.对于一级反应,试证明转化率达到87.5%所需时间为转化率达到50%所需时间的3倍。对于二级反应又应为多少?

3.某反应由相同初始浓度开始到转化率达20%所需时间,在40 ℃ 时为15 min,60 ℃ 时为3 min。试计算此反应的活化能。

4.在波长为214 nm 的光照射下,发生下列反应:

$$HN_3 + H_2O \xrightarrow{h\nu} N_2 + NH_2OH$$

当吸收光的强度 $I_a = 0.055\ 9\ J \cdot dm^{-3} \cdot s^{-1}$,照射 39.38 min 后,测得 $c(N_2) = c(NH_2OH) = 24.1 \times 10^{-5} mol \cdot dm^{-3}$。求量子产率。

第 8 章　界面化学

本章重点、难点：

(1) 表面张力及表面过剩自由能定义、物理意义及表面张力方向。

(2) 表面热力学基本方程。

(3) 润湿及毛细管现象，以及用杨氏方程求算接触角。

(4) 弯曲液面附加压力的拉普拉斯方程和弯曲液面饱和蒸气压的开尔文公式及其应用。

(5) 气体在固体表面吸附的三个吸附恒温式，即朗缪尔吸附恒温式、弗罗因德利希吸附恒温式和 BET 吸附恒温式及其应用。

(6) 溶液界面吸附的吉布斯方程及其应用。

(7) 表面活性剂的特征及其应用，临界胶束浓度。

本章实际应用：

(1) 润湿是近代许多工业技术的基础。例如：机械润滑、矿物浮选、注水采油、施用农药、油漆、印染、焊接等都离不开润湿作用。

(2) 新相生成和亚稳状态是人工降雨的基本原理。

(3) 吸附是实验室和工业中重要的分离方法。例如：用活性炭脱除有机物；用硅胶或活性氧化铝脱除水蒸气；用分子筛分离烷烃和芳烃、氨气和氧气，从天然气中脱除二氧化碳和硫化物；用葡聚糖凝胶和琼脂糖凝胶分离蛋白质、干扰素等。

(4) LB 膜(Langmuir – Blodgett 膜) 不仅应用于微电子集成电路、非线性光学材料，还应用于生物传感器等方面。湖泊、海洋表面覆盖的能延缓蒸发的天然糖蛋白膜、造成污染的油膜等大多是单分子层膜。

(5) 表面活性剂广泛应用于润湿、研磨、洗涤、乳化、消泡、注水采油、矿物浮选等领域。

(6) 在气相或液相中使用固体催化剂加速反应。大多数化学工业都使用多相催化技术，如合成某些化合物(氨、硫酸、乙酸乙烯和环氧乙烷的合成等)、油品的催化裂化和加氢裂化，水煤气化等。

知识框架图

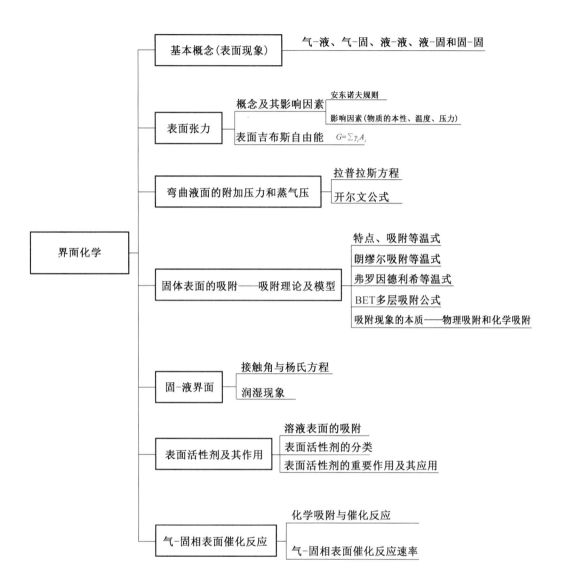

8.1 引 言

界面科学是化学、物理、生物、材料和信息等学科之间相互交叉和渗透的一门重要的边缘科学,是当前三大科学技术(即生命科学、材料科学和信息科学)前沿领域的桥梁。界面化学是在原子或分子尺度上探讨两相界面上发生的化学过程以及化学过程前驱的一些物理过程。

前面数章中讨论的热力学平衡体系,其中每一相都严格地认为相内各部分的强度性质是均匀一致的。事实上,作为一个相,其分布于表面层的分子与相内部的分子,在组成、结构、能量状态或受力情况等方面都是有差别的。例如:设有一个由 α 相与 β 相组成的体系(图8.1),分子在两相接触界面上或附近区域的周围环境不同于 α 相与 β 相的内部。我们把这种紧密接触的两相之间的区域称为界面,如果是凝聚相与气相接触的界面又称为表面。

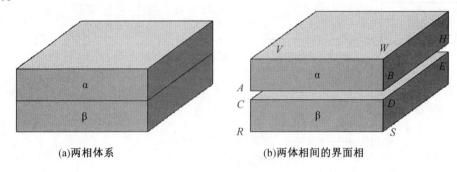

(a)两相体系 (b)两体相间的界面相

图 8.1 两相界面示意图

8.2 表面现象

密切接触的两相之间的过渡区(约有几个分子的厚度)称为界面,物质三态的不同,决定了不同的界面类型,存在气－液、气－固、液－液、液－固和固－固5种不同的界面,一般常把与气体接触的界面称为表面。

界面并不是纯粹的几何面,而是有一定的厚度,可能是单分子层界面或多分子层界面,界面的结构和性质均与相邻两侧的体相不同。

界面现象通常讨论的都是在相的界面上发生的一些行为。物质表面层的分子与内部分子周围的环境不同,内部分子所受周围邻近相同分子的作用力是对称的,各个方向的力彼此抵消;但是表面层的分子,则一方面受到本相内物质分子的作用,另一方面又受到性质不同的另一相中物质分子的作用,因此表面层的性质与内部不同。以液体及其蒸气所形成的系统(图8.2),在气液界面上的分子受气相分子作用力小,受液相分子作用力大,故受到一种指向液体内部的拉力,所以液体表面都有自动缩成最小的趋势。一定体积的液滴,在不受外力的作用下,它的形状总是以取球型最为稳定。在任何两相界面上的表面层都有某些特殊性质。对于单组分系统,这种特性主要来自于同一物质在不同相中的密度不同;而对多组分系统,这种特性则来自于表面层的组成和任一相的组成均不相同。

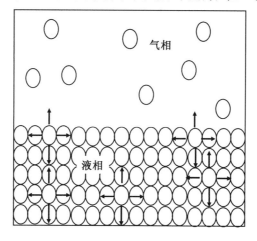

图 8.2　液体表面分子受力情况

物质表面层的特性对物质其他方面的性质也会有所影响,随着系统分散程度的增加,其影响更为显著。因此,当研究在表面层上发生的行为或者研究多相的高分散系统的性质时,就必须考虑到物质的分散度。

通常用比表面积 a_s(单位为 $m^2 \cdot kg^{-1}$)来表示多相分散系统的分散程度,有两种常用的表示方法:一种是单位质量的固体所具有的表面积;另一种是单位体积固体所具有的表面积。其定义为:物质的表面积 A_s 与其质量 m 之比,即

$$a_s = \frac{A_s}{m} \tag{8.1}$$

对一定质量的物体,若将其分散为小粒子,粒子越小,比表面积越大。表 8.1 给出了 $1~cm^3$ 的立方体,不断切割后,比表面积及表面能的变化,微小粒子的物理和化学性质发生了极大变化。

本章将应用物理化学的基本原理,对界面的特殊性质及现象进行讨论和分析。

表 8.1　不同粒子大小的比表面积及表面能

边长 /cm	立方体个数	总表面积 /cm^3	比表面积 /m^{-1}	总表面能 /J
1	1	6	6×10^2	0.44×10^{-4}
1×10^{-1}	1×10^3	6×10^1	6×10^3	0.44×10^{-3}
1×10^{-2}	1×10^6	6×10^2	6×10^4	0.44×10^{-2}
1×10^{-3}	1×10^9	6×10^3	6×10^5	0.44×10^{-1}
1×10^{-4}	1×10^{12}	6×10^4	6×10^6	0.44
1×10^{-5}	1×10^{15}	6×10^5	6×10^7	0.44×10^1
1×10^{-6}	1×10^{18}	6×10^6	6×10^8	0.44×10^2
1×10^{-7}	1×10^{21}	6×10^7	6×10^9	0.44×10^3
1×10^{-8}	1×10^{24}	6×10^8	6×10^{10}	0.44×10^4

8.3 界面张力

8.3.1 表面张力及其影响因素

液体表面的最基本的特性是趋于收缩,例如液滴趋向于呈球形,水银珠和荷叶上的水珠也收缩为球形。从液膜自动收缩的实验,可以更好地认识这一现象。

如图8.3所示,把金属丝弯成倒U形框架,另一根金属丝附在框架上并可自由滑动。把框架放在肥皂液中,然后慢慢地提出,框架上形成了一层肥皂膜。由于液体中的分子有把表面收缩到最小的趋势,所以会把可滑动的金属丝拉上去,一直到框架顶部。如在金属丝下吊一重物,其重力为W_2,则当W_2与金属丝的重力W_1之和与液面向上的收缩力平衡时,金属丝就保持不动了。将二者重力之和记为F,在金属丝框架的正反两面具有两个表面,所以F作用在总长度为$2l$的边界上,则有

$$F = 2\gamma l \tag{8.2}$$

式中,γ即为表面张力,单位$N \cdot m^{-1}$,γ可看作引起液体表面收缩的单位长度上的力。

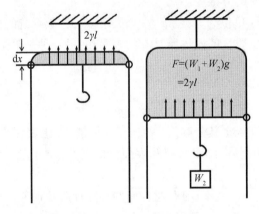

图 8.3 表面张力与表面功示意图

表面张力方向是和液面相切的,并和气液两部分的分界线垂直。若液面是平面,表面张力就在这个平面上。若液面是曲面,表面张力在这个曲面的切面上。把作用于单位边界线上的这种力称为表面张力,表面张力具有方向性,用γ或σ表示。

温度、压力和组成恒定时,可逆使表面积增加dA所需要对系统做的非体积功,称为表面功。用公式表示为

$$\delta W_r = F dx = 2\gamma l dx = \gamma dA_s \tag{8.3}$$

$$\gamma = \frac{\delta W_r}{dA_s} \tag{8.4}$$

式中,γ为比例系数,它在数值上等于当T、p及组成恒定的条件下,增加单位表面积时所必须对系统做的可逆非膨胀功,单位$J \cdot m^{-2}$,IUPAC以此来定义γ,称之为表面功。

影响 γ 的因素:表面张力与形成界面的两相物质的性质密切相关,凡能影响两相性质的因素,对表面张力均有影响,现分述如下。

1.表面张力与物质的本性有关

不同物质分子间的作用力不同,对界面上的分子影响也不同。表 8.2 列出了一些纯物质的表面张力。从表中所列数据可见,纯物质的表面张力与分子的性质有很大关系。通常原子之间若是金属键,表面张力最大,其次是离子键、极性共价键,具有非极性共价键分子的物质表面张力最小。水因为有氢键,所以表面张力也比较大。

安东诺夫(Antonoff)发现,两种液体之间的界面张力是两种液体互相饱和时,两种液体的表面张力之差,即

$$\gamma_{12} = \gamma_1 - \gamma_2$$

式中, γ_1、γ_2 分别是两种液体的表面张力。这个经验规律称为安东诺夫规则。

表 8.2　一些纯物质的表面张力

物质	$\gamma/(N \cdot m^{-1})$	T/K	物质	$\gamma/(N \cdot m^{-1})$	T/K
H_2O	0.072 88	293	Hg(l)	0.486 5	293
	0.072 14	298		0.485 5	298
	0.071 40	303		0.485 4	303
苯(l)	0.028 88	293	Sn(l)	0.543 3	605
	0.027 56	303	Ag(l)	0.878 5	1373
甲醇	0.022 50	293	Cu(l)	1.300	熔点
辛烷	0.021 62	293	$KClO_3(s)$	0.081	641
$N_2(l)$	0.009 41	75	H_2O - 正丁醇	0.001 8	293
$O_2(l)$	0.016 48	77	Hg - 苯	0.357	293

2.温度对表面张力的影响

同一种物质的表面张力因温度不同而异,当温度升高时,物质的体积膨胀,分子间的距离增加,分子之间的相互作用减弱,所以表面张力一般随温度升高而减小。液体的表面张力随温度变化的这一现象更为明显。当温度趋于临界温度时,饱和液体与饱和蒸气的性质趋于一致,相界面趋于消失,此时液体的表面张力趋于零。

在此给出纯液体的表面张力 γ 随温度 T 的变化关系的经验式,即

$$\gamma = \gamma_0 \left(\frac{1 - T}{T_c} \right)^n \tag{8.5}$$

式中, T_c 为液体的临界温度; γ_0、n 为经验常数,与液体性质有关,对于绝大多数液体, $n > 1$。

3.压力及其他因素对表面张力的影响

压力对表面张力的影响原因比较复杂。多重因素的综合效应是,压力增加,表面张力下降。通常每增加 1 MPa 的压力,表面张力约降低 $1 \text{ N} \cdot \text{m}^{-1}$。

溶液的表面张力与溶液的浓度有关,有些溶质加入后能使溶液的表面张力降低,另一些溶质加入后却使液体的表面张力升高。我们把加入后使水表面张力升高的物质称为非表面活性物质,如无机盐、不挥发性的酸碱,这些物质的离子对于水分子的吸引而趋向于将水分子拖向溶液内部,此时增加单位表面积所做的功升高,因此溶液的表面张力升高。相反,能使水的表面张力降低的溶质称为表面活性物质,一般都是有机化合物。习惯上,只把明显降低水的表面张力的两亲性物质的有机化合物称为表面活性剂,分子同时包含亲水的极性基团和憎水的非极性碳链或环,一般指 8 碳以上的碳链。所谓两亲分子,以脂肪酸为例,亲水的羧基使脂肪酸分子有进入水中的趋向,而憎水的碳氢链则竭力阻止其在水中溶解,这种分子就有很大的趋势存在于两相界面上,不同基团各选择所亲的相而定向,因此称为两亲分子。对于表面活性剂来说,非极性的成分大,则表面活性大。

8.3.2　表面吉布斯自由能

在恒温恒压下,可逆非体积功等于系统的吉布斯函数变,即

$$\delta W_r = dG_{T,p} = \gamma dA_s \tag{8.6}$$

$$\gamma = \left(\frac{\partial G}{\partial A_s} \right)_{T,p} \tag{8.7}$$

$$G = \sum \gamma_i A_i \tag{8.8}$$

式中,γ 又等于恒温恒压下系统增加单位面积时所增加的吉布斯函数,单位 $\text{J} \cdot \text{m}^{-2}$。

8.4　弯曲液面的附加压力和蒸气压

8.4.1　弯曲液面的附加压力 —— 拉普拉斯方程

一般情况下,液体表面是水平的,而液滴、水中的气泡的表面则是弯曲的,液体的表面可能是凸的,也有可能是凹的。在一定的外压下,水平液面下的液体所承受的压力就等于外界压力。

设在液面上(图8.4),对某一小面积 AB 来看,沿 AB 的四周,AB 以外的表面对 AB 面有表面张力的作用,力的方向与周界垂直,而且沿周界处与表面相切。如果液面是水平的,如图 8.4(a) 是液面的剖面,则作用于边界的力 f 也是水平的。当平衡时,沿周界的表面作用力互相抵消,此时液体表面内外的压力相等,而且等于表面上的外压 p_0,附加压力 p_s 等于零,即

$$p_s = p_0 - p_0 = 0$$

但凸液面下的液体如图 8.4(b) 所示,不仅要承受外界的压力,还要承受因液面弯曲而产生的附加压力。但凸液面下的液体,不仅要承受外界的压力,还要受到液面弯曲产生

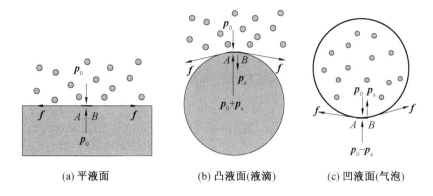

(a) 平液面　　　　(b) 凸液面(液滴)　　　　(c) 凹液面(气泡)

图 8.4 平液面和弯曲液面的压力

的附加压力 $\boldsymbol{p}_s$,故凸面受到的总压力为

$$\boldsymbol{p}_{总} = \boldsymbol{p}_0 + \boldsymbol{p}_s$$

液体表面为凹液面时,如图 8.4(c) 所示,由于液面是凹面,沿 AB 的周界上的表面张力不能抵消,作用于边界的力有一指向凹面中心的合力。所有的点产生的合力和为 $\boldsymbol{p}_s$,称为附加压力。凹面上受的总压力为

$$\boldsymbol{p}_{总} = \boldsymbol{p}_0 - \boldsymbol{p}_s$$

由于表面张力的作用,在弯曲表面下的液体与平面不同,它受到一种附加的压力,附加压力的方向都指向曲面的圆心。凸面上受的总压力大于平面上的压力;凹面上受的总压力小于平面上的压力。

附加压力的大小与曲率半径有关,如图 8.5 所示,毛细管内充满液体,管端有半径为 R' 的球状液滴与之平衡,若外压为 $\boldsymbol{p}_0$,附加压力为 $\boldsymbol{p}_s$,则液滴所受总压力为 $\boldsymbol{p}_{总} = \boldsymbol{p}_0 + \boldsymbol{p}_s$。现对活塞稍稍施加压力,以减少毛细管中液体的体积,使液滴体积增加 dV,相应地其表面积增加 dA,此时为了克服表面张力所产生的力即为附加压力 $\boldsymbol{p}_s$,环境所消耗的功应和液滴可逆地增加的表面积的 Gibbs 自由能相等,即

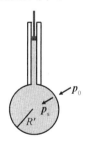

图 8.5 弯曲液面所产生的附加压力

$$\boldsymbol{p}_s dV = \gamma dA_s \tag{8.9}$$

因为

$$V = \frac{4}{3}\pi R'^3$$

所以

$$dV = 4\pi R^2 dR'$$
$$A_s = 4\pi R'^2$$

所以

$$dA_s = 8\pi R' dR'$$

代入式(8.9)，得

$$p_s = \frac{2\gamma}{R'} \tag{8.10}$$

由此可知：① 曲率半径 R 越小，则所受到的附加压力越大。② 液滴呈凸形，附加压力指向曲面圆心，与外压方向一致。所以凸面下液体所受压力比平面下要大，等于 $p_0 + p_s$，相当于曲率半径 R' 取了正值。如果是凹面，例如玻璃管中水溶液的弯月面，附加压力指向曲面圆心，与外压方向相反。所以，凹面下液体所受压力比平面上要小，等于 $p_0 - p_s$，相当于曲率半径 R' 取了负值。

拉普拉斯方程是描述弯曲表面上附加压力的基本公式。方程的导出过程如下：

设有一凸液面 AB，如图8.6所示，其球心为 O，球半径为 r，球缺底面圆心为 O_1，底面的半径为 r_1，液体表面张力为 γ。将球缺底面圆周上与圆周垂直的表面张力分为水平分力和垂直分力，水平分力相互平衡，垂直分力指向液体内部，其单位周长的垂直分力为 $\gamma \cdot \cos \alpha$。α 为表面张力与垂直分力之间的夹角。因球缺底面圆周周长为 $2\pi r_1$，得到作用在圆周上的合力为

$$F = 2\pi r_1 \gamma \cos \alpha \tag{8.11}$$

因 $\cos \alpha = \dfrac{r}{r_1}$，球缺底面积为 πr^2，故弯曲液面对于单位水平面上的附加压力为

$$\Delta p = \frac{2\pi\gamma}{r} \tag{8.12}$$

整理后为

$$\Delta p = \frac{2\gamma}{r} \tag{8.13}$$

此式称为拉普拉斯方程，表明了弯曲液面的附加压力与液体表面张力、曲率半径之间的关系，即附加压力与曲率半径成反比，与表面张力成正比。

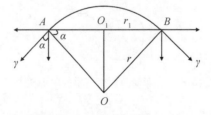

图 8.6　弯曲液面的 Δp 与液面曲率半径的关系

需要说明的是，拉普拉斯方程适用于计算小液滴或液滴中的小气泡的附加压力，而对于空气中的气泡，如肥皂泡的附加压力，因其有内外两个气－液界面，故 $\Delta p = \dfrac{2\gamma}{r}$。

在了解弯曲表面具有附加压力及其大小与表面形状的关系后,可以解释一些常见现象。如将毛细管插入水中时,管中的水柱表面会呈现凹形曲面,毛细管内水柱也会上升一定高度,这是由于在凹液面上液体所受到的压力小于平面上液体所受的压力,因此液体被压入管内,直至上升的液柱产生的静压力与附加压力在量值上相等时,达到平衡,即

$$\rho g h = \Delta p = \frac{2\gamma}{r_1} \tag{8.14}$$

由图 8.7 可看出:接触角 θ 与毛细管半径 r 及弯曲液面曲率半径 r_1 之间的关系为 $\cos\theta = \dfrac{r}{r_1}$,将此式代入式(8.14),可得到液体在毛细管中上升的高度:

$$h = \frac{2\gamma\cos\theta}{r\rho g} \tag{8.15}$$

式中,γ 为液体的表面张力;ρ 为液体密度;g 为重力加速度。由公式可看出,毛细管越细,液体密度越小,液体对管壁的润湿越好,液体柱上升得越高。

当 $\theta < 90°$ 时,液体润湿管壁,液体在毛细管中上升;当 $\theta > 90°$ 时,$\cos\theta < 0$,液体在毛细管内呈凸液面,h 为负值,代表毛细管内水柱下降,将毛细管插入汞内,可观察到水银柱下降的情况。综上,毛细现象是指由附加压力引起的液面与管外液面有高度差的现象。也可说,表面张力的存在是弯曲液面产生附加压力的根本原因,毛细现象是附加压力存在的必然结果。

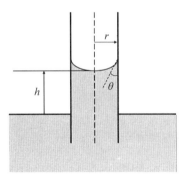

图 8.7　毛细管现象

8.4.2　弯曲表面上的蒸气压 —— 开尔文公式

曲面施于液体的附加压力随曲率而变,不同曲率的曲面所包围的液体的状态并不同,即液体的状态与性质将随液面曲率的不同而有所不同,如平面液体与曲面液体上的蒸气压就不同。

液体的蒸气压与曲率的关系如图 8.8 所示。

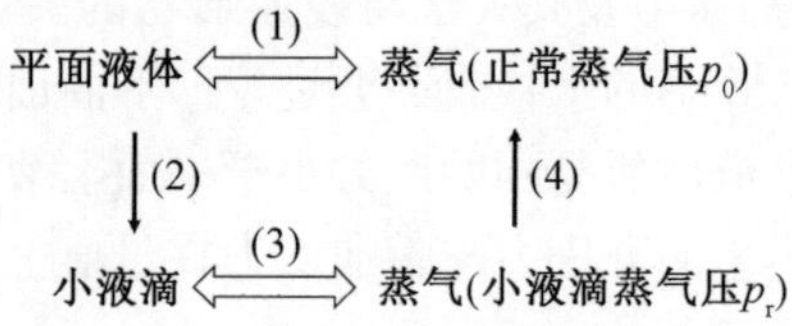

平面液体 $\overset{(1)}{\longleftrightarrow}$ 蒸气(正常蒸气压p_0)

$\downarrow$ (2)　　　　(4) $\uparrow$

小液滴 $\overset{(3)}{\longleftrightarrow}$ 蒸气(小液滴蒸气压p_r)

图 8.8　　液体的蒸气压与曲率的关系

过程(1)、(3)是恒温恒压下的液滴两相平衡过程,$\Delta_{vap}G_1 = \Delta_{vap}G_3 = 0$,过程(2)是恒温恒压下的液滴分割过程,小液滴具有平面液体所没有的表面张力 γ,在分割过程中,系统的摩尔体积 V_m 并不随压力变化,根据拉普拉斯方程得

$$\Delta G_2 = \int V_m \mathrm{d}p = V_m \Delta p = \frac{2\gamma M}{r\rho} \tag{8.16}$$

式中,M 为液体的摩尔质量;ρ 为液体密度。

过程(4)的蒸气压力由 p_r 变为 p_0,

$$\Delta G_4 = RT\ln \frac{p_0}{p_r} = -RT\ln \frac{p_r}{p_0} \tag{8.17}$$

循环过程中 $\Delta G_2 + \Delta G_4 = 0$,故可得

$$RT\ln \frac{p_r}{p_0} = \frac{2\gamma M}{r\rho} = \frac{2\gamma V_m}{r} \tag{8.18}$$

此式可表明,液滴越小,蒸气压越大。

对于凹液面,如液体中的小气泡,气泡壁的液面是凹面,曲率半径是负值,根据开尔文公式,气泡中的液体饱和蒸气压将小于平面液体的饱和蒸气压,且气泡越小,饱和蒸气压越低。

此时的开尔文公式为

$$RT\ln \frac{p_r}{p_0} = -\frac{2\gamma V_m}{r} \tag{8.19}$$

运用开尔文公式可以说明许多表面效应。如在毛细管内,某液体若能润湿管壁,管内液面将呈弯月面,在某温度下,蒸气对平液面尚未达到饱和,但对毛细管内的凹液面来讲,可能已经是饱和状态,这时蒸气将在毛细管内凝结,这种现象称为毛细管凝结。人工降雨的基本原理也与其相似,为云层中的过饱和水气提供凝聚中心,如碘化银粒子,从而使雨滴落下。

8.5　固体表面的吸附 —— 吸附理论及模型

处在固体表面的原子,由于周围原子对它的作用力不对称,即表面原子所受的力不饱和,因而有剩余力场,可以吸附气体或液体分子。

固体表面与液体表面有一个重要的共同点,即表面层分子受力是不对称的,因此固体表面也有表面张力及表面吉布斯函数存在。固体表面与液体表面又有一个重要的不同,即固体表面分子几乎是不可移动的,这使得固体不能像液体那样以收缩表面的形式来降

低表面吉布斯函数。在恒温恒压条件下,吉布斯函数降低的过程是自发过程,所以固体表面会自发地将气体富集到表面,使气体在固体表面的浓度(或密度)不同于气相中的浓度(或密度)。这种在相界面上某种物质的浓度不同于体相浓度的现象称为吸附。吸附剂指具有吸附能力的固体物质;被吸附的物质称为吸附质。例如:用活性炭吸附甲烷气体,活性炭是吸附剂,甲烷是吸附质。吸附是表面效应,即固体吸附气体后,气体只停留在固体表面,并不进入固体内部。如果气体进入固体内部,则称为吸收,这不作为本章的重点讨论部分。

固体表面的吸附在生产和科学实验中有着广泛的应用。具有高比表面的多孔固体如活性炭、硅胶、氧化铝、分子筛等常被人们称为吸附剂、催化载体等,用于化学工业中的气体分离提纯、催化反应、有机溶剂回收等许多过程,以及城市的环境保护等许多方面。由此可见,这类知识对于分析和研究许多化学化工的理论和实际应用问题都是十分重要的。

8.5.1 固体表面的特点

和液体一样,固体表面的原子或分子的力场也是不均衡的,所以固体表面也有表面张力和表面能。但由于固体分子或原子不能自由移动,因此它表现出以下几个特点。

1.固体表面分子(原子)移动困难

固体表面不像液体那样易于缩小和变形,因此固体表面张力的直接测定比较困难。任何表面都有自发降低表面能的倾向,由于固体表面难于收缩,所以只能靠降低界面张力的办法来降低表面能,这也是固体表面能产生吸附作用的根本原因。

当然,固体表面的分子或原子不能移动的现象并不是绝对的,在高温下几乎所有金属表面的原子都会流动。固体表面在熔点以下的温度黏合的现象称为熔结(sintering)。熔结与固体表面分子(或原子)的运动加剧有关。在低于熔点的温度下,固体金属的棱、角等尖锐部位会逐渐消失,甚至两种相互接触的金属也可以相互扩散到彼此的内部。

2.固体表面是不均匀的

从原子水平上看,固体表面是不规整的,存在多种位置,如图8.9所示,包括附加原子(adatom)、台阶附加原子(step adatom)、单原子台阶(monatomic step)、平台(terrace)、平台空位(terrace vacancy)、扭结原子(kink atom)等。这些表面上原子的差异,主要表现在它们配位数的不同上。这些不同类型的原子,它们的化学行为也不同,吸附热和催化活性差别很大。另外,表面态能级分布是不均匀的,不同于均匀的体内电子态。

3.固体表面层的组成不同于体相内部

固体表面除在原子排布及电子能级上与体相有明显不同外,其表面化学组成也往往与体相存在很大差别。由多种元素组成的固体,具有趋向于最小表面自由能及吸附质的作用,使某一元素的原子从体相向表层迁移,从而使它在表层中的含量高于在体相中的含量,这种现象称为表面偏析。它不仅与固体的种类及所暴露出的晶面有关,还受环境气氛

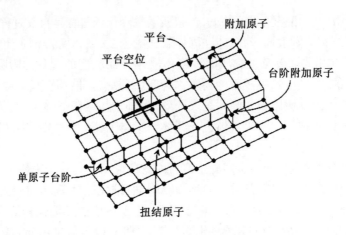

平台
附加原子
平台空位
台阶附加原子
单原子台阶
扭结原子

图 8.9   固体的表面结构

的影响。

总之，固体表面结构和组成的变化，将直接影响它的使用性能、吸附行为和催化作用，因此应给予足够的重视。

8.5.2   吸附恒温线

当气体在固体表面被吸附时，固体称为吸附剂（adsorbent），被吸附的气体称为吸附质（adsorbate）。吸附量 q 通常是用单位质量的吸附剂所吸附气体的体积 V（一般换算成标准状况（STP）下的体积）或物质的量 n 表示，如：

$$q = \frac{V}{m} \quad \text{或} \quad q' = \frac{n}{m} \tag{8.20}$$

实验表明，对于一个给定的系统（即一定的吸附剂与一定的吸附质），达到平衡时的吸附量与温度及气体的压力有关。用公式表示为

$$q = f(T, p)$$

上式中共有三个变量，为了找出它们的规律性，常常固定一个变量，然后求出其他两个变量之间的关系。例如：

若 T = 常数，则 $q = f(p)$，称为吸附恒温式（adsorption isotherm）；

若 p = 常数，则 $q = f(T)$，称为吸附恒压式（adsorption isobar）；

若 q = 常数，则 $p = f(T)$，称为吸附等量式（adsorption isostere）。

样品脱附后，设定一个温度，如 253 K，控制吸附质不同压力，根据石英弹簧的伸长可以计算出相应的吸附量，从而画出一根 253 K 的吸附恒温线，如图 8.10 所示。用相同的方法，改变吸附恒温浴的温度，可以测出一组不同温度下的吸附恒温线。

随着实验数据的积累，人们从所测得的各种恒温线中总结出吸附恒温线大致有如下几种类型（如图 8.11 所示，图中纵坐标代表吸附量，横坐标为比压 p/p_s。p_s 代表在该温度下被吸附物质的饱和蒸气压，p 是吸附平衡时的压力）：

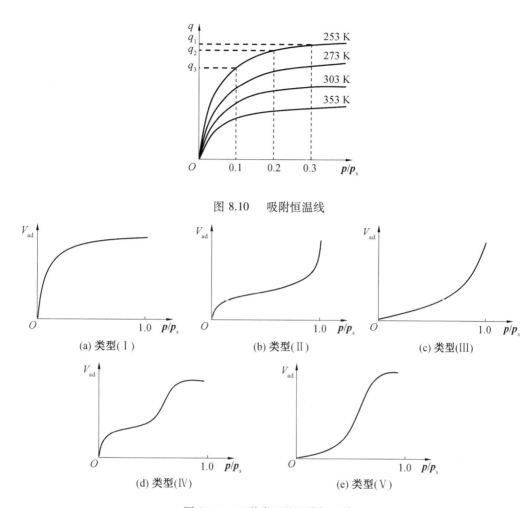

图 8.10　吸附恒温线

图 8.11　五种类型的吸附恒温线

　　① 类型（Ⅰ）。在 2.5 nm 以下微孔吸附剂上的吸附恒温线属于这种类型,如 78 K 时 N_2 在活性炭上的吸附及水和苯蒸气在分子筛上的吸附。② 类型（Ⅱ）。常称为 S 型恒温线。吸附剂孔径大小不一,发生多分子层吸附。在比压接近 1 时,发生毛细管凝聚现象,如 78 K 时 N_2 在硅胶上或铁催化剂上的吸附。③ 类型（Ⅲ）。较少见,当吸附剂和吸附质相互作用很弱时会出现这种恒温线,如 352 K 时,Br_2 在硅胶上的吸附属于这种类型。④ 类型（Ⅳ）。多孔吸附剂发生多分子层吸附时会有这种恒温线。在比压较高时,有毛细凝聚现象。如在 323 K 时,苯在氧化铁凝胶上的吸附属于这种类型。⑤ 类型（Ⅴ）。发生多分子层吸附,有毛细凝聚现象。如 373 K 时,水汽在活性炭上的吸附属于这种类型。五种类型的吸附恒温线,反映了吸附剂的表面性质有所不同,孔分布及吸附质和吸附剂的相互作用不同。因此,由吸附恒温线的类型反过来可以了解一些关于吸附剂表面性质、孔的分布性质以及吸附质和吸附剂相互作用的有关信息。除第一种为单分子层吸附恒温线外,其余四种皆为多分子层吸附恒温线。

8.5.3 朗缪尔吸附恒温式

1916 年,朗缪尔(Langmuir)根据大量实验事实,从动力学的观点出发,提出固体对气体的吸附理论,一般称为单分子层吸附理论,该理论的基本假设如下。

1.单分子层吸附

固体表面上的分子力场是不饱和的,有剩余价力,也就是说固体表面有吸附力场存在,该力场的作用范围大约相当于分子直径的大小,都在 0.2 ~ 0.3 nm 间,只有气体分子碰撞到固体上的空白表面,进入此力场作用的范围内,才有可能被吸附,所以固体表面对气体分子只能发生单分子层吸附。

2.固体表面均匀(吸附热为常数,与覆盖率无关)

固体表面各吸附位置的吸附能力是相同的,每个位置上只能吸附一个分子。摩尔吸附热是常数,不随表面覆盖程度的大小而变化。

3.被吸附在固体表面上的分子间无相互作用力

在各个吸附位置上,气体分子的吸附与解吸的难易程度,与其周围是否有被吸附分子的存在无关。

4.吸附和解吸呈动态平衡

气体分子碰撞到固体的空白表面上,可以被吸附。若被吸附的分子所具有的能量,足以克服固体表面对它的吸引力时,它可以重新回到气相,这种现象称为解吸(脱附)。当吸附速率大于解吸速率时,整个过程表现为气体的被吸附,吸附速率逐渐降低。当吸附速率与解吸速率相等时,从表观上看,气体不再被吸附或解吸,但实际上吸附与解吸速率实际上仍在不断进行,只是二者速率相等,这时就达到了吸附平衡。

朗缪尔吸附恒温式描述了吸附量与被吸附蒸气压力之间的定量关系。他在推导该公式的过程引入了两个重要假设:

(1) 吸附是单分子层的。

(2) 固体表面是均匀的,被吸附分子之间无相互作用。

假设表面覆盖度 $\theta = V/V_m$,则空白表面为$(1 - \theta)$,V 为吸附体积,V_m 为吸满单分子层的体积,则:

吸附速率为

$$r_a = k_a p(1 - \theta) \tag{8.21}$$

脱吸附速率为

$$r_d = k_d \theta \tag{8.22}$$

达到平衡时,吸附与脱附速率相等:

$$k_a p(1 - \theta) = k_d \theta \tag{8.23}$$

$$\theta = \frac{k_a p}{k_d + k_a p} \tag{8.24}$$

令

$$\frac{k_a}{k_d} = a \tag{8.25}$$

则

$$\theta = \frac{ap}{1 + ap} \tag{8.26}$$

这个公式称为朗缪尔吸附恒温式。式中,a 为吸附平衡常数(或吸附系数),它的大小代表了固体表面吸附气体能力的强弱程度。

以 θ 对 p 作图,如图 8.12 所示,得

$$\theta = \frac{ap}{1 + ap}$$

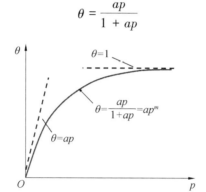

图 8.12　Langmuir 恒温式的示意图

(1) 当 p 很小或吸附很弱时,$ap \ll 1$,$\theta = ap$,θ 与 p 呈线性关系。

(2) 当 p 很大或吸附很强时,$ap \gg 1$,$\theta = 1$,θ 与 p 无关,吸附已铺满单分子层。

(3) 当压力适中,$\theta \propto p^m$,m 介于 0 与 1 之间。

将 $\theta = \dfrac{V}{V_m}$ 代入式(8.26):

$$\theta = \frac{V}{V_m} = \frac{ap}{1 + ap}$$

重排后可得

$$\frac{p}{V} = \frac{1}{V_m} + \frac{p}{V_m} \tag{8.27}$$

这是朗缪尔吸附公式的又一表示形式。用实验数据,以 $p/V - p$ 作图得一直线,从斜率和截距求出吸附系数 a 和铺满单分子层的气体体积 V_m。

固体在溶液中的吸附较为复杂,迄今尚未有完满的理论。因为吸附剂除了吸附溶质之外还可以吸附溶剂。但是由于溶液中的吸附具有重要的实际意义,人们在长期的实践中也提出了一些规律。

将定量的吸附剂与一定量已知其浓度的溶液混合,在一定温度下振摇使其达到平

衡。澄清后,分析溶液的成分。从浓度的改变可以求出每克固体所吸附溶质的量 a。用公式表示为

$$a = \frac{x}{m_a} = \frac{m_s(w_0 - w)}{m_a} \tag{8.28}$$

式中,m_a 是吸附剂的质量;m_s 是溶液的质量;w_0 和 w 分别是溶质的起始和终了的质量分数。这样算得的吸附量通常称为表观或相对吸附量,其数值低于溶质的实际吸附量。25 ℃ 条件下,镧改性活性炭(La − PAC)在磷酸盐溶液中的吸附情况见表 8.3。

表 8.3　镧改性活性炭(La − PAC)在磷酸盐溶液中的吸附情况

初始浓度	50	150	300	400	500
最终浓度(C_e)	8.94	97.9	253.3	348.6	451.5
吸附容量(q_e)	82.19	104.20	93.40	102.80	97.00
C_e/q_e	0.108 77	0.939 54	2.711 99	3.391 05	4.654 64

根据朗缪尔吸附恒温式可得

$$\frac{C_e}{q_e} = \frac{1}{q_s a} + \frac{C_e}{q_s}$$

以 C_e 对 $\dfrac{C_e}{q_e}$ 进行线性拟合,如图 8.13 所示。

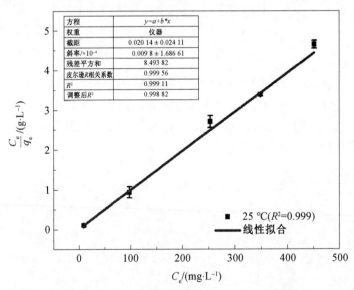

图 8.13　镧改性活性炭(La − PAC)吸附拟合曲线

根据拟合情况可知,朗缪尔吸附恒温线具有较强的相关系数($R^2 > 0.99$),表明材料的磷酸盐覆盖是单分子的。25 ℃ 条件下,La − PAC 的最大吸附容量为 102.04 mg · g^{-1}。

不过应当指出的是,朗缪尔的基本假设并不是很严格的。例如:对于物理吸附,当表面覆盖率不是很低时,被吸附的分子之间往往存在不可忽视的相互作用力;另外很多时候固体表面并不是均匀的,吸附热会随着表面覆盖率而变化,a 不再是常数。在这些情况下

朗缪尔公式则与实验结果出现偏差。此外,对于多分子层吸附,朗缪尔公式也不再适用。

8.5.4　弗罗因德利希恒温式

由于大多数系统都不能在比较宽广的范围内符合朗缪尔恒温式,因此后来又有人提出了其他一些恒温式,比较常见的有弗罗因德利希(Freundlich)恒温式、乔姆金(Temkhh)恒温式和 BET 恒温式等。我们先讨论弗罗因德利希恒温式,这个公式最初也是一个经验式,以后才给予理论上的说明。图 8.14 是在不同温度下测得的一氧化碳在炭上的吸附恒温线。从图 8.14 可以看出,在低压范围内压力与吸附量呈线性关系。压力增高,曲线渐渐弯曲。测定乙醇在硅胶上的恒温线,也可以得到与此相类似的结果。

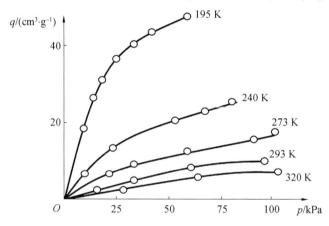

图 8.14　CO 在炭上的吸附恒温线

弗罗因德利希归纳这些实验的结果,得到一个经验公式

$$q = kp^{\frac{1}{n}} \tag{8.29}$$

式中,q 是单位质量固体吸附气体的量($cm^3 \cdot g^{-1}$);p 是气体的平衡压力;k 及 n 的值在一定温度下对一定的系统都是一些常数。若吸附剂的质量为 m,吸附气体的质量为 x,则吸附恒温式也可表示为

$$\frac{x}{m} = k'p^{\frac{1}{n}} \tag{8.30}$$

式(8.29)和式(8.30)称为弗罗因德利希吸附恒温式。如对式(8.29)取对数,则可以把指数式变为直线式:

$$\lg q = \lg k + \frac{1}{n}\lg p \tag{8.31}$$

如以 $\lg q$ 对 $\lg p$ 作图,则 $\lg k$ 是直线的截距,$\dfrac{1}{n}$ 是直线的斜率,如图 8.15 所示。从图中可以看到,在实验的温度和压力的范围内,都是很好的直线。各线的斜率与温度有关,k 值也随温度的改变而不同。

因具体系统不同所得到的恒温线有多种形式。有些系统可以使用某些气 - 固吸附的恒温式。其中,弗罗因德利希公式在溶液中吸附的应用通常比在气相中吸附的应用更

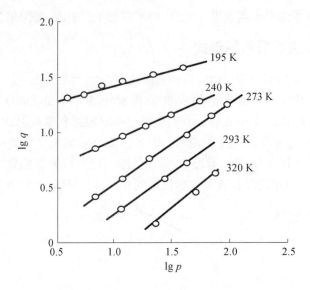

图 8.15　CO 在炭上的吸附

为广泛。此时该式可表示为

$$\lg q = \lg k + \frac{1}{n}\lg w \qquad (8.32)$$

式中,q 是吸附的容量,w 为吸附溶质的最终浓度。应该指出的是,引用气体吸附中的这些公式纯粹是经验性的,公式中常数项的含义也不甚明确,还不能从理论上导出这些公式。不同温度条件下,胞外聚合物(Extracellular Polymeric Substances,EPS)吸附锑 Sb(V)情况如图 8.16 所示,根据拟合情况,符合弗罗因德利希吸附恒温线。

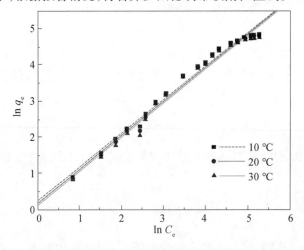

图 8.16　EPS 对 Sb(V) 的吸附拟合曲线

8.5.5　BET 多层吸附公式

从实验测得的许多吸附恒温线表明,大多数固体对气体的吸附并不是单分子层的,尤其是物理吸附基本上都是多分子层吸附。所谓多分子层吸附,就是除了吸附剂表面接触的第一层外,还有相继各层的吸附。布龙瑙尔(Brunauer)、埃梅特(Emmett)、特勒(Teller)三人提出了多分子层理论的公式,简称为 BET 公式。这个理论是在朗缪尔理论的基础上加以发展而得到的。他们接受了朗缪尔理论中关于吸附作用是吸附和解吸(或凝聚与逃逸)两个相反过程达到平衡的概念,以及固体表面是均匀的,吸附分子的解吸不受四周其他分子的影响等看法。他们的改进之处是认为表面已经吸附了一层分子之后,由于被吸附气体本身的范德瓦耳斯力,还可以继续发生多分子层的吸附。当然第一层的吸附与以后各层的吸附有本质的不同。前者是气体分子与固体表面直接发生联系,而第二层以后各层则是相同分子之间的相互作用。第一层的吸附热也与以后各层不尽相同,而第二层以后各层的吸附热都相同,而且接近于气体的凝聚热。当吸附达到平衡以后,气体的吸附量等于各层吸附量的总和。可以证明在恒温下有如下关系:

$$V = V_m \frac{Cp}{(p_s - p)\left[1 + (C-1)\dfrac{p}{p_s}\right]} \tag{8.33}$$

由于式中包含两个常数 C 和 V_m,所以式(8.33)又称为 BET 的二常数公式。式中,V 为在平衡压力 p 时的吸附量;V 为在固体表面铺满单分子层时所需气体的体积;p 为实验温度下气体的饱和蒸气压;C 为与吸附有关的常数;p_s 为吸附比压(该公式常用来计算固体的比表面积)

为了使用方便,将二常数公式改写为

$$\frac{p}{V(p_s - p)} = \frac{1}{V_m C} + \frac{C-1}{V_m C}\frac{p}{p_s} \tag{8.34}$$

用实验数据 $\dfrac{p}{V(p_s - p)}$ 对 $\dfrac{p}{p_s}$ 作图,得一条直线。从直线的斜率和截距可计算两个常数值 C 和 V_m,从 V_m 可以计算吸附剂的总表面积 S,再计算比表面积:

$$S = \frac{A_m L V_m}{22.4\ \mathrm{dm^3 \cdot mol^{-1}}} \tag{8.35}$$

式中,A_m 是吸附质分子的截面积,要换算到标准态(STP),标准态下,1 mol 气体的体积为 22.4 $\mathrm{dm^3}$。BET 公式通常只适用于比压(p/p_s)在 0.05 ~ 0.35 之间的范围,这是因为在推导公式时,假定是多层的物理吸附。当比压小于 0.05 时,压力太小,无法建立多层物理吸附平衡,甚至连单分子层物理吸附也远未完全形成,表面的不均匀性就显得突出。在比压大于 0.35 时,由于毛细凝聚变得显著起来,使结果偏高,因而破坏了多层物理吸附平衡。当比压值在 0.35 ~ 0.60 之间则需用包含三常数的 BET 公式。在更高的比压下,即使式(8.35)也不能定量地表达实验事实。偏差的原因主要是这个理论没有考虑到表面的不均匀性、同一层上吸附分子之间的相互作用力,以及在压力较高时,多孔性吸附剂的孔径因吸附多分子层而变细后,可能发生蒸气在毛细管中的凝聚作用(在毛细管内液面的蒸气压低于平面液面的蒸气压)等因素。如果考虑到这些因素,对上述公式加以校正,则能得一个较烦琐的公式,但该公式的实用价值并不大。

8.5.6　吸附现象的本质 —— 物理吸附和化学吸附

吸附按照吸附剂与吸附质作用本质的不同可分为物理吸附与化学吸附。物理吸附时,吸附剂与吸附质分子间以范德瓦耳斯力相互作用;化学吸附时,吸附质与吸附剂分子间发生化学反应,以化学键相结合。物理吸附与化学吸附在本质上是不同的,因此有许多不同的吸附性质,详见表8.4。

表 8.4　物理吸附与化学吸附的区别

性质	物理吸附	化学吸附
吸附力	范德瓦耳斯力	化学键力
吸附层数	单层或多层	单层
吸附热	小(近于液化热)	大(近于反应热)
选择性	无或很差	较强
可逆性	可逆	不可逆
吸附平衡	易达到	不易达到

物理吸附的作用力是范德瓦耳斯力,它是普遍存在于分子间的,所以当吸附剂表面吸附了一层分子之后,被吸附的分子还可以再继续吸附分子,因此物理吸附可以是多层的。气体分子在吸附剂表面依靠范德瓦耳斯力形成多层吸附的过程,与气体凝结成液体的过程很相似,故吸附热与气体的凝结热具有相同的数量级,比化学吸附热小得多。又由于物理吸附力是分子间力,所以吸附基本上不具有选择性,不过临界温度高的气体,也就是易于液化的气体比较易于被吸附。因为吸附力弱,物理吸附也容易解吸(脱附),吸附速率快,易于达到吸附平衡。

与物理吸附不同的是,产生化学吸附的作用力是化学键力,化学键力很强,吸附剂表面在与被吸附分子间形成化学键后,就不会与其他分子成键,故化学吸附是单分子层的。化学吸附过程发生键的断裂与形成,故化学吸附的吸附热数量级与化学反应相当,比物理吸附热大得多。化学吸附由于在吸附剂与吸附质之间形成化学反应,所以化学吸附的选择性很强。此外,一般来说化学键的生成与破坏是比较困难的,故化学吸附平衡比较难建立,过程一般不可逆。

物理吸附与化学吸附虽然很多性质不同,但并不是截然分开的,两者有时可同时发生,并且在不同的情况下,吸附性质也可以发生变化。例如:$CO(g)$ 在 Pd 上的吸附,低温下是物理吸附,高温时则表现为化学吸附;氢气在许多金属上的化学吸附是以物理吸附为前奏的,故吸附活化能接近于零。

8.6　固－液界面

固体与液体接触,可产生固－液界面。固－液界面上发生的过程一般分两类来讨论,一类是吸附,另一类是润湿。固－液界面上的吸附与固体吸附气体的情况类似,固体表面由于立场的不对称性,对溶液中的分子也同样具有吸附作用。润湿是固体与液体接触后,液体取代原来固体表面的气体而产生固－液界面的过程。下面先介绍润湿过程,再介绍吸附过程。

8.6.1　接触角与杨氏方程

前面在讨论弯曲液面的毛细现象时,介绍过接触角。液体接触角的严格定义是:当一液滴在固体表面上不完全展开时,在气、液、固三相汇合点,固－液界面的水平线与气－液界面切线之间的夹角 θ 称为接触角,如图 8.17 所示。

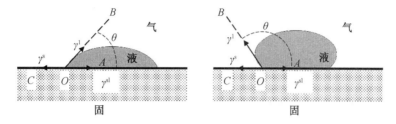

图 8.17　接触角与各界面张力的关系

有三种界面张力同时作用于 O 点处的液体分子之上:固体表面张力 γ^s 力图把液体分子拉向左方,以覆盖更多的气－固界面;固液界面张力 γ^{sl} 则力图把液体分子拉向右方,以缩小固－液界面;而 γ^l 则力图把液体分子拉向液面的切线方向,以缩小气－液界面。当固体表面为光滑的水平面,上述三种力达到平衡时,存在下列关系:

$$\gamma^s = \gamma^{sl} + \gamma^l \cos \theta \tag{8.36}$$

该式称为杨氏方程,是杨(Young)于 1805 年得出的。也可以写为

$$\cos \theta = \frac{\gamma_{s-g} - \gamma_{l-s}}{\gamma_{l-g}} \tag{8.37}$$

接触角可由实验测定,但是由于受表面清洁度、滞后等因素的影响而不易测准。固体表面粗糙时接触角也会发生变化。

8.6.2　润湿现象

在一干净的玻璃板上滴一小滴水,可发现水会在玻璃表面铺展开;而如将水滴在石蜡板上,水滴则呈小球状。人们通常把前一种情况称为"湿",后一种情况称为"不湿"。在许多工业领域,如选矿、采油、洗涤、防水等中,润湿程度是一个非常重要的性能指标。

润湿是指固体表面上的气体被液体取代的过程。在一定的温度和压力下,润湿过程的推动力可用表面吉布斯函数的改变量 ΔG 来衡量,吉布斯函数减少得越多,则越易于润湿。按润湿程度或润湿性能的优劣一般可将润湿分为三类:沾湿、浸湿和铺展。下面分别阐述恒温恒压下的沾湿、浸湿和铺展三个过程。

(1)沾湿。

沾湿过程是气－固和气－液界面消失,形成固－液界面的过程,单位面积上沾湿过程的吉布斯函数变为

$$\Delta G_a = \gamma^{sl} - \gamma^l - \gamma^s \tag{8.38}$$

若沾湿过程自发,则有

$$\Delta G_a < 0$$

沾湿过程的逆过程,即把单位面积已沾湿的固－液界面分开形成气－固和气－液界面过程所需的功,称为沾湿功。显然

$$W'_a = - \Delta G_a$$

此功为系统得到环境的最小功。

(2) 浸湿。

浸湿是将固体浸入液体,气－固界面完全被固－液界面取代的过程。恒温恒压下,单位面积上浸湿过程的吉布斯函数变为

$$\Delta G_i = \gamma^{sl} - \gamma^s$$

如浸湿过程为自发过程,则有

$$\Delta G_i < 0$$

浸湿过程的逆过程,即把单位面积已浸湿的固－液界面分开形成气－固界面过程所需的功,称为浸湿功。显然

$$W'_i = - \Delta G_i$$

此功为系统得到环境的最小功。

(3) 铺展。

铺展是少量液体在固体表面上自动展开,形成一层薄膜的过程。它实际是固－液界面取代气－固界面,同时又增大气－液界面的过程。若少量液体在铺展前以小液滴存在的表面积与其铺展后的面积相比可忽略不计时,在一定的温度、压力下,单位面积上的铺展过程的吉布斯函数变为

$$\Delta G_s = \gamma^{sl} + \gamma^l - \gamma^s \tag{8.39}$$

若铺展过程自发进行,则需满足

$$\Delta G_s < 0$$

令

$$S = - \Delta G_s = \gamma^s - \gamma^{sl} - \gamma^l \tag{8.40}$$

式中,S 为铺展系数。可见液体在固体表面上铺展的必要条件为 $S \geq 0$。S 越大,铺展性能越好。若 $S < 0$,则不能铺展。

需要说明的是,前面提到 ΔG_a、W'_a、ΔG_i、W'_i、ΔG_s 及 S 单位均为 $J \cdot m^{-2}$。

原则上,只要知道 γ^s、γ^{sl}、γ^l 的具体数值,即可计算某一润湿过程的吉布斯函数变化,并以此来判断该过程能否进行,以及润湿的程度。但实际上到目前为止并无测量固体表面张力 γ^s 和固－液界面张力 γ^{sl} 的可靠方法,所以式(8.40) 通常不能直接用来计算。不过这一问题可利用杨氏方程和接触角的数据来解决。将杨氏方程 $\gamma^s = \gamma^{sl} + \gamma^l \cos\theta$ 分别代入式(8.41)、式(8.42)、式(8.43),可有

沾湿过程:

$$\Delta G_a = \gamma^{sl} - \gamma^l - \gamma^s = - \gamma^l(\cos\theta + 1) \tag{8.41}$$

浸湿过程:

$$\Delta G_i = \gamma^{sl} - \gamma^s = - \gamma^l \cos\theta \tag{8.42}$$

铺展过程:

$$\Delta G_s = \gamma^{sl} + \gamma^l - \gamma^s = - \gamma^l(\cos\theta - 1) \tag{8.43}$$

式（8.41）表明,只要 $\theta \leqslant 180°$,沾湿过程即可进行。因任何液体在固体上的接触角总是小于 $180°$,所以沾湿过程是任何液体和固体之间都能进行的过程。三种润湿中,当 $90° < \theta \leqslant 180°$ 时,液体只能沾湿固体;当 $0° < \theta \leqslant 90°$ 时,液体不仅能沾湿固体,还能浸湿固体;当 $\theta = 0°$ 或不存在时,液体不仅能沾湿、浸湿固体,还可以在固体表面上铺展。习惯上人们更常用接触角来判断液体对固体的润湿:

$\theta < 90°$ 时,润湿;

$\theta > 90°$ 时,不润湿;

$\theta = 0°$ 或不存在时,完全润湿;

$\theta \leqslant 180°$ 时,完全不润湿。

用接触角来判断润湿与否,最大的好处是直观,但它不能反映出润湿过程的能量变化,也没有明确的热力学意义。

润湿与铺展在生产实践中有着广泛的应用。例如:脱脂棉易被水润湿,但经憎水剂处理后,可使其在水上接触角 $\theta > 90°$,这时水滴在布上呈球状,不易进入布的毛细孔中,经振动很容易脱落。利用该原理制作雨衣或防雨设备。农药喷洒到植物上,若能在叶片及虫体上铺展,将会明显提高杀虫效果。另外,在机械设备的润滑、矿物的浮选、注水采油、金属焊接、印染等方面皆涉及润湿理论密切相关的技术。

8.7　表面活性剂及其作用

8.7.1　溶液表面的吸附现象

溶质在溶液表面层(表面相)中的浓度与在溶液本体(体相)中浓度不同的现象称为溶液表面的吸附。

同固体一样,液体表面也可以发生吸附,由于溶液表面吸附了其本体中的溶质后,可以降低表面张力,即降低其吉布斯函数,因而吸附可以自动发生。

溶液的表面张力与溶质的浓度有关,大致分为图 8.18 所示的三种类型。

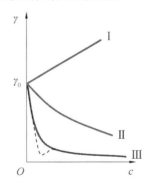

图 8.18　表面张力与浓度的关系

Ⅰ.随着浓度的增加,这类溶液的表面张力略有上升。属于此种类型的溶质有强电解质(无机盐类)、多羟基化合物(蔗糖、甘油),溶质分子和水之间有很强的溶剂化作用,它们的存在增大了水溶液的表面张力。

Ⅱ.溶液的表面张力随浓度的增大而缓慢下降。属于此种类型的溶质有一些极性较强的小分子有机物如醇、醛、酸、酯等,虽然也溶于水,但和溶剂间的相互作用力较弱。

Ⅲ.溶液在低浓度时,溶液的表面张力随浓度的增加而急剧下降,当达到一定浓度后,表面张力值趋于稳定,不再随浓度的增加而改变。一般来说,能使水的表面张力明显降低的溶质称为表面活性物质,这种物质通常含有亲水的极性基团和憎水的非极性碳链或碳环有机化合物,种类繁多,应用广泛。

8.7.2 表面活性剂的分类

对于某些物质,当它们以低浓度存在于某一系统(通常是指水为溶剂的系统)中时,可被吸附在该系统的表面(界面),使这些表面的表面张力(或表面自由能)发生明显降低的现象,这些物质被称为表面活性剂(surface – active agent),现在被广泛地应用于石油、纺织、农药、医药、采矿、食品、民用洗涤等各个领域。由于在工农业生产中主要是应用于改变水溶液的表面活性,所以一般若不加说明,即指降低水的表面张力的表面活性剂。

表面活性剂分子结构的特点是它具有不对称性,是由具有亲水性的极性基团(hydrophilic group)和具有憎水性的非极性基团(hydrophobic group)所组成的有机化合物,它的非极性憎水基团(又称为亲油性基团)一般是 8 ~ 18 个碳的直链烃(也可能是环烃),因而表面活性剂都是两亲分子(amphipathic molecule),吸附在水表面时采取极性基团向着水,非极性基团远离水(即头浸在水中,尾竖在水面上)的表面定向。这种定向排列,使表面上不饱和的力场得到某种程度上的平衡,从而降低了表面张力。

表面活性剂有很多种分类方法,人们一般都认为按它的化学结构来分比较合适:当表面活性剂溶于水时,凡能电离生成离子的,称为离子型表面活性剂;凡在水中不电离的称为非离子型表面活性剂。离子型的还按生成的活性基团是阳离子或阴离子再进行分类。使用时应该注意,如果表面活性物质是阴离子型,它就不能和阳离子型混合使用,否则就会发生沉淀而不能得到应有的效果。多数表面活性剂的疏水基呈长链状,故形象地把疏水基称为"尾",把亲水基称为"头"。

8.7.3 表面活性剂的一些重要作用及其应用

表面活性剂的一些重要作用及其应用如下。

1.润湿作用

在生产活动中常遇到需要控制液、固之间的润湿程度(也就是人为地改变接触角 γ_{1-g} 或 γ_{1-s})的情况。使用表面活性剂(或润湿剂等)常常能够得到预期的效果。例如:喷洒农药消灭虫害时,在农药中常加有少量的润湿剂,以改进药液对植物表面的润湿程度,使药液在植物叶子表面铺展,待水分蒸发后,在叶子表面留下均匀的一薄层药剂。假如润湿性不好,叶面上的药液仍聚成液滴状,就很容易滚下,或者是水分挥发后,在叶面上留下断断续续的药剂斑点,直接影响杀虫效果。

2.起泡作用

这里只讨论气相分散在液相中的泡沫。"泡"就是由液体薄膜包围着气体形成的球形物,泡沫则是很多气泡的聚集。以上提到过的泡沫浮游选矿、泡沫灭火、去污作用等,都需要起泡。而有时却又需要消泡,如精制食糖、蒸馏操作等。根据需要,对泡沫的稳定性有不同的要求。

起泡剂所起的作用主要如下。

(1)降低表面张力。因为形成泡沫使系统增加了很大的界面,所以降低表面张力有助于降低系统的表面自由能而使系统得以稳定。

(2)要求所产生的泡沫膜牢固,有一定的机械强度,有弹性良好的起泡剂结构一般是中等长度的碳链,一端带有一个极性基团。

(3)要有适当的表面黏度,泡沫膜内包含的水受到重力作用和曲面压力,会从膜间排挤出来(drain away),从而可使泡沫膜变薄而后导致破裂。所以如果液体有适当的黏度,膜内的液体就不易流走,使泡沫增加稳定性。

3.增溶作用

非极性的碳氢化合物如苯等几乎不能溶解于水,但能溶解于浓的肥皂溶液,或者说溶解于浓度大于临界胶束浓度(CMC)且已经大量生成胶束(或称胶团)时的离子型表面活性剂溶液,这种现象称为增溶作用(solubilization)。例如:苯在水中的溶解度很小,但是在 $100\ cm^3$ 质量分数为 0.1 的油酸钠溶液中就可以溶解 $10\ cm^3$ 苯。

增溶作用既不同于溶解作用又不同于乳化作用,它具有下列几个特点。

(1)增溶作用可以使被溶物的化学势大大降低,是自发过程,使整个系统更加稳定。麦克·拜恩(Mac Bain)曾用实验测定己烷被增溶时的蒸气压,发现己烷不断被增溶时,其蒸气压也随之降低。由热力学公式

$$\mu = \mu^{\ominus}(T) + RT\ln\frac{p}{p^{\ominus}} \tag{8.44}$$

可知,当压力 p 降低时,化学势 μ 也随之下降,故系统更稳定。而在乳状液或溶胶中,随着分散相增多,系统的表面自由能增加,因而系统是不稳定的。

(2)增溶作用是一个可逆的平衡过程。增溶时一种物质在肥皂溶液中的饱和溶液可以从两方面得到:从过饱和溶液或从物质的逐渐溶解而达到饱和,实验证明所得结果完全相同。这说明增溶作用是可逆的平衡过程。

(3)增溶后不存在两相,溶液是透明的。但增溶作用与真正的溶解作用也不相同,真正溶解过程会使溶剂的依数性质(如熔点、渗透压等)有很大的改变,但碳氢化合物增溶后,对溶剂依数性质影响很小。这说明增溶过程中溶质并未拆开成分子或离子,而是"整团"溶解在肥皂溶液中,所以质点数目没有增多。

增溶作用的应用极为广泛。例如:去除油脂污垢的洗涤作用中,增溶作用是去污作用中很重要的一部分。工业上合成丁苯橡胶时,利用增溶作用将原料溶于肥皂溶液中再进行聚合反应(即乳化聚合)。

4.乳化作用

乳化作用(emulsification)是表面活性剂的一个很重要的作用,一种或几种液体以大于 10^{-7} m 直径的液珠分散在另一不相混溶的液体之中形成的粗分散系统称为乳状液,要使它稳定存在必须加乳化剂。有时为了破坏乳状液需加入另一种表面活性剂,称为破乳剂,将乳状液中的分散相和分散介质分开。例如:原油中需要加入破乳剂将油与水分开。

简单的乳状液通常分为两大类。根据乳化剂结构的不同可以形成以水为连续相的水包油乳状液(O/W),或以油为连续相的油包水乳状液(W/O)。习惯上将不溶于水的有机物称为油,将不连续以液珠形式存在的相称为内相,将连续存在的液相称为外相。

(1)水包油乳状液。内相为油,外相为水,这种乳状液能用水稀释,如牛奶等。

(2)油包水乳状液。内相为水,外相为油,如油井中喷出的原油等。

5.洗涤作用

去除油脂污垢的洗涤作用是一个比较复杂的过程,它与上面提到的润湿、起泡、增溶和乳化等作用都有关系。最早用作洗涤剂(detergent)的是肥皂,它是用动、植物油脂和 NaOH 或 KOH 皂化而制得。

肥皂虽是一种良好的洗涤剂,但在酸性溶液中会形成不溶性脂肪酸,在硬水中会与 Ca^{2+}、Mg^{2+} 等离子生成不溶性的脂肪酸盐,不但降低了去污性能,而且污染了织物表面。近几十年来,合成洗涤剂工业发展迅速,用烷基硫酸盐、烷基芳基磺酸盐及聚氧乙烯型非离子表面活性剂等作原料制成的各种合成洗涤剂去污能力比肥皂强,而且克服了肥皂的如上所述的缺点,可制成片剂、粉剂或洗涤液,便于在用机械搅拌去污的洗涤过程中使用。

去污过程是带有污垢(用 D 表示)的固体(s),浸入水(w)中,在洗涤剂的作用下,降低污垢与固体表面的粘湿功,使污垢脱落而达到去污目的。好的洗涤剂必须具有如下特点。

(1)良好的润湿性能。

(2)能有效地降低被清洗固体与水及污垢与水的界面张力,降低沾湿功。

(3)有一定的起泡或增溶作用。

(4)能在洁净固体表面形成保护膜而防止污物重新沉积。

洗涤剂中通常要加入多种辅助成分,增加对被清洗物体的润湿作用,又要有起泡、增白、占领清洁表面不被再次污染等功能。

表面活性剂是两亲分子。溶解在水中达一定浓度时,其非极性部分会自相结合,形成聚集体,使憎水基向里、亲水基向外,这种多分子聚集体称为胶束。随着亲水基不同和浓度不同,形成的胶束可呈现棒状、层状或球状等多种形状。形成胶束的最低浓度称为临界胶束浓度,简称 CMC。这时溶液性质与理想性质发生偏离,在表面张力对浓度绘制的曲线上会出现转折。继续增加表面活性剂的量,表面张力不再降低,只能增加溶液中胶束的数量和大小。如图 8.19 所为临界胶束浓度时各种性质的突变情况。

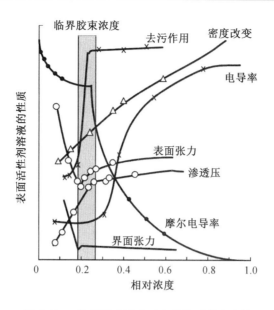

图 8.19 临界胶束浓度时各种性质的突变情况

8.8 气 - 固相表面催化反应

8.8.1 化学吸附与催化反应

大量实验事实都表明,气 - 固相的多相催化作用是反应物分子首先吸附在固体表面的某些部位上,形成活化的表面中间化合物,使反应的活化能降低,反应加速,之后再经过脱附而得到产物。因此,吸附是气 - 固相多相催化反应的必经阶段。生产实践不断要求我们改进催化剂的性能,要求为某些反应寻求新的催化剂并提供理论根据。这就要求我们深入地研究化学吸附的机理、特性和规律。

在气 - 固相催化反应中,固体表面是反应的场所,比表面的大小直接影响反应的速率,增加催化剂的比表面总是可以提高反应速率。因此人们多采用比表面大的海绵状或多孔性的催化剂。固体表面是不均匀的,在表面上有活性的地方只占催化剂表面的一小部分。多位理论、活性集团理论等活性中心的理论,从不同的角度来解释催化活性,其基本出发点都是承认表面的不均匀性。

一种好的催化剂必须要吸附反应物,使它活化,这样吸附就不能太弱,否则达不到活化的效果;但也不能太强,否则反应物不易解吸,占领了活性位就变成毒物,使催化剂很快失去活性。好的催化剂吸附的强度应恰到好处,太强太弱都不好,并且吸附和解吸的速率都应该比较快。化学吸附的强弱与催化剂的催化活性有密切的关系,可以就几种金属对合成氨反应速率的影响来进行比较。在合成氨的反应中,是通过吸附的氮原子与氢气反应而生成氨的。如果氮原子的吸附在某种金属上非常强,它反而变得不活泼而不能与氢反应,甚至可能因占据了催化剂的表面活性点而成为催化剂的毒物,从而阻碍了氨的合成。如果氮原子的吸附很弱,在表面所吸附的粒子数目很少,这对氨的合成也不利。所以只有在吸附既不太强也不太弱的中间范围内，氨合成的速率才最大（原则上讲，最好是有足够大的覆盖度，但氮原子的吸附又不太强）。通过吸附热衡量催化剂的优劣，如图 8.20 是周期表中各族的金属对氨的合成速率以及对氮的吸附强度的影响。吸附强度可用起始时的化学吸附热表示（吸附热越大表示吸附强度越大）。如图所示，横坐标是各族元素，左边坐标表示对氮的起始化学吸附热，右边坐标表示氨的合成速率。

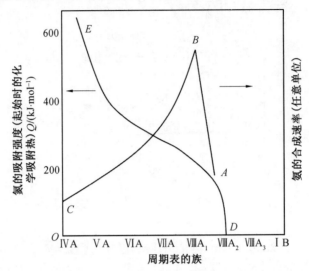

图 8.20　周期表中各族的金属对氨的合成速率以及对氮的吸附强度的影响

从图中可见，当吸附热沿 DE 线上升时，氨的合成速率沿 AB 线上升。但当吸附热继续上升时，氨合成速率经过最高点 B 后，反而沿 BC 线下降。对应 B 点的是第 Ⅷ 族第一列铁系元素。

因此，可以得到一个一般性的结论，即一个催化剂的活性与反应物在催化剂表面的化学吸附强度有关（虽然并不一定是平行关系）。只有在化学吸附具有适当的强度时，其催化活性才最大。一个催化反应得以进行的首要条件是化学吸附，但是却不能认为，吸附后就一定会进行催化反应，并且吸附得越多，反应进行得越快。事实上确有不少系统吸附量很大却并不进行反应，这涉及吸附物究竟吸附在表面的什么位置上，还涉及一个吸附速率的问题。特别是对于一些工业生产中的催化过程，它们都是流动系统，反应物与催化剂的接触时间很短（几秒，甚至不到 1 s），系统根本没有达到吸附平衡，此时吸附量的多少不是主要因素，而起主要作用的是吸附（或解吸）的速率。

8.8.2　气 - 固相表面催化反应速率

气 - 固相多相系统的动力学要比均相系统复杂得多，这主要有以下原因。

（1）多相催化反应是在固体催化剂表面上实现的多步骤过程。一般来说，有下列五步：

①反应物从气体本体扩散到固体催化剂表面；

②反应物被催化剂表面所吸附；

③反应物在催化剂表面进行化学反应；

④ 生成物从催化剂表面脱附；

⑤ 生成物从催化剂表面扩散到气体本体中。

这五个基元步骤有物理变化也有化学变化,其中 ①、⑤ 是物理扩散过程,②、④ 是吸附和脱附过程,③ 是表面化学反应过程。每一步都有它们各自的历程和动力学规律。所以研究一个多相催化过程的动力学,既涉及固体表面的反应动力学问题,也涉及吸附和扩散动力学的问题。在一连串的步骤中,由于控制步骤不同,速率的表示式也不同。

(2)吸附、表面反应和解吸这三个步骤都是在表面实现的,因而它们的速率与表面被吸附物的浓度有关。被吸附物中可包括反应物、产物,甚至其他物质,但它们在表面的浓度目前还不能直接观测,只能利用一定的模型(如朗缪尔吸附模型)来间接计算。这就不可避免地给多相催化动力学的数据分析带来一定的近似性。

(3)反应涉及固体催化剂的表面,但目前我们对固体催化剂的表面结构和性质了解得仍不够充分。同时,由于在反应过程中表面的结构和性质可能发生变化,实验的重复性较差(如同样化学组成的催化剂,由于制备的过程不同,或批号不同,其活性常有差异),这对气 – 固相多相系统的研究也构成一定的困难。

下面讨论表面反应为速率控制步骤的速率表示式。

(1)单分子反应。

假定反应是由反应物的单种分子,在表面通过如图 8.21 所示的步骤来完成反应。

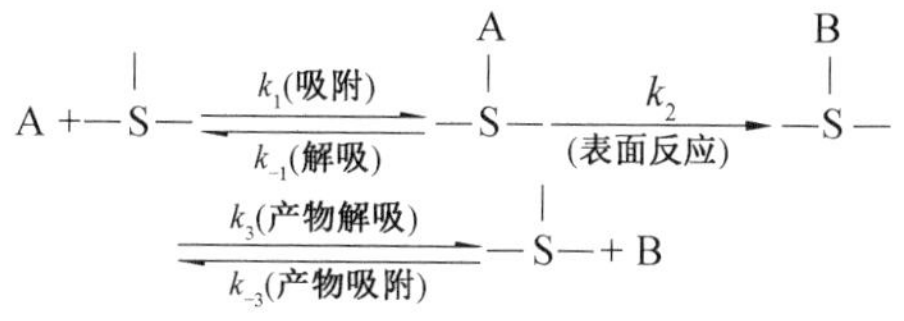

$$A + -S- \xrightarrow[k_{-1}(解吸)]{k_1(吸附)} \overset{A}{\underset{|}{-S-}} \xrightarrow[(表面反应)]{k_2} \overset{B}{\underset{|}{-S-}}$$

$$\xrightarrow[k_{-3}(产物吸附)]{k_3(产物解吸)} -S- + B$$

图 8.21　单分子反应示意图

图 8.21 中,A 代表反应物,B 代表产物,S 代表固体催化剂表面的反应中心或活性中心(active center)。假定吸附和解吸的速率都很快,而表面反应的速率较慢,因此总反应的速率由后者来控制,即反应速率 r 为

$$r = k_2 \theta_A \tag{8.45}$$

假定产物的吸附很弱,随即解吸,则将朗缪尔吸附恒温式

$$\theta_A = \frac{a_A p_A}{1 + a_A p_A}$$

代入反应速率 r 的表示式,得

$$r = \frac{k_2 a_A p_A}{1 + a_A p_A} \tag{8.46}$$

式中,k_2、a_A 是常数;p_A 是可以测量的。根据具体情况又可作如下简化:

① 如果压力很低,$a_A p_A \ll 1$,则

$$r = -\frac{dp_A}{dt} = k_2 a_A p_A = k p_A \tag{8.47}$$

此时反应表现为一级反应。

② 如果反应物的吸附很强(或在反应刚开始时反应物的压力 p_A 还相当大时),$a_A p_A \gg 1$,则

$$r = -\frac{dp_A}{dt} = k_2 \tag{8.48}$$

此时表现为零级反应。这种情况相当于表面完全为吸附分子所覆盖,总的反应速率与反应分子在气相中的压力无关,而只依赖于被吸附着的分子的反应速率。对式(8.48)积分,得

$$p_A = p_{A_0} - k_2 t \tag{8.49}$$

在反应过程中,反应物的分压随时间而线性地下降。碘化氢在金表面,温度范围为800 ~ 1 000 K,压力为 13 ~ 53 kPa 时的速率公式具有此形式;NH_3 在金属钨上的分解也属于这一类型。

③ 如果压力适中,反应级数处于 0 ~ 1 之间,此时

$$r = \frac{k_2 a_A p_A}{1 + a_A p_A} \tag{8.50}$$

如果反应中除了有反应物的吸附外,产物(或其他局外物质)也能吸附。在这种情况下,产物(或其他局外物质)所起的作用相当于毒物,它占据了一部分表面,使得催化剂表面的活性中心数目减少,抑制了反应,并改变了动力学公式。此时朗缪尔吸附式可按混合吸附的形式来考虑,即

$$\theta_A = \frac{a_A p_A}{1 + a_A p_A + a_B p_B} \tag{8.51}$$

因此反应速率为

$$r = -\frac{dp_A}{dt} = k_2 \frac{a_A p_A}{1 + a_A p_A + a_B p_B} \tag{8.52}$$

式中,p_A 为反应物的分压;a_A 为反应物的吸附系数;p_B 为产物(或毒物)的分压;a_B 为产物(或毒物)的吸附系数。在式中可以看到,分母中存在着 $a_B p_B$ 项,表示产物或毒物吸附时对反应具有抑制作用,使反应速率变小。

(2) 双分子反应。

一般认为双分子反应有两种可能的历程:第一种是在表面邻近位置上,两种被吸附的粒子之间的反应。这种历程称为朗缪尔 - 欣谢伍德(Langmuir - Hinshelwood,L - H)历程。在两个吸附质点之间的表面反应大多数是这种历程。另一种是吸附在表面的粒子和气态分子之间进行反应,通常称为里迪尔(Rideal) 历程。

① 朗缪尔 - 欣谢伍德(L - H) 历程,即两个吸附着的质点之间的反应,如图 8.22 所示。

若表面反应为速控步骤,反应速率方程为

$$r = k_2 \theta_A \theta_B$$

式中,θ_A 和 θ_B 分别为 A 和 B 的表面覆盖率。假定产物吸附很弱,根据朗缪尔恒温式可得

$$\theta_A = \frac{a_A p_A}{1 + a_A p_A + a_B p_B}, \qquad \theta_B = \frac{a_B p_B}{1 + a_A p_A + a_B p_B}$$

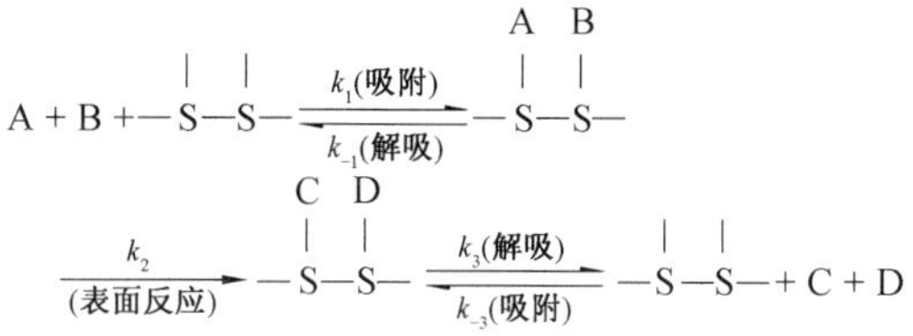

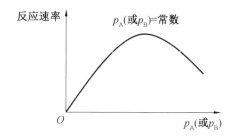

图 8.22　朗缪尔 – 欣谢伍德(L – H) 历程示意图

$$r = \frac{k_2 a_A a_B p_A p_B}{(1 + a_A p_A + a_B p_B)^2} \tag{8.53}$$

由此可得,如果保持一个压力 p_B 恒定,改变另一个物质的压力 p_A,则速率变化如图 8.23 所示,随压力的变化图上会出现一个极大值。反之,若 p_A 保持恒定,而改变 p_B,也有同样的情况出现。

图 8.23　服从 L – H 历程的双分子反应速率与反应物分

压的关系(示意图)

② 里迪尔(Rideal) 历程,即吸附质点 A 与气态分子 B 之间的反应,如图 8.24 所示。

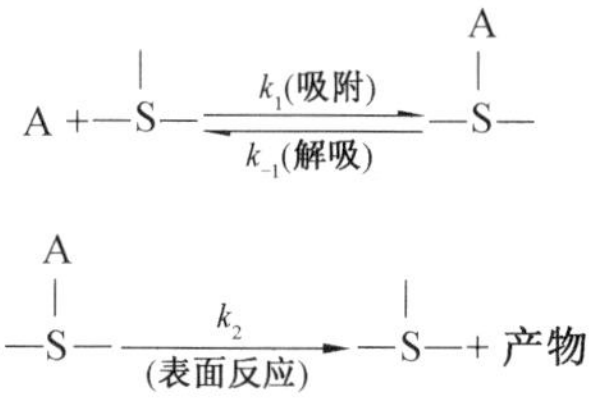

图 8.24　里迪尔(Rideal) 历程示意图

在第一个反应式中,反应物 A 在催化剂表面进行了吸附。在第二个反应式中,被吸附着的 A 与气态中的 B 起反应(B 也可能存在吸附,吸附着的 B 不与吸附的 A 发生反应)。若表面反应为速率控制步骤,则反应速率为

$$r = k_2 p_B \theta_A = \frac{k_2 a_A p_A p_B}{1 + a_A p_A + a_B p_B} \tag{8.54}$$

式(8.54) 的分母中有 $a_B p_B$ 项出现,表明在催化剂表面有 B 的吸附,但是吸附的 B 与吸附的 A 不发生化学反应。如果 B 不被吸附或 B 的吸附很弱,则式(8.54) 为

$$r = \frac{k_2 a_A p_A p_B}{1 + a_A p_A} \tag{8.55}$$

若 p_B 保持恒定而改变 p_A,则式(8.55) 所表达的速率公式就不再有最大值出现,而只

趋向于一极限值,如图 8.25 所示。

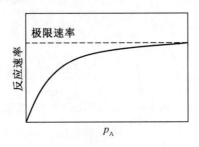

图 8.25 里迪尔历程的反应速率与 p_A 的

关系(p_B = 常数)

在特殊情况下,式(8.55)也可以简化。如果 A 的吸附很强,即 $a_A p_A \gg 1$,则

$$r = k_2 p_B \tag{8.56}$$

如果 A 的吸附很弱,$a_A p_A \ll 1$,则

$$r = k_2 \, a_A p_A p_B \tag{8.57}$$

对于表面反应为速率控制步骤的双分子反应,如果在速率与某一反应物分压的曲线中有极大值出现,则基本可以确定该双分子反应是朗缪尔 – 欣谢伍德历程而不是里迪尔历程。因此,速率与分压的曲线形状,可以作为判别双分子反应历程的一种依据。

本 章 小 结

本章从分析界面层分子不受力的不对称性入手,详细介绍了常见的几种界面现象和固体表面的吸附理论及模型。

(1)密切接触的两相之间的过渡区(约有几个分子的厚度)称为界面,物质二态的不同,决定了不同的界面类型,存在气 – 液、气 – 固、液 – 液、液 – 固和固 – 固 5 种不同的界面,一般常把与气体接触的界面称为表面。

(2)处在固体表面的原子,由于周围原子对它的作用力不对称,即表面原子所受的力不饱和,因而有剩余力场,可以吸附气体或液体分子。

(3)固体与液体接触,可产生固 – 液界面。固 – 液界面上发生的过程一般分两类来讨论,一类是吸附,另一类是润湿。

(4)溶质在溶液表面层(表面相)中的浓度与在溶液本体(体相)中浓度不同的现象称为溶液表面的吸附。

本 章 习 题

1.在 293 K 时,用木炭吸附丙酮水溶液中的丙酮,实验数据如下:

吸附量 $x/(\text{mol} \cdot \text{kg}^{-1})$	0.208	0.618	1.075	1.5	2.08	2.88
浓度 $c/(\times 10^3 \text{mol} \cdot \text{dm}^{-3})$	2.34	14.65	41.03	88.62	177.69	268.97

试用弗罗因德利希公式确定公式中的常数 k 和 n。

2.473.15 K 时,测定氧在某催化剂表面的吸附作用,当平衡压力分别为 101.325 kPa 及 1013.25 kPa 时,每千克催化剂的表面吸附氧的体积分别为 2.5×10^3 m^{-3} 及 4.2×10^{-3} m^3(已换算为标准状况下的体积)。假设该吸附作用服从朗缪尔吸附恒温线,试计算当氧的吸附量为饱和吸附量的一半时,氧的平衡压力为多少。

3.为什么在农药使用过程中要加入表面活性剂?

4.表面吉布斯自由能和表面张力有哪些共同点和不同点?

第 9 章　　胶体化学

本章重点、难点:

(1) 胶体体系的特性和分类。

(2) 溶胶的制备和净化。

(3) 溶胶的光学性质、动力学性质和电学性质。

(4) ζ 电势定义及求算公式。

(5) 胶团结构的表示方式。

(6) 溶胶的稳定和聚沉,电解质聚沉作用的经验规律。

本章实际应用:

(1) 地球可视为一个胶体体系,利用胶体原理可识别矿物的性质及其在不同条件下发生的变化过程。

(2) 工业废水是广泛存在的胶体体系,为了保护水源,净化水质,提取贵重元素,变废为宝,则必须研究胶体的形成和破坏。

(3) 蔚蓝色天空中的大气层是由水滴和尘埃等物质分散在空气中构成的胶体体系,对它的研究在环境保护、耕种、人工降雨等方面具有重要意义。

(4) 电泳的应用相当广泛,如陶瓷工业中利用电泳使黏土与杂质分离,可得到高质量的黏土,这是制造高质量陶器的主要原料;在电镀工业上,利用电泳镀漆可得到均匀的油漆层(或橡胶层);生物化学中常用电泳技术分离各种氨基酸和蛋白质等。

(4) 医学上利用血清的"纸上电泳"可以协助诊断患者是否患有肝硬化。

(5) 电渗技术应用于海水淡化。一些难过滤的浆液可用电渗技术进行脱水。

(6) 人体各部分的组织都是含水的胶体,要了解生理机能、病理原因和药物疗效等,都要用到胶体的研究成果。

(7) 许多工艺过程(如沉淀、印染、洗涤、润滑、乳化、发泡、浮选、发酵等)均离不开胶体的基本原理。

(8) 胶体化学与石油化工的关系尤为密切,从油、气地质的勘探到钻井、采油、储运和炼制等各方面,都要用到大量胶体化学原理和方法。

(9) 纳米材料的出现引导人类进入一个新技术领域,给人们生活改善带来不可估量的前景。它的发展是吸取了胶体的制备和纯化方法,从而取得惊人成果。纳米技术发展也丰富和充实了胶体化学。

知识框架图

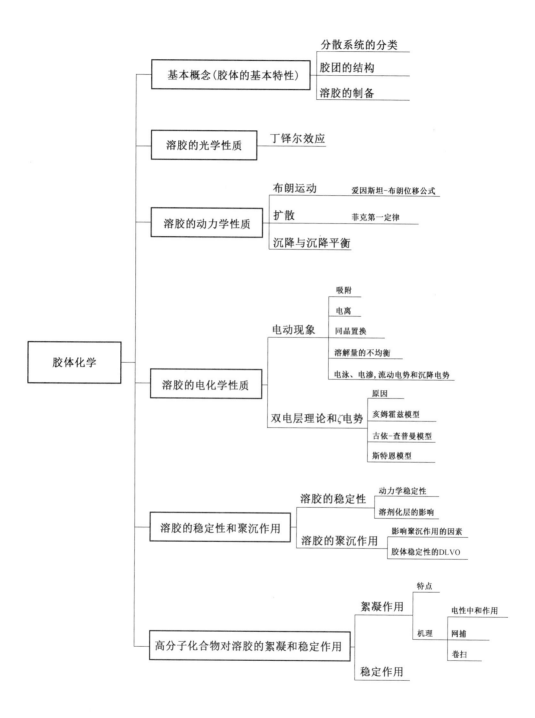

9.1　引　言

随着社会的发展和进步,人类对客观世界的认识也不断从宏观和微观两个层次深入。随着认识事物的手段不断进步(如各种新的谱学仪器的出现),人们已经对分子、原子、电子、中子、介子和超子等十分微小的领域有所了解,时间概念也已缩小到飞秒(10^{-15} s)的数量级,一些描述微观世界的学科如量子力学、原子核物理和粒子物理学等相继建立。但是直到20世纪80年代,自从纳米材料出现后,人们才发现在宏观世界与微观世界之间,还有一个介观世界(mesoscopic system)被忽略了。

"胶体"这个名词首先是由英国科学家格雷厄姆于1861年提出的。他在研究物质的扩散性和渗透性时发现,有些物质如蔗糖、食盐和无机盐类在水中扩散很快,能透过羊皮纸;而另一类物质如明胶、蛋白质和氢氧化铝等在水中扩散很慢,很难或甚至不能透过羊皮纸。前者在溶剂蒸发后成晶体析出,后者则不成晶体而成黏糊的胶状物质。因此,当时格雷厄姆根据这些现象,将物质分成两类,前者称为晶体(crystal),后者称为胶体(collcid)。后来经过大量的实验发现,格雷厄姆将物质绝对地分成晶体和胶体两类的做法是不合适的。俄国科学家Beinapa于1905年先后用了200多种物质进行实验,结果证明任何典型的晶体物质在适当条件下,如降低其溶解度或选用适当介质,也能制得具有上述特性的胶体。例如:食盐是典型的晶体物质,溶在水中则成溶液,其中氯化钠分子(解离成钠离子和氯离子)具有扩散快、易透过羊皮纸的特性;但是食盐也可设法被分散在适当有机溶剂(如乙醇或苯等)中,则所形成的体系中的氯化钠粒子具有扩散慢、不能透过羊皮纸的特性。因此,实质上胶体只是物质以一定分散程度存在的一种状态,称为胶态(colloidal state),就像气态、液态和固态,而不是一种特殊类型的物质。

9.2　胶体和胶体的基本特性

把一种或几种物质分散在一种介质中所构成的系统称为分散系统。被分散的物质称为分散相,而另一种呈连续分布的物质称为分散介质。按分散相粒子的大小,常把分散系统区分为分子(或离子)分散系统、胶体分散系统和粗分散系统等。这种分类方法虽然能反映出不同系统的一些特性,但是片面地只从粒子的大小来考虑问题,忽略了很多其他性质,并非恰当的。例如:大分子化合物(如蛋白质、橡胶)的溶液,分散相以分子的形式分散在介质中,而粒子的半径又落在1～100 nm的区间内,它既有胶体分散系统的一些性质,但又具有与胶体不同的特殊性。

9.2.1　分散系统的分类

分散相粒子直径$d > 1\ 000$ nm的分散系统称为粗分散系统,如悬浮液、乳状液、泡沫、粉尘等。胶体分散系统的分散相粒子直径d介于1～100 nm之间。胶体分散系统在生物界和非生物界都普遍存在,在实际生活和生产中也占有重要的地位。所谓宏观是指研究对象的尺寸很大,其下限是人的肉眼可以观察到的最小物体(半径大于1 μm),而上限则是无限的。所谓微观是指上限为原子、分子,而下限则是一个无下限的时空。在宏观世界与微观世界之间,有一个介观世界,在胶体和表面化学中所涉及的超细微粒,其尺寸在 1 ~ 100 nm 之间,基本归属于介观领域,分散系统按分散相的分散程度的分类如表 9.1 所示。

表 9.1　分散系统按分散相的分散程度的分类(分散介质为连续相)

分散相的 半径 r/nm	分散系统类型	特性
< 1	分子分散系统 (真溶液)	分散相与分散介质以分子或离子形式彼此混溶,没有界面,是均匀的单相;粒子能通过滤纸,扩散快,能渗析;普通显微镜和超显微镜下都看不见
1 ~ 100	胶体	目测是均匀的,但实际是多相不均匀系统。也有的将 1 ~ 1 000 nm 之间的粒子归入胶体范畴;粒子能通过滤纸,扩散极慢;普通显微镜下看不见,超显微镜下可以看见
> 1 000	粗分散系统	目测是混浊不均匀系统,放置后会沉淀或分层;不扩散,不渗析,在普通显微镜下能看见,目测是浑浊的

通过对胶体溶液稳定性和胶体粒子结构的研究,人们发现胶体系统至少包含了性质颇不相同的三大类:① 由难溶物分散在分散介质中所形成的憎液溶胶,简称溶胶,其中粒子都是由很大数目的分子(各粒子中所含分子的数目并不相同)构成。这种系统具有很大的相界面、很高的表面吉布斯自由能,很不稳定,极易被破坏而聚沉,聚沉后往往不能恢复原态,因而是热力学中的不稳定和不可逆系统。② 大(高)分子化合物的溶液,其分子的大小已经到达胶体的范围,具有胶体的一些特性。但是,它是分子分散的真溶液。大分子化合物在适当的介质中可以自动溶解而形成均相溶液。若设法使它沉淀,当除去沉淀,重新加入溶剂后大分子化合物又可以自动再分散,是热力学稳定、可逆的系统。由于被分散物与分散介质之间的亲和能力很强,过去被称为亲液溶胶,现在渐渐被大分子溶液一词所替代。③ 分散相是由表面活性剂缔合形成的胶束,称为缔合胶体。通常以水作为分散介质,胶束中表面活性剂的亲油基团向内,亲水基团向外,分散相与分散介质之间有很好的亲和性,也是一类均相的热力学稳定系统。

胶体系统也可以按照分散相和分散介质的聚集状态进行分类,见表 9.2。根据这种分类法,常按分散介质的聚集状态来命名胶体,如分散介质为气态则称为气溶胶。但气 - 气系统不属于胶体研究的范围,其他各类分散系统中都有胶体研究的对象。其中,泡沫和乳状液就粒子大小而言虽然已属粗分散系统,但由于它们的许多性质特别是表面性质与胶体分散系统有着密切的关系,所以通常也归并在胶体分散系统中讨论。

表 9.2　胶体系统按分散相和分散介质的聚集状态的分类

分散相	分散介质	名称	实例
固		液 – 固溶胶	悬浮体、溶胶（如油漆、泥浆、AgI 溶胶）
液	液	液 – 液溶胶	乳状液（如牛奶，石油）
气		液 – 气溶胶	泡沫（如灭火泡沫）
固		固 – 固溶胶	有色玻璃、不完全互溶的合金
液	固	固 – 液溶胶	珍珠、某些宝石
气		固 – 气溶胶	泡沫塑料、沸石分子筛
固	气	气 – 固溶胶	烟、含尘的空气
液		气 – 液溶胶	雾、云

只有典型的憎液溶胶才能全面地表现出胶体的特性，总结概括起来，其基本性质可以归纳如下。

（1）特有的分散程度。粒子的大小在 1 ~ 1 000 nm 之间，因而扩散较慢，不能透过半透膜，渗透压低但有较强的动力稳定性和乳光现象。

（2）多相不均匀性。具有纳米级的粒子是由许多离子或分子聚结而成，结构复杂，有的保持了该难溶盐的原有晶体结构，而且粒子大小不一，与介质之间有明显的相界面，比表面很大。

（3）易聚集的不稳定性。因为粒子小，比表面大，表面自由能高，是热力学不稳定系统，有自发降低表面自由能的趋势，即小粒子会自动聚结成大粒子。

9.2.2　胶团的结构

任何溶胶粒子的表面总是带有电荷（或是正电荷或是负电荷）。其实不仅是溶胶，凡是与极性介质（如水）相接触的界面总是带电的。胶粒的结构比较复杂，先有一定量的难溶物分子聚结形成胶粒的中心，称为胶核（colloidal nucleus）；然后胶核选择性地吸附稳定剂中的一种离子，形成紧密吸附层；由于正、负电荷相吸，在紧密层外形成反号离子的包围圈，从而形成了带与紧密层相同电荷的胶粒；胶粒与扩散层中的反号离子，形成一个电中性的胶团。胶核吸附离子是有选择性的，首先吸附与胶核中相同的某种离子，用同离子效应使胶核不易溶解。例如：$AgNO_3$ 的稀溶液和 KI 的稀溶液反应生成 AgI，此反应生成的 AgI 形成非常小的不溶性微粒，称为胶核，它是胶体颗粒的核心，有一定的晶体结构，表面积也很大。

如图 9.1 所示，m 表示胶核中所含 AgI 的分子数，通常是一个很大的数值（约在 10^3 左右）。若制备 AgI 时 KI 是过剩的，则 I^- 在胶核表面优先被吸附。n 表示胶核所吸附的 I^- 离子数，因此胶核带负电（n 的数值比 m 的数值要小得多）。溶液中的 K^+ 又可以部分地吸附在其周围，$(n - x)$ 为吸附层中的带相反电荷的离子数（此处为 K^+），x 是扩散层中的反号离子数，胶核连同吸附在其上面的离子，包括吸附层中的相反电荷离子，称为胶粒（colloidal particle）。胶粒连同周围介质中的相反电荷离子则构成胶团（也称为胶束，micelle）。由于离子的溶剂化，胶粒和胶团也呈现溶剂化。在溶胶中胶粒是独立运动单

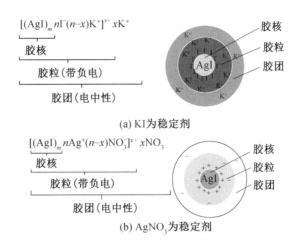

(a) KI为稳定剂

(b) AgNO₃为稳定剂

图 9.1　碘化银胶团构造的示意图

位。通常所说溶胶带正电或负电是对于胶粒而言,整个胶团总是电中性的。胶团没有固定的直径和质量,同一种溶胶的 m 值也不是一个固定的数值。

作为憎液溶胶基本质点的胶粒并非都是球形,而胶粒的形状对胶体性质有重要影响。质点若为球形的,则流动性较好;若为带状的,则流动性较差,易产生触变现象。触变性亦称摇变,是指物体(如油漆、涂料)受到剪切时稠度变小,停止剪切时稠度又增加或受到剪切时稠度变大,停止剪切时稠度又变小的一"触"即"变"的性质。触变性是一种可逆的溶胶现象,普遍存在于高分子悬浮液中。如图 9.2 所示,聚苯乙烯胶乳是球形质点,V_2O_5 溶胶是带状质点,$Fe(OH)_3$ 溶胶是丝状质点。

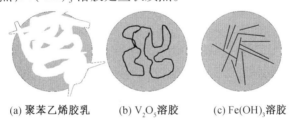

(a) 聚苯乙烯胶乳　　(b) V₂O₅溶胶　　(c) Fe(OH)₃溶胶

图 9.2　不同胶粒的形状

9.2.3　溶胶的制备

上述讨论表明,要形成溶胶必须使分散相粒子的大小落在胶体分散系统的范围之内,同时系统中应有适当的稳定剂存在才能使其具有足够的稳定性。制备方法大致可以分为两类:分散法(dispersed method)与凝聚法(condensed method)。前者是使固体的粒子变小,后者是使分子或离子聚结成胶粒。由分散法或凝聚法直接制成的粒子称为原级粒子(primary particle),视具体条件不同,这些粒子常又可以聚集成一些较大的次级粒子(secondary particle)。通常所制备的溶胶中粒子的大小常是不均一的,是多级的分散系统。

分散法是用适当方法使大块物质在有稳定剂存在的情况下分散成胶体粒子的大小。

常用的方法有：研磨法、溶胶法、超声波分散法、电弧法和气相沉积法。

凝聚法的一般特点是先制成难溶物的分子（或离子）的过饱和溶液，再使之互相结合成胶体粒子而得到溶胶。通常可以分成化学凝聚法和物理凝聚法。

在通常条件下制得的沉淀颗粒，其形状和尺寸都是不均一的，尺寸分布范围较广。但是如果在严格控制的条件下，则有可能制备出形状相同、尺寸相差不大的沉淀颗粒，由这样的颗粒所组成的系统则称为均分散系统（monodispersed system），也称为单分散系统。颗粒的尺寸在胶体颗粒尺寸范围之内的均分散系统则称为均分散胶体系统。在自然界存在的均分散系统有蛋白质、某些细菌（如烟草斑纹病毒就是由 100 ～ 200 nm 长的杆状体所构成的均分散胶体）等。第一个人工制造的均分散胶体是 1906 年由 Zsigmondy 制备的金溶胶，是直径约为 6 nm 的球形颗粒，但当时并未引起人们足够的重视。直到1970—1984 年期间，Matijeric 等制备出 Cr、Fe、A1、Cu、Ti 和 Co 等一系列金属氧化物或水合氧化物的均分散胶体，并对其性质进行了广泛的研究，才引起科技界人士的重视。

原则上讲，任何物质都能制成均分散系统。其原理是：制成过饱和溶液以后，在极短时间内很快生成许多晶核，此时，虽然浓度有所下降，但仍处于过饱和状态，一方面有晶核生成，另一方面又有晶核的变大。此时，就需要抑止晶核的长大，以保证晶核均匀生成。需要控制的因素有：反应物的浓度、pH、温度和外加特定的离子等。这个原则不仅适用于水溶胶，而且适用于非水溶胶乃至气溶胶。

虽然在 20 世纪初就开始有人对均分散系统进行研究，但直到 20 世纪 80 年代方得到迅速发展，原因主要有两方面：① 检测手段的不断完善，一直到电子显微镜、光散射仪、超离心机等技术发展成熟，才使胶体化学家有了得心应手的工具；② 科学技术的发展对新材料的要求，如机械零件、航天技术、计算机部件、传感器、超导和磁性材料等都需要组成、大小、形状、孔径等均一的新材料。

从均分散胶体中可以分离出形状相同、尺寸相近的均分散颗粒，这种在形状和尺寸上均匀的新材料具有如下广泛的应用前景。

（1）验证基本理论。许多基本理论的验证需要形状和尺寸相同的颗粒来进行实验，如非球形颗粒的散射公式、扩散定律、布朗（Brown）运动和 Avogadro 常数等，都可以借助于均分散颗粒这种近似于理想的模型来进行验证或求出其数值。

（2）理想的标准材料。形状和尺寸均匀的颗粒可以作为基准物用作标准或测定一些仪器常数；有色的均分散颗粒也可以作为标定颜色的基准物。

（3）新材料均分散颗粒已成为理想的磁记录材料，在计算机技术中成为不可缺少的材料。均分散的感光材料可以改善胶片的质量，提高感光速度。红宝石和石榴石等激光材料已经可以通过制备均分散胶体的方法来人工合成，制造色彩鲜艳的人工合成宝石（用直径为 100 ～ 200 nm 的球形均分散的 SiO_2 微粒分散在蛋白石中，使之光彩夺目，效果很好）等。

（4）催化剂性能的改进。纳米级均分散颗粒已成为许多化学反应的高效催化剂，用于石油催化裂解、促使玻璃和墙砖表面的污物光解而自洁、光催化汽车尾气的分解和催化水的光解等，并有可能用于制造太阳能电池等。

（5）制造特种陶瓷。传统上"陶瓷"是陶器和瓷器的总称，现在"陶瓷"则是所有无机非金属固体材料的通称。根据历史发展、成分和性能特点,陶瓷大致可以分为传统陶瓷、特种陶瓷和金属陶瓷。传统陶瓷主要是指用天然原料(如陶土和瓷土)烧制而成。特种陶瓷是指用化学原料(即粒子大小尺寸在胶体范围内、大小分布均匀的颗粒)制成的具有特殊的物理或化学性质的新型陶瓷,如压电陶瓷、磁性陶瓷、光电陶瓷等。金属陶瓷是指由金属和陶瓷组成的复合材料。

9.3　　溶胶的光学性质

溶胶的光学性质,是其高度分散性和不均匀性特点的反映。通过光学性质的研究,不仅可以解释溶胶系统的一些光学现象,而且在观察胶体粒子的运动时,可研究它们的大小和形状,以及其他应用。

9.3.1　　丁铎尔效应

将一束经聚集的光线投射到溶胶上,在与入射光垂直的方向上,可观察到一个发亮的光锥。早在 1869 年,英国物理学家丁铎尔(Tyndall)就发现了这一现象,故称为丁铎尔效应。其他分散系统也会产生这种现象,但远不如溶胶这样明显,所以丁铎尔效应实际上是辨别溶胶和真溶液的最简便方法,如图 9.3 所示。

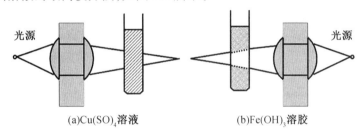

(a)Cu(SO)$_4$溶液　　　　　　　(b)Fe(OH)$_3$溶胶

图 9.3　　丁铎尔效应示意图

丁铎尔效应还具有另外一个特点,即当光通过分散系统时,在不同的方向观察光柱有不同的颜色,例如:AgCl、AgBr 的溶胶,在光透过的方向上观察,呈浅红色;而在与光垂直的方向观测时,则呈淡蓝色。

当光线射入分散系统时可能发生三种情况,即光的反射或折射、光的散射、光的吸收。

分散相粒子大于入射光的波长,则主要发生光的反射或折射现象,粗分散系统属于这种情况。当光束通过胶体溶液,分散相的粒子小于入射光的波长,则主要发生光的散射。此时光绕过粒子而向各个方向散射出去,散射出去的光称为散射光。可见光的波长在400 ~ 750 nm 之间,而溶胶粒子的半径一般在 1 ~ 100 nm 之间,小于可见光的波长,因此发生光的散射作用而出现丁铎尔效应。当光束通过分子溶液,由于溶液十分均匀,散射光因相互干涉而完全抵消,看不见散射光。

许多溶胶是无色的,这是由于它们对可见光的各波段的光吸收都很弱,并且吸收大致相同。如果溶胶对可见光中某一波段的光有较强的选择性吸收,则透过光中该波长段变弱,这时透射光则呈该波长光的补色光。例如:红色金溶胶对 500 ～ 600 nm 波长的绿色光有较强的吸收,而透过金溶胶后,光的颜色为其补色,所以呈红色。

系统的化学结构对光的选择性吸收有影响,粒的大小不同也能引起颜色的变化,如金溶胶的粒子大小不同时可呈现不同的颜色。当分散度很高、粒子很小时,金溶胶呈红色。粒子增大后,散射增强,系统的最大吸收峰波长逐渐向长波长方向移动,溶胶的颜色也由红色逐渐变成蓝色。

9.4　溶胶的动力学性质

这里主要介绍溶胶粒子的布朗运动以及与之有关的扩散、沉降与沉降平衡等。

9.4.1　布朗运动

1827 年,植物学家布朗(Brown)在显微镜下看到了悬浮于水中的花粉粒子处于不停息的、无规则的运动状态。后来发现,分散介质中的其他粒子(如木炭粉末和矿石粉末等)也有这种现象。在溶胶分散系统中,随着超显微镜的出现,人们观察到了分散介质中溶胶粒子也处于永不停息、无规则的运动之中,这种运动即为布朗运动。

在分散系统中,分散介质的分子皆处于无规则的热运动状态,它们从四面八方连续不断地撞击分散相的粒子。对于粗分散的粒子,在某一瞬间可能被数以千万次地撞击,从统计的观点来看,各个方向上所受撞击的概率应当相等,合力为零,所以不能发生位移。即使是在某一方向上遭到较多次数的撞击,因其质量太大,难以发生位移,也无布朗运动。对于接近或达到溶胶大小的粒子,与粗分散的粒子相比较,它们所受到的撞击次数要小得多。在各个方向上所遭受的撞击力,完全相互抵消的概率非常小。某一瞬间,粒子从某一方向得到冲量便可以发生位移,即布朗运动。图 9.4 是每隔相等的时间,在超显微镜下观察一个粒子运动的情况,它是空间运动在平面上的投影,可近似地描绘胶粒的无序运动。由此可见,布朗运动是分子热运动的必然结果,是胶粒的热运动。通过大量观察,得出结论:粒子越小,布朗运动越激烈。其运动激烈的程度不随时间而改变,但随温度的升高而增加。

1905 年和 1906 年,爱因斯坦和斯莫鲁霍夫斯基分别阐述了布朗运动的本质,认为布朗运动是分散介质分子以不同大小和方向的力对胶体粒子不断撞击而产生的。如图 9.5 所示,由于受到的力不平衡,所以连续以不同方向、不同速度做不规则运动。随着粒子增大,撞击的次数增多,而作用力抵消的可能性亦变大。当半径大于 5 μm,布朗运动消失。

1905 年左右,爱因斯坦用概率的概念和分子运动论的观点,创立了布朗运动的理论,爱因斯坦认为,溶胶粒子的布朗运动与分子运动类似,平均动能为 $\frac{3}{2}KT$。假设粒子是球形的,运用分子运动论的一些基本概念和公式,得到布朗运动的公式为

$$\overline{x} = \left(\frac{RT}{L} \frac{t}{3\pi\eta r} \right)^{\frac{1}{2}} \tag{8.58}$$

式中,$\overline{x}$ 为在时间间隔 t 内粒子的平均位移;r 为粒子的半径;η 为分散介质的黏度;T 为热

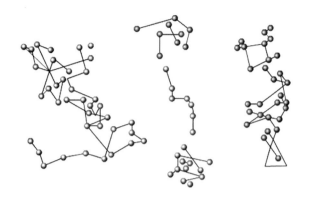

图 9.4　超显微镜下胶粒的布朗运动

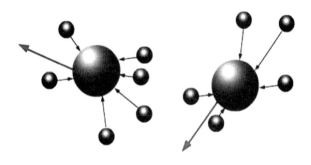

图 9.5　胶粒受介质分子冲击示意图

力学温度；R 为摩尔气体常数；L 为阿伏伽德罗常数。这个公式把粒子的位移与粒子的大小、介质黏度、温度以及观察时间等联系起来。

9.4.2　扩散

对真溶液，当存在浓度梯度时，溶质、溶剂分子会因热运动而发生定向迁移从而趋于浓度均一的扩散过程。同理，对存在浓度梯度的溶胶分散系统，尽管从微观上每个溶胶粒子的布朗运动是无序的，向各个方向运动的概率都相等，但从宏观上来讲，由于较高浓度区域内单位体积溶胶所含胶体粒子质点数多，而较低浓度区域内单位体积溶胶所含溶胶粒子质点数少，则当人为划定任一垂直于浓度梯度方向的截面时，虽然较高浓度和较低浓度一侧均有溶胶粒子因无序的布朗运动通过此截面，但由较高浓度一侧通过截面进入较低浓度一侧的溶胶粒子质点数会较多，最终导致的结果就是溶胶粒子发生了由高浓度向低浓度的定向迁移过程，这种过程即可定义为胶体粒子的扩散。

溶胶的扩散与溶液中溶质的扩散相同，都可以用菲克（Fick）第一定律来描述：菲克第一定律指在单位时间内通过垂直于扩散方向的单位截面积的扩散物质流量（称为扩散通量）与该截面处的浓度梯度成正比：

$$\frac{\mathrm{d}n}{\mathrm{d}t} = -DA_s\frac{\mathrm{d}c}{\mathrm{d}x} \tag{8.59}$$

该式表示单位时间通过某一截面的物质的量$\dfrac{\mathrm{d}n}{\mathrm{d}t}$与此处的浓度梯度$\dfrac{\mathrm{d}c}{\mathrm{d}x}$及面积大小$A_s$成正比,其比例系数$D$称为扩散系数,式中的负号表示扩散方向与浓度梯度的方向相反。扩散系数D的物理意义是:单位浓度梯度下,单位时间通过单位面积的物质的量。D的单位是$\mathrm{m}^2 \cdot \mathrm{s}^{-1}$。

9.4.3　沉降与沉降平衡

多相分散系统中的粒子,因受重力作用而下沉的过程,称为沉降。分散相粒子所受作用力的情况大致可分为两个方面:一方面是重力场的作用,它力图把粒子拉向容器底部,使之发生沉降;另一方面是因布朗运动所发生的扩散作用,当沉降作用使底部粒子的浓度高于上部时,由浓差引起的扩散作用则使粒子趋于均匀分布。沉降与扩散是两种相反的作用。当粒子很小,受重力影响占主导作用时,主要表现为沉降,如一些粗分散系统,像浑浊的泥水悬浮液等;当粒子的大小相当,重力和扩散作用相近时,构成沉降平衡。此时,粒子沿高度方向形成浓度梯度,粒子在底部的数目密度较高,在上部的数目密度较低,一些胶体系统在适当条件下会出现沉降平衡,如图9.6所示。

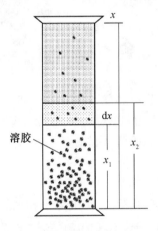

图 9.6　沉降平衡示意图

达沉降平衡时,粒子随高度分布的情况与气体类似,可用高度分布定律。如图9.6所示,设容器截面积为A,粒子为球形,半径为r,粒子与介质的密度分别为$\rho_{粒子}$和$\rho_{介质}$,在x_1和x_2处单位体积的粒子数分别N_1、N_2,Π为渗透压,g为重力加速度。在高度为$\mathrm{d}x$的这层溶胶中,使N个粒子下降的重力为

$$N A \mathrm{d}x \cdot \frac{4}{3}\pi r^3 (\rho_{粒子} - \rho_{介质}) g$$

该层中粒子所受的扩散力为$-A\mathrm{d}\Pi$,负号表示扩散力与重力相反。$\Pi = cRT$,则

$$-A\mathrm{d}\Pi = -ART\mathrm{d}c = -ART\frac{\mathrm{d}N}{L}$$

达到沉降平衡时,这两种力相等,得

$$- RT \frac{\mathrm{d}N}{L} = N\mathrm{d}x \cdot \frac{4}{3}\pi r^3 (\rho_{粒子} - \rho_{介质}) g$$

积分得

$$RT\ln\frac{N_1}{N_2} = -\frac{4}{3}\pi r^3 (\rho_{粒子} - \rho_{介质}) gL(x_2 - x_1) \qquad (8.60)$$

或

$$\frac{N_1}{N_2} = \exp\left[-\frac{4}{3}\pi r^3 (\rho_{粒子} - \rho_{介质}) gL(x_2 - x_1) \frac{1}{RT} \right] \qquad (8.61)$$

这就是高度分布公式。粒子质量越大,其平衡浓度随高度的降低也越大。通过沉降速度的测定,可以求得粒子的大小。

沉降时粒子所受的阻力为

$$f\frac{\mathrm{d}x}{\mathrm{d}t}$$

其中,f 为摩擦系数,对于球形粒子 $f = 6\pi\eta r$,则沉降时粒子所受的阻力为

$$6\pi\eta r \frac{\mathrm{d}x}{\mathrm{d}t}$$

沉降时粒子所受的重力为

$$\frac{4}{3}\pi r^3 (\rho_{粒子} - \rho_{介质}) g$$

当以恒定速度沉降时,两力相等,即

$$\frac{4}{3}\pi r^3 (\rho_{粒子} - \rho_{介质}) g = 6\pi\eta r \frac{\mathrm{d}x}{\mathrm{d}t}$$

因此,粒子的半径 r 为

$$r = \sqrt{\frac{9}{2}\frac{\eta \dfrac{\mathrm{d}x}{\mathrm{d}t}}{(\rho_{粒子} - \rho_{介质}) g}} \qquad (8.62)$$

在重力场的作用下,带电的分散相粒子在分散介质中迅速沉降时,使底层与表面层的粒子浓度悬殊,从而产生电势差,这就是沉降电势。贮油罐中的油内常会有水滴,水滴的沉降会形成很高的电势差,有时会引发事故。通常在油中加入有机电解质,增加介质电导,降低沉降电势。

9.5　溶胶的电化学性质

9.5.1　电动现象

分散系统中分散相质点由于吸附、电离、同晶置换、溶解量不等等原因而带有某种电荷,在外电场作用下带电粒子将发生运动,这就是分散系统的电动现象,电动现象是研究胶体稳定性理论发展的基础。

在固体表面的带电离子称为定位离子,固体表面产生定位离子的原因如下。

(1) 吸附。

胶粒在形成过程中,胶核优先吸附某种离子,使胶粒带电。

电泳、电渗、流动电势和沉降电势均属于电动现象。例如:在 AgI 溶胶的制备过程中,如果 $AgNO_3$ 过量,则胶核优先吸附 Ag^+,使胶粒带正电;如果 KI 过量,则优先吸附 I^-,胶粒带负电。

(2) 电离。

对于可能发生电离的大分子的溶胶而言,胶粒带电的原因主要是其本身发生电离。如蛋白质分子,当它的羧基或氨基在水中解离时,整个大分子带负电或正电荷。当介质的 pH 较低时,蛋白质分子带正电,pH 较高时,则带负电荷。当蛋白质分子所带的净电荷为零时,介质的 pH 称为蛋白质的等电点。在等电点时蛋白质分子的移动已不受电场影响,它不稳定且易发生凝聚。

(3) 同晶置换。

黏土矿物中如高岭土,主要由铝氧四面体和硅氧四面体组成,而 Al^{3+} 与周围 4 个氧的电荷不平衡,要由 H^+ 或 Na^+ 等正离子来平衡电荷。这些正离子在介质中会电离并扩散,所以使黏土微粒带负电。如果 Al^{3+} 被 Mg^{2+} 或 Ca^{2+} 同晶置换,则黏土微粒带的负电更多。

(4) 溶解量的不均衡。

离子型固体物质如 AgI,在水中会有微量的溶解,所以水中会有少量的银离子和碘离子。例如:将 AgI 制备溶胶时,由于 Ag^+ 较小,活动能力强,扩散快,比 I^- 容易脱离晶格而进入溶液,使 AgI 胶粒带负电。

电泳、电渗、流动电势和沉降电势均属于电动现象。

1.电泳

在外电场作用下,溶胶粒子在分散介质中定向移动的现象称为电泳。中性粒子在外电场中不会发生定向移动,电泳现象说明溶胶粒子是带电的。图 9.7 是一种测定电泳速率的实验装置。以 $Fe(OH)_3$ 溶胶为例,实验时先在 U 形管中装入适量的 NaCl 溶液(或 $Fe(OH)_3$ 溶胶的超离心滤液),再通过支管从 NaCl 溶液的下面缓慢地压入棕红色的 $Fe(OH)_3$ 溶胶,使其与 NaCl 溶液之间有清楚的界面存在,通入直流电后可以观察到电泳管中阳极一端界面下降,阴极一端界面上升,$Fe(OH)_3$ 溶胶向阴极方向移动。这说明 $Fe(OH)_3$ 溶胶粒子带正电荷。测出在一定时间内界面移动的距离,即可求得粒子的电泳速率。可想而知,电势梯度越大,粒子带电越多,粒子的体积越小,电泳速率越大;介质的黏度越大,电泳速率则越小。

实验还表明,若在溶胶中加入电解质,则对电泳会有显著影响。随外加电解质的增加,电泳速率常会降低以致变为零,外加电解质还能改变胶粒带电的符号。在生物化学中,利用不同蛋白质分子、氨基酸电泳速率的不同可实现物质的分离;医学上用于肝病诊断的血清"纸上电泳"是根据血液中血清蛋白及不同类型的球蛋白电泳速率的不同,在滤纸上分离、显色后,由电泳谱图做出初步判断。

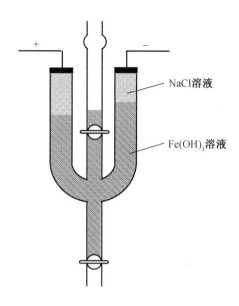

图 9.7　测定电泳速率的实验装置

2.电渗

在外电场作用下,若溶胶粒子不动(如将其吸附固定于棉花或凝胶等多孔性物质中),而液体介质做定向流动,这种现象称为电渗。若没有溶胶存在,液体(如水)与多孔性固体物质或毛细管接触后,固、液两相多会带上符号相反的电荷,此时,若在多孔材料或毛细管两端施加一定电压,液体也将通过多孔材料或毛细管而定向流动,这也是一种电渗。电渗实验装置如图9.8所示,图中 L_1 及 L_2 为导线管,其中装有与电极 E_1 及 E_2 相连的导线。实验时先在多孔塞 M 及毛细管 C 之间的循环管路中装满水(或其他溶液),再由 T 管吹入气体,使其在毛细管中形成一个小气泡。通电后,水(或其他溶液)将通过多孔塞而定向流动。这时可通过水平毛细管 C 中小气泡的移动,来观察循环流动的方向。流动的方向及流速的大小与多孔塞的材料及流体的性质有关。例如用玻璃毛细管时,水向阴极流动,表明流体带正电荷;若用氧化铝、碳酸钡等物质做成的多孔隔膜,水向阳极流动,则表明这时流体带负电荷。同电泳一样,外加电解质对电渗流速也有明显的影响,甚至能改变电渗流的方向。电渗可用于多孔材料的脱水、干燥等。

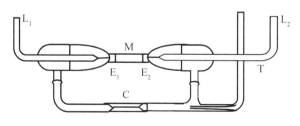

图 9.8　电渗实验装置

3.流动电势

外力的作用迫使液体通过多孔隔膜(或毛细管)定向流动,多孔隔膜两端所产生的电势差称为流动电势(streaming potential),它是电渗作用的伴随现象。显然,此过程可视为电渗的逆过程,实验装置如图9.9所示。图中,V_1 及 V_2 为液槽;N_2 为加压气体;E_1 及 E_2 为紧靠多孔塞 M 上下两端的电极;P 为电势差计。毛细管的表面是带电的,当外力迫使液体流动,扩散层开始移动,液体将双电层中的离子带走,使液体与固体表面产生电势差,从而产生了流动电势。用泵输送碳氢化合物,在流动过程中产生流动电势,高压下易产生火花。由于此类液体易燃,故应采取相应的防护措施,如将油管接地或加入油溶性电解质,增加介质的电导,减小流动电势。

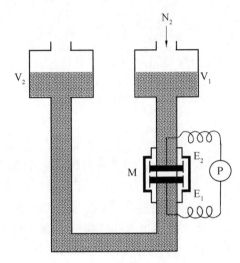

图 9.9　流动电势测量装置示意图

4.沉降电势

分散相粒子在重力场或离心力场的作用下迅速移动时,在移动方向的两端所产生的电势差称为沉降电势。沉降电势是与电泳现象相反的过程,它是电泳作用的伴随现象。如图9.10所示,P 为电势差计,电泳是带电胶粒在电场作用下做定向移动,是因电而动,而沉降电势是在胶粒沉降时产生的电动势,是因胶粒移动而产生电。贮油罐中的油内常含有水滴,水滴的沉降常形成很高的沉降电势,甚至达到危险的程度。通常解决的办法是加入有机电解质,以增加介质的电导。在四种电动现象中,以电泳和电渗最为重要。通过电动现象的研究,可以进一步了解胶体粒子的结构以及外加电解质对溶胶稳定性的影响。电泳还有多方面的实际应用,如用电泳的方法可以使橡胶电镀在金属、布匹、木材上,这样镀出来的橡胶容易硫化,可以得到拉力很强的产品。

上述的电泳、电渗(由外加电场而引起固、液相之间的相对移动)以及流动电势、沉降电势(由固、液相之间的相对移动而产生电势差)四种电动现象均说明,溶胶粒子和分散介质带有不同性质的电荷。但溶胶粒子为什么带电? 溶胶粒子周围的分散介质中,反离

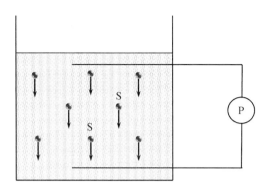

图 9.10　　沉降电势测量装置示意图
S— 带电溶胶粒子

子(与胶粒所带电荷符号相反的离子) 是如何分布的? 电解质是如何影响电动现象的? 有关这类问题,直至双电层理论建立之后,才得到令人满意的解释。

在四种电动现象中,流动电势和沉降电势相对来说研究得较少,尤其是沉降电势,其研究方法较为复杂,非一般常规实验所能胜任。

9.5.2　双电层理论和 ζ 电势

当固体与液体接触时,可以是固体从溶液中选择性吸附某种离子,也可以是固体分子本身发生电离作用而使离子进入溶液,以致固液两相分别带有不同符号的电荷,在界面上形成了双电层的结构。相接触的固、液两相往往带有符号相反的电荷,其原因主要有以下两种。

(1) 离子吸附:固体表面从溶液中有选择性地吸附某种离子而带电,如经化学凝聚法制得的溶胶即通过有选择性的离子吸附而使胶粒带电。

(2) 解离固体表面的分子在溶液中发生解离而使其带电,如蛋白质中的氨基酸分子,在 pH 低时,氨基形成 $-NH_4^+$ 而带正电荷;在 pH 高时,羧基形成 $-COO^-$ 而带负电荷。

处在溶液中的带电固体表面,由于静电吸引力的作用,必然要吸引等电荷量的、与固体表面带有相反电荷的离子(这种离子可简称为反离子或异电离子) 环绕在固体粒子的周围,这样便在固、液两相之间形成了双电层。下面简单介绍几个有代表性的双电层模型。

(1) 亥姆霍兹模型。

1879 年,亥姆霍兹(Helmholtz) 首先提出在固、液两相之间的界面上形成双电层的概念。他认为正、负离子整齐地排列于界面层的两侧,如图 9.11 所示。正负电荷分布的情况类似平行板电容器,故称为平板电容器模型。在平板电容器内电势直线下降,两层间的距离很小,与离子半径相当。在有外加电场作用时,带电质点和溶液中的反离子分别向相反电极移动,产生电动现象。平板双电层理论虽然似乎也能解释一些电动现象,对早期电动现象的研究起了一定的作用,但它也存在着许多问题,如,它不能解释带电质点的表面电势 φ_0 与质点运动时固、液两相发生相对移动时边界处与液体内部的电势差即 ζ 电势(又称电动电势) 的区别;也不能解释电解质对电势的影响;而且后来的研究表明,与带电质点一起运动的水化层的厚度远较平板双电层的厚度大,这样滑动面的 ζ 电势就应为 0,质点应不发生电动现象,但这显然是与实际情况相矛盾的。

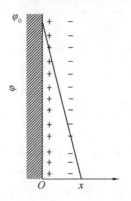

图 9.11　亥姆霍兹双电层模型

（2）古依 - 查普曼模型。

1910 年左右,古依（Gouy）和查普曼（Chapman）提出了扩散双电层理论,他们认为靠近质点表面的反离子是呈扩散状态分布在溶液中,而不是整齐排列在一个平面上的。这是因为反离子同时受到两个方向相反的作用:静电吸引力使其趋于靠近固体表面,而热运动又使其趋于均匀分布。这两种相反的作用达到平衡后,反离子呈扩散状态分布于溶液中,越靠近固体表面反离子浓度越高,随距离的增加,反离子浓度下降,形成一个反离子的扩散层,模型如图 9.12 所示。

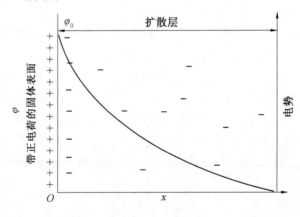

图 9.12　古依 - 查普曼双电层模型

古依和查普曼假设,在质点表面可看作无限大的平面,且表面电荷分布均匀,溶剂的介电常数到处相同的条件下,距表面一定距离 x 处的电势 φ 与表面电势的关系可用玻尔兹曼定律来描述:

$$\varphi = \varphi_0\, e^{-kx} \tag{8.63}$$

式中,k 的倒数 k^{-1} 具有双电层厚度的意义。该式表明扩散层中的电势随 x（距表面的距离）的增加呈指数形式下降,而下降的快慢取决于 k 的大小。当离开固体表面足够远时,溶液中正、负离子所带电荷量大小相等、符号相反、过剩的反离子浓度为零,此处对应的电势也为零。

古依－查普曼的扩散双电层理论正确地反映了反离子在扩散层中分布的情况及相应电势的变化,这些观点在今天看来仍然是正确的,但他们把离子视为点电荷,没有考虑到反离子的吸附,也没有考虑离子的溶剂化,因而未能反映出在质点表面上固定层(即不流动层)的存在。

(3) 斯特恩模型。

1924 年,斯特恩(Stern) 对古依－查普曼的扩散双电层理论进行了修正,并提出一种更加接近实际的双电层模型。他认为离子是有一定大小的,而且离子与质点表面除了静电作用外,还有范德瓦耳斯吸引力。所以在靠近表面 1 ~ 2 个分子厚的区域内,反离子由于受到强烈的吸引,会牢固地结合在表面,形成一个紧密的吸附层,称为固定吸附层或斯特恩层;其余反离子扩散地分布在溶液中,构成双电层的扩散部分,如图 9.13 所示。在斯特恩层中,除反离子外,还有一些溶剂分子同时被吸附。反离子的电性中心所形成的假想面,称为斯特恩面。在斯特恩面内,电势变化与亥姆霍兹平板模型相似,电势呈直线下降,由表面的 φ_0 直线下降到斯特恩面的 φ_s。φ_s 称为斯特恩电势。在扩散层中,电势由 φ_s 降至零,其变化情况与古依－查普曼的扩散双电层模型完全一致,因此斯特恩模型是亥姆霍兹平板模型和古依－查普曼扩散双电层模型的结合。

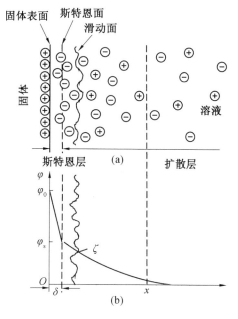

图 9.13　斯特恩双电层模型

当固、液两相发生相对移动时,紧密层中吸附在固体表面的反离子和溶剂分子与质点作为一个整体一起运动,其滑动面在斯特恩面稍靠外一些。滑动面与溶液本体之间的电势差称为 ζ 电势。由图可以看出,ζ 电势与 φ_0 电势在量值上相差非常小,却具有不同的含义。应当指出,只有在固、液两相发生相对移动时,才能呈现出 ζ 电势。

ζ 电势的大小,反映了胶粒带电的程度。ζ 电势越高,表明胶粒带电越多,其滑动面与溶液本体之间的电势差越大,扩散层也越厚。当溶液中电解质浓度增加时,介质中反离子的浓度加大,将压缩扩散层使其变薄,把更多的反离子挤进滑动面以内,中和固体表面电荷,使ζ电势在数值上变小。当电解质浓度足够大时,可使ζ电势为零。此时相应的状态,称为等电态。处于等电态的溶胶质点不带电,因此不会发生电动现象,电泳、电渗速率也必然为零,这时的溶胶非常容易聚沉。

斯特恩模型给出了电势明确的物理意义,很好地解释了溶胶的电动现象,并且可以定性地解释电解质浓度对溶胶稳定性的影响,使人们对双电层的结构有了更深入的认识。

9.6 溶胶的稳定性和聚沉作用

9.6.1 溶胶的稳定性

溶胶的稳定性包括:① 动力学稳定性。溶胶粒子小,布朗运动激烈,在重力场中不易沉降,使溶胶具有动力稳定性。② 抗聚结稳定性。胶粒之间有相互吸引的能量V_a和相互排斥的能量V_r,总作用能为$V_a + V_r$,如图 9.14 所示。

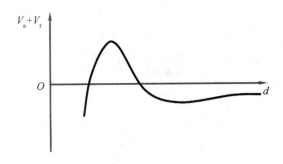

图 9.14   粒子间相互作用与其距离的关系曲线

当粒子相距较大时,主要为吸力,总势能为负值;当靠近到一定距离,双电层重叠,排斥力起主要作用,势能升高。要使粒子聚结必须克服这个势垒。

胶粒表面因吸附某种离子而带电,并且此种离子及反离子都是溶剂化的,这样,在胶粒周围就形成了一个溶剂化膜(水化膜)。水化膜中的水分子是比较定向排列的,当胶粒彼此接近时,水化膜就被挤压变形,而引起定向排列的引力又力图恢复原来的定向排列,这样就使水化膜表现出弹性,成为胶粒彼此接近时的机械阻力。水化膜中的水有较高的黏度,这也成为胶粒相互接近时的机械障碍。

9.6.2 溶胶的聚沉作用

溶胶中的分散粒子相互聚结,颗粒变大,进而发生沉淀的现象,称为聚沉。溶胶是热力学不稳定系统,总是要发生聚沉的;但有些溶胶却能在相当长的时间内稳定存在。例如法拉第所制的红色金溶胶,静置数十年后才聚沉。通过加热、辐射或加入电解质皆可导致溶胶的聚沉。影响溶胶聚沉作用的因素主要有电解质和胶粒之间的相互作用。

1.电解质

适量的电解质对溶胶起到稳定剂的作用。但如果电解质加入得过多,尤其是含高价反离子的电解质的加入,往往会使溶胶发生聚沉。这主要是因为电解质的浓度或价数增加时都会压缩扩散层,使扩散层变薄,斥力势能降低,当电解质的浓度足够大时就会使溶胶发生聚沉;若加入的反离子发生特性吸附时,斯特恩层内的反离子数量增加,使胶粒的所带电荷量降低,而导致碰撞聚沉。一般来说,当电解质的浓度或价数增加使溶胶发生聚沉时,所必须克服的势垒的高度和位置皆发生变化,如图 9.15 所示,由 c_1 至 c_3 电解质的浓度依次增加,所对应的势的高度也相应地降低。这表明随着电解质浓度的加大,溶胶聚沉时所需克服的势变得更低,当电解质的浓度加大到 c_3 后,引力势能占绝对优势,分散相粒子一旦相碰,即可合并,使溶胶发生明显的聚沉。所需电解质的最小浓度,称为该电解质的聚沉值。某电解质的聚沉值越小,表明其聚沉能力越大,因此,将聚沉值的倒数定义为聚沉能力。

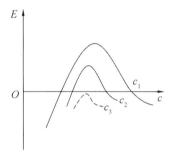

图 9.15　电解质的浓度对胶体粒子势能的影响

电解质的影响有如下一些规律。

(1)聚沉能力主要决定于与胶粒带相反电荷的离子的价数。异电性离子为一、二、三价的电解质,其聚沉值的比例约为。

$$100 : 1.6 : 0.14$$

相当于

$$\left(\frac{1}{1}\right)^6 : \left(\frac{1}{2}\right)^6 : \left(\frac{1}{3}\right)^6$$

这表示聚沉值与异电性离子价数的六次方成反比。这一结论称为舒尔茨－哈代(Schulze－Hardy)规则。

(2)价数相同的离子聚沉能力也有所不同。不同的碱金属的一价阳离子所生成的硝酸盐对负电性胶粒的聚沉能力可以排成如下次序:

$$H^+ > Cs^+ > Rb^+ > NH_4^+ > K^+ > Na^+ > Li^+$$

不同的一价阴离子所形成的钾盐,对带正电的溶胶的聚沉能力则有如下次序:

$$F^- > Cl^- > Br^- > NO_3^- > I^-$$

同价离子聚沉能力的这一次序称为感胶离子序。它与水合离子半径从小到大的次序大致相同。

（3）有机化合物的离子都有很强的聚沉能力，这可能与其具有强吸附能力有关。

（4）电解质的聚沉作用是正负离子作用的总和，通常相同电性离子的价数越高，则该电解质的聚沉能力越低，这可能与这些相同电性离子的吸附作用有关。

（5）不规则聚沉。在溶胶中加入少量的电解质可以使溶胶聚沉，电解质浓度稍高，沉淀又重新分散而成溶胶，并使胶粒所带电荷改变符号。如果电解质的浓度再升高，可以使新形成的溶胶再次沉淀。不规则聚沉是胶体粒子对高价异号离子的强烈吸附的结果。

2.胶粒之间的相互作用

将胶粒带相反电荷的溶胶互相混合，也会发生聚沉。与加入电解质情况不同的是，当两种溶胶的用量恰能使其所带电荷的量相等时，才会完全聚沉，否则会不完全聚沉，甚至不聚沉。产生相互聚沉现象的原因是：可以把溶胶粒子看作一个巨大的离子，所以溶胶的混合类似于加入电解质的一种特殊情况。

在憎液溶胶中加入某些大分子溶液，加入的量不同，会出现两种情况：当加入大分子溶液的量足够多时，会保护溶胶不聚沉，常用金值来表示大分子溶液对金溶胶的保护能力。齐格蒙第提出的金值含义：为了保护 10 cm^3 0.006% 的金溶胶，在加入 1 cm^{3}10% NaCl 溶液后不致聚沉，所需高分子的最少质量称为金值，一般用 mg 表示。金值越小，表明高分子保护剂的能力越强。

在加入少量大分子溶液时，会促使溶胶聚沉，这种现象称为敏化作用；当加入的大分子物质的量不足时，憎液溶胶的胶粒黏附在大分子上，大分子起到桥梁作用，把胶粒联系在一起，使之更容易聚沉。例如：对 SiO$_2$ 进行质量分析时，在 SiO$_2$ 的溶胶中加入少量明胶，使 SiO$_2$ 的胶粒黏附在明胶上，便于聚沉后过滤，减少损失，使分析更准确。

在 20 世纪 40 年代，苏联学者捷亚金（Deijaguin）、兰道（Landau）与荷兰学者维韦（Verwey）、欧弗比克（Overbeek）分别提出了关于各种形状粒子之间在不同的情况下相互吸引能与双电层排斥能的计算方法。他们处理问题的方法与结论有大致相同之处，因此以他们的姓名第一个字母简称为 DLVO 理论。DLVO 理论给出了计算胶体质点间排斥能及吸引能的方法，并据此对憎液胶体的稳定性进行了定量处理，得出了聚沉值与反号离子电价之间的关系式，从理论上阐明了舒尔策 - 哈代规则。

9.6.3 高分子化合物对溶胶的絮凝和稳定作用

在溶胶内加入极少量的可溶性高分子化合物，可导致溶胶迅速沉淀，沉淀呈疏松的棉絮状，这类沉淀称为絮凝物，这种现象称为絮凝（或桥联）作用。高分子对胶粒的絮凝作用与电解质的聚沉作用完全不同：由电解质所引起的聚沉过程比较缓慢，所得到的沉淀颗粒紧密、体积小，这是由于电解质压缩了溶胶粒子的扩散双电层；高分子的絮凝作用则是由于吸附了溶胶粒子以后，高分子化合物本身的链段旋转和运动，将固体粒子聚集在一起而产生沉淀。絮凝作用具有迅速、彻底、沉淀疏松、过滤快、絮凝剂用量少等优点，特别对于颗粒较大的悬浮体尤为有效。这对于污水处理、钻井泥浆、选择性选矿以及化工生产流程的沉淀、过滤、洗涤等操作都有极重要的作用。

高分子化合物絮凝作用有以下特点。

（1）起絮凝作用的高分子化合物一般要具有链状结构。

（2）任何絮凝剂的加入量都有一最佳值。

（3）高分子的分子质量越大,絮凝效率也越高。

（4）高分子化合物基团的性质对絮凝效果有十分重要的影响。

（5）絮凝过程与絮凝物的大小、结构、搅拌的速率和强度等都有关系。

在实际生产中,胶体的聚沉原理有广泛的应用。例如:氧化铝球磨料在酸洗除铁杂质时,为防止 Al_2O_3 细颗粒成胶粒流失,会加入阿拉伯树胶,促使 Al_2O_3 粒子快速聚沉。因此,胶体的聚沉机理十分重要,一般有以下几种。

1.电性中和作用

引入反价离子,压缩双电层,减小静电斥力。电中和机理指在使用微生物絮凝剂对水体进行处理的过程中,通过加入一定量的金属离子或对水体 pH 进行一定调节,可对该絮凝剂的处理效果产生一定的促进或抑制作用。实验研究证明:该机理是通过改变胶体表面的带电性而起作用的。

通常情况下,在水体中以絮凝稳定性存在的胶体粒子往往带有负电荷,当带有一定量正电荷的链状高分子微生物絮凝剂或其水解产物靠近这种胶体粒子时,在胶体表面将会发生正负电荷的相互抵消,进而出现胶体脱稳的现象,使得胶粒之间、胶粒与絮凝剂之间的自由碰撞加剧,并在分子间的力作用下形成一个整体,最终依靠重力的作用从水中沉淀分离出来。

2.网捕

高价离子水解形成网状结构,具有网捕作用,如图 9.16 所示。

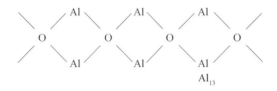

图 9.16　网捕作用示意图

3.沉淀物的卷扫

铝盐、铁盐混凝剂投加量较多时,形成大量高聚合度氢氧化物,吸附卷带水中的胶粒进行沉淀分离。

在溶胶中加入一定量的高分子化合物或缔合胶体,能显著提高溶胶对电解质的稳定性,这种现象称为保护作用,又称为空间稳定性。溶胶被保护后,其电泳、对电解质的敏感性等会产生显著的变化,显示出一些亲液溶胶的性质,具有抗电解质影响、抗老化、抗温等优良性质。

本 章 小 结

本章主要介绍了胶体的基本性质,包括光学性质、动力学性质、电化学性质和胶体的稳定性和聚沉作用。

(1)把一种或几种物质分散在一种介质中所构成的系统称为分散系统。被分散的物质称为分散相,而另一种呈连续分布的物质称为分散介质。

(2)胶体的光学性质,是其高度分散性和不均匀性特点的反应。

(3)粒子越小,布朗运动越激烈。其运动激烈的程度不随时间而改变,但随温度的升高而增加。对真溶液,当存在浓度梯度时,溶质、溶剂分子会因热运动而发生定向迁移从而趋于浓度均一的扩散过程。多相分散系统中的粒子,因受重力作用而下沉的过程称为沉降。

(4)分散系统中分散相质点由于吸附、电离、同晶置换、溶解量不等等原因而带有某种电荷,在外电场作用下带电粒子将发生运动,这就是分散系统的电动现象。电动现象是研究胶体稳定性理论发展的基础。

(5)溶胶粒子小,布朗运动激烈,在重力场中不易沉降,使溶胶具有动力稳定性。

本 章 习 题

1.为什么明矾能使浑浊的水很快变澄清?

2.用电解质把豆浆点成豆腐,有三种电解质:$NaCl$、$MgCl_2$ 和 $CaSO_4$。哪种电解质的聚沉能力最强? 为什么?

附　　　录

附录 1　基本常数

量的名称	符号	数值	单位
自由落体加速度 重力加速度	g	9.806 65(准确值)	$m \cdot s^{-2}$
真空介电常数 (真空电容率)	ε_0	$8.854\ 187\ 817 \times 10^{-12}$(准确值)	$F \cdot m^{-1}$
电磁波在真空中的速率	c, c_0	299 792 458(准确值)	$m \cdot s^{-1}$
阿伏伽德罗常数	N_A, L	$6.022\ 141\ 79(30) \times 10^{23}$	mol^{-1}
摩尔气体常数	R	8.314 472(15)	$J \cdot mol^{-1} \cdot K^{-1}$
玻尔兹曼常数	k, k_B	$1.380\ 650\ 4(24) \times 10^{-23}$	$J \cdot K^{-1}$
元电荷	e	$1.602\ 176\ 487(40) \times 10^{-19}$	C
电子质量	m_e	$9.109\ 382\ 15(45) \times 10^{-31}$	kg
质子质量	m_p	$1.672\ 621\ 637(83) \times 10^{-27}$	kg
法拉第常数	F	96 485.339 9(24)	$C \cdot mol^{-1}$
普朗克常量	h	$6.626\ 068\ 96(33) \times 10^{-34}$	$J \cdot s$

附录2　元素的相对原子质量表(2005)

$$Ar(^{12}C) = 12$$

元素符号	元素名称	相对原子质量
Ac	锕	
Ag	银	107.868 2(2)
Al	铝	26.981 538 6(8)
Am	镅	
Ar	氩	39.948(1)
As	砷	74.921 60(2)
At	砹	
Au	金	196.966 569(4)
B	硼	10.811(7)
Ba	钡	137.327(7)
Be	铍	9.012 182(3)
Bh	𬭛	
Bi	铋	208.980 40(1)
Bk	锫	
Br	溴	79.904(1)
C	碳	12.010 7(8)
Ca	钙	40.078(4)
Cd	镉	112.411(8)
Ce	铈	140.116(1)
Cf	锎	
Cl	氯	35.453(2)
Cm	锔	
Co	钴	58.933 195(5)
Cr	铬	51.996 1(6)
Cs	铯	132.905 451 9(2)
Cu	铜	63.546(3)
Db	𬭊	
Ds	𫟼	
Dy	镝	162.500(1)
Er	铒	167.259(3)

续表

元素符号	元素名称	相对原子质量
Es	锿	
Eu	铕	151.964（1）
F	氟	18.998 403 2（5）
Fe	铁	55.845（2）
Fm	镄	
Fr	钫	
Ga	镓	69.723（1）
Gd	钆	157.25（3）
Ge	锗	72.64（1）
H	氢	1.007 94（7）
He	氦	4.002 602（2）
Hf	铪	178.49（2）
Hg	汞	200.59（2）
Ho	钬	164.930 32（3）
Hs	𫟼	
I	碘	126.904 47（3）
In	铟	114.818（3）
Ir	铱	192.217（3）
K	钾	39.098 3（1）
Kr	氪	83.798（2）
La	镧	138.905 47（7）
Li	锂	6.941（2）
Lr	铹	
Lu	镥	174.967（1）
Md	钔	
Mg	镁	24.305 0（6）
Mn	锰	54.938 045（5）
Mo	钼	95.94（2）
Mt	鿏	
N	氮	14.006 7（2）
Na	钠	22.989 769 28（2）
Nb	铌	92.906 38（2）

续表

元素符号	元素名称	相对原子质量
Nd	钕	144.242(3)
Ne	氖	20.179 7(6)
Ni	镍	58.693 4(2)
No	锘	
Np	镎	
O	氧	15.999 4(3)
Os	锇	190.23(3)
P	磷	30.973 762(2)
Pa	镤	231.035 88(2)
Pb	铅	207.2(1)
Pd	钯	106.42(1)
Pm	钷	
Po	钋	
Pr	镨	140.907 65(2)
Pt	铂	195.084(9)
Pu	钚	
Ra	镭	
Rb	铷	85.467 8(3)
Re	铼	186.207(1)
Rf	铲	
Rg	铊	
Rh	铑	102.905 50(2)
Rn	氡	
Ru	钌	101.07(2)
S	硫	32.065(5)
Sb	锑	121.760(1)
Sc	钪	44.955 912(6)
Se	硒	78.96(3)
Sg	𬭳	
Si	硅	28.085 5(3)
Sm	钐	150.36(3)
Sn	锡	118.710(7)

续表

元素符号	元素名称	相对原子质量
Sr	锶	87.62(1)
Ta	钽	180.947 88(2)
Tb	铽	158.925 35(2)
Tc	锝	
Te	碲	127.60(3)
Th	钍	232.038 06(2)
Ti	钛	47.867(1)
Tl	铊	204.383 3(2)
Tm	铥	168.934 21(2)
U	铀	238.028 91(3)
V	钒	50.941 5(1)
W	钨	183.84(1)
Xe	氙	131.293(6)
Y	钇	88.905 85(2)
Yb	镱	173.04(3)
Zn	锌	65.409(4)
Zr	锆	91.224(2)

注:相对原子质量后面括号中的数字表示末位数的误差范围。数据摘自 IPUAC *periodic table of the elements*,22,6,2007。

附录3 某些物质的临界参数

物质		临界温度 T_c/K	临界压力 P_c/MPa	临界体积 $V_c/$ $(\times 10^{-6} m^{-3} \cdot mol^{-1})$	临界密度 ρ_c $/(kg \cdot m^{-3})$	临界压缩因子 Z_c
He	氦气	5.19	0.227	57	70.2	0.300
Ar	氩气	150.87	4.898	75	532	0.293
H_2	氢气	32.97	1.293	65	31.0	0.307
N_2	氮气	126.21	3.39	90	311	0.291
O_2	氧气	154.59	5.043	73	438	0.286
F_2	氟气	144.13	5.172	66	576	0.285
Cl_2	氯气	416.9	7.991	123	576	0.284
Br_2	溴气	588	10.34	127	1258	0.269
H_2O	水	647.14	22.06	56	322	0.230
NH_3	氨气	405.5	11.35	72	236	0.242
HCl	氯化氢	324.7	8.31	81	450	0.249
H_2S	硫化氢	373.2	8.94	99	344	0.285
CO	一氧化碳	132.91	3.499	93	301	0.295
CO_2	二氧化碳	304.13	7.375	94	468	0.274
SO_2	二氧化硫	430.8	7.884	122	525	0.269
CH_4	甲烷	190.56	4.599	98.60	163	0.286
C_2H_6	乙烷	305.32	4.872	145.5	207	0.279
C_3H_8	丙烷	369.83	4.248	200	220	0.276
C_2H_4	乙烯	282.34	5.041	131	214	0.281
C_3H_6	丙烯	364.9	4.60	185	227	0.281
C_2H_2	乙炔	308.3	6.138	122.2	213	0.293
$CHCl_3$	氯仿	536.4	5.47	239	499	0.293

续表

物质		临界温度 T_c/K	临界压力 P_c/MPa	临界体积 V_c/ $(\times 10^{-6} m^{-3} \cdot mol^{-1})$	临界密度 ρ_c /$(kg \cdot m^{-3})$	临界压缩因子 Z_c
CCl_4	四氯化碳	556.6	4.516	276	557	0.269
CH_3OH	甲醇	512.5	8.084	117	274	0.222
C_2H_5OH	乙醇	514.0	6.137	168	234	0.241
C_6H_6	苯	562.05	4.895	256	305	0.268
$C_6H_5CH_3$	甲苯	591.80	4.110	316	292	0.264

附录4　某些气体的范德瓦耳斯常数

气体		$a/(\times 10^{-3} Pa \cdot m^6 \cdot mol^{-2})$	$b/(\times 10^{-6} m^3 \cdot mol^{-1})$
Ar	氩气	135.5	32.0
H_2	氢气	24.52	26.5
N_2	氮气	137.0	38.7
O_2	氧气	138.2	31.9
Cl_2	氯气	634.3	54.2
H_2O	水蒸气	553.7	30.5
NH_3	氨气	422.5	37.1
HCl	氯化氢	370.0	40.6
H_2S	硫化氢	454.4	43.4
CO	一氧化碳	147.2	39.5
CO_2	二氧化碳	365.8	42.9
SO_2	二氧化硫	686.5	56.8
CH_4	甲烷	230.3	43.1
C_2H_6	乙烷	558.0	65.1
C_3H_8	丙烷	939	90.5
C_2H_4	乙烯	461.2	58.2
C_3H_6	丙烯	842.2	82.4
C_2H_2	乙炔	451.6	52.2
$CHCl_3$	氯仿	1534	101.9
CCl_4	四氯化碳	2 001	128.1
CH_3OH	甲醇	947.6	65.9
C_2H_5OH	乙醇	1 256	87.1
$(C_2H_5)_2O$	乙醚	1 746	133.3
$(CH_3)_2CO$	丙酮	1 602	112.4
C_6H_6	苯	1 882	119.3

附录 5　某些气体的摩尔定压热容与温度的关系
($C_{p,m} = a + bT + cT^2$)

物质		a /(J·mol⁻¹·K⁻¹)	b /(×10⁻³J·mol⁻¹·K⁻²)	c /(×10⁻⁶J·mol⁻¹·K⁻³)	温度范围/K
H_2	氢气	26.88	4.347	− 0.326 5	273 ~ 3 800
Cl_2	氯气	31.696	10.144	− 4.038	300 ~ 1 500
Br_2	溴气	35.241	4.075	− 1.487	300 ~ 1 500
O_2	氧气	28.17	6.297	− 0.749 4	273 ~ 3 800
N_2	氮气	27.32	6.226	− 0.950 2	273 · 3 800
HCl	氯化氢	28.17	1.810	1.547	300 ~ 1 500
H_2O	水蒸气	29.16	14.49	− 2.022	273 ~ 3 800
CO	一氧化碳	26.537	7.683 1	− 1.172	300 ~ 1 500
CO_2	二氧化碳	26.75	42.258	− 14.25	300 ~ 1 500
CH_4	甲烷	14.15	75.496	− 17.99	298 ~ 1 500
C_2H_6	乙烷	9.401	159.83	− 46.229	298 ~ 1 500
C_2H_4	乙烯	11.84	119.67	− 36.51	298 ~ 1 500
C_3H_6	丙烯	9.427	188.77	− 57.488	298 ~ 1 500
C_2H_2	乙炔	30.67	52.810	− 16.27	298 ~ 1 500
C_3H_4	丙炔	26.50	120.66	− 39.57	298 ~ 1 500
C_6H_6	苯	− 1.71	324.77	− 110.58	298 ~ 1 500
$C_6H_5CH_3$	甲苯	2.41	391.17	− 130.65	298 ~ 1 500
CH_3OH	甲醇	18.40	101.56	− 28.68	273 ~ 1 000
C_2H_5OH	乙醇	29.25	166.28	− 48.898	298 ~ 1 500
$(C_2H_5)_2O$	乙醚	− 103.9	1417	− 248	300 ~ 400
HCHO	甲醛	18.82	58.379	− 15.61	291 ~ 1 500

续表

物质		a /(J · mol^{-1} · K^{-1})	b /($\times 10^{-3}$J · mol^{-1} · K^{-2})	c /($\times 10^{-6}$J · mol^{-1} · K^{-3})	温度范围/K
CH$_3$CHO	乙醛	31.05	121.46	-36.58	298 ~ 1 500
(CH$_3$)$_2$CO	丙酮	22.47	205.97	-63.521	298 ~ 1 500
HCOOH	甲酸	30.7	89.20	-34.54	300 ~ 700
CHCl$_3$	氯仿	29.51	148.94	-90.734	273 ~ 773

附录6　某些物质的标准摩尔生成焓、标准摩尔生成吉布斯函数、标准摩尔熵及摩尔定压热容

$(p^{\ominus} = 100\ \text{kPa}, 25\ ℃)$

物质	$\Delta_f H_m^{\ominus}$ /(kJ·mol^{-1})	$\Delta_f G_m^{\ominus}$ /(kJ·mol^{-1})	$S_m^{\ominus}$ /(J·mol^{-1}·K^{-1})	$C_{p,m}$ /(J·mol^{-1}·K^{-1})
Ag(s)	0	0	42.55	25.351
AgCl(s)	−127.068	−109.789	96.2	50.79
Ag$_2$O(s)	−31.05	−11.20	121.3	65.86
Al(s)	0	0	28.33	24.35
Al$_2$O$_3$(α,刚玉)	−1 675.7	−1 582.3	50.92	79.04
Br$_2$(l)	0	0	152.231	75.689
Br$_2$(g)	30.907	3.110	245.463	36.02
HBr(g)	−36.40	−53.45	198.695	29.142
Ca(s)	0	0	41.42	25.31
CaC$_2$(s)	−59.8	−64.9	69.96	62.72
CaCO$_3$(方解石)	−1 206.92	−1 128.79	92.9	81.88
CaO(s)	−635.09	−604.03	39.75	42.80
Ca(OH)$_2$(s)	−986.09	−898.49	83.39	87.49
C(石墨)	0	0	5.740	8.527
C(金刚石)	1.895	2.900	2.377	6.113
CO(g)	−110.525	−137.168	197.674	29.142
CO$_2$(g)	−393.509	−394.359	213.74	37.11
CS$_2$(l)	89.70	65.27	151.34	75.7
CS$_2$(g)	117.36	67.12	237.84	45.40
CCl$_4$(l)	−135.44	−65.21	216.40	131.75
CCl$_4$(g)	−102.9	−60.59	309.85	83.30
HCN(l)	108.87	124.97	112.84	70.63
HCN(g)	135.1	124.7	201.78	35.86
Cl$_2$(g)	0	0	223.066	33.907
HCl(g)	−92.307	−95.299	186.908	29.12
Cu(s)	0	0	33.150	24.435

续表

物质	$\Delta_f H_m^{\ominus}$ /(kJ·mol^{-1})	$\Delta_f G_m^{\ominus}$ /(kJ·mol^{-1})	$S_m^{\ominus}$ /(J·mol^{-1}·K^{-1})	$C_{p,m}$ /(J·mol^{-1}·K^{-1})
CuO(s)	−157.3	−129.7	42.63	42.30
Cu$_2$O(s)	−168.6	−146.0	93.14	63.64
F$_2$(g)	0	0	202.780	31.30
HF(g)	−271.1	−273.2	173.779	29.133
Fe(s)	0	0	27.28	25.10
FeCl$_2$(s)	−341.79	−302.30	117.95	76.65
FeCl$_3$(s)	−399.49	−334.00	142.3	96.65
Fe$_2$O$_3$(赤铁矿)	−824.2	−742.2	87.40	103.85
Fe$_3$O$_4$(磁铁矿)	−1 118.4	−1 015.4	146.4	143.43
FeSO$_4$(s)	−928.4	−820.8	107.5	100.58
H$_2$(g)	0	0	130.684	28.824
H$_2$O(l)	−285.830	−237.129	69.91	75.291
H$_2$O(g)	−241.818	−228.572	188.825	33.577
I$_2$(s)	0	0	116.135	54.438
I$_2$(g)	62.438	19.327	260.69	36.90
HI(g)	26.48	1.70	206.594	29.158
Mg(s)	0	0	32.68	24.89
MgCl$_2$(s)	−641.32	−591.79	89.62	71.38
MgO(s)	−601.70	−569.43	26.94	37.15
Mg(OH)$_2$(s)	−924.54	−833.51	63.18	77.03
Na(s)	0	0	51.21	28.24
Na$_2$CO$_3$(s)	−1 130.68	−1 044.44	134.98	112.30
NaHCO$_3$(s)	−950.81	−851.0	101.7	87.61
NaCl(s)	−411.153	−384.138	72.13	50.50
NaNO$_3$(s)	−467.85	−367.00	116.52	92.88
NaOH(s)	−425.609	−379.494	64.455	59.54
Na$_2$SO$_4$(s)	−1 387.08	−1 270.16	149.58	128.20
N$_2$(g)	0	0	191.61	29.125
NH$_3$(g)	−46.11	−16.45	192.45	35.06
NO(g)	90.25	86.55	210.761	29.844
NO$_2$(g)	33.18	51.31	240.06	37.20

续表

物质		$\Delta_f H_m^{\ominus}$ /(kJ·mol^{-1})	$\Delta_f G_m^{\ominus}$ /(kJ·mol^{-1})	$S_m^{\ominus}$ /(J·mol^{-1}·K^{-1})	$C_{p,m}$ /(J·mol^{-1}·K^{-1})
$N_2O(g)$		82.05	104.20	219.85	38.45
$N_2O_3(g)$		83.72	139.46	312.28	65.61
$N_2O_4(g)$		9.16	97.89	304.29	77.28
$N_2O_5(g)$		11.3	115.1	355.7	84.5
$HNO_3(l)$		− 174.10	− 80.71	155.60	109.87
$HNO_3(g)$		− 135.06	− 74.72	266.38	53.35
$NH_4NO_3(s)$		− 365.56	− 183.87	151.08	139.3
$O_2(g)$		0	0	205.138	29.355
$O_3(g)$		142.7	163.2	238.93	39.20
$P(\alpha-白磷)$		0	0	41.09	23.840
$P(红磷,三斜晶系)$		− 17.6	− 12.1	22.80	21.21
$PCl_3(g)$		− 287.0	− 267.8	311.78	71.84
$PCl_5(g)$		− 374.9	− 305.0	364.58	112.80
$H_3PO_4(s)$		− 1 279.0	− 1 119.1	110.50	106.06
$S(正交晶系)$		0	0	31.80	22.64
$S(g)$		278.805	238.250	167.821	23.673
$H_2S(g)$		− 20.63	− 33.56	206.79	34.23
$SO_2(g)$		− 296.830	− 300.194	248.22	39.87
$SO_3(g)$		− 395.72	− 371.06	256.76	50.67
$H_2SO_4(l)$		− 813.989	− 690.003	156.904	138.91
$Si(s)$		0	0	18.83	20.00
$SiCl_4(l)$		− 687.0	− 619.84	239.7	145.30
$SiCl_4(g)$		− 657.01	− 616.98	330.73	90.25
$SiH_4(g)$		34.3	56.9	204.62	42.84
$SiO_2(\alpha,石英)$		− 910.94	− 856.64	41.84	44.43
$Zn(s)$		0	0	41.63	25.40
$ZnCO_3(s)$		− 812.78	− 731.52	82.4	79.71
$ZnCl_2(s)$		− 415.05	− 369.398	111.46	71.34
$ZnO(s)$		− 348.28	− 318.30	43.64	40.25
$CH_4(g)$	甲烷	− 74.81	− 50.72	186.264	35.309
$C_2H_6(g)$	乙烷	− 84.68	− 32.82	229.60	52.63

续表

物质		$\Delta_f H_m^{\ominus}$ /(kJ·mol^{-1})	$\Delta_f G_m^{\ominus}$ /(kJ·mol^{-1})	$S_m^{\ominus}$ /(J·mol^{-1}·K^{-1})	$C_{p,m}$ /(J·mol^{-1}·K^{-1})
$C_2H_4(g)$	乙烯	52.26	68.15	219.56	43.56
$C_2H_2(g)$	乙炔	226.73	209.20	200.94	43.93
$CH_3OH(l)$	甲醇	-238.66	-166.27	126.8	81.6
$CH_3OH(g)$	甲醇	-200.66	-161.96	239.81	43.89
$C_2H_5OH(l)$	乙醇	-277.69	-174.78	160.7	111.46
$C_2H_5OH(g)$	乙醇	-235.10	-168.49	282.70	65.44
$(CH_2OH)_2(l)$	乙二醇	-454.80	-323.08	166.9	149.8
$(CH_3)_2O(g)$	二甲醚	-184.05	-112.59	266.38	64.39
$HCHO(g)$	甲醛	-108.57	-102.53	218.77	35.40
$CH_3CHO(g)$	乙醛	-166.19	-128.86	250.3	57.3
$HCOOH(l)$	甲酸	-424.72	-361.35	128.95	99.04
$CH_3COOH(l)$	乙酸	-484.5	-389.9	159.8	124.3
$CH_3COOH(g)$	乙酸	-432.25	-374.0	282.5	66.5
$(CH_2)_2O(l)$	环氧乙烷	-77.82	-11.76	153.85	87.95
$(CH_2)_2O(g)$	环氧乙烷	-52.63	-13.01	242.53	47.91
$CHCl_3(l)$	氯仿	-134.47	-73.66	201.7	113.8
$CHCl_3(g)$	氯仿	-103.14	-70.34	295.71	65.69
$C_2H_5Cl(l)$	氯乙烷	-136.52	-59.31	190.79	104.53
$C_2H_5Cl(g)$	氯乙烷	-112.17	-60.39	276.00	62.8
$C_2H_5Br(l)$	溴乙烷	-92.01	-27.70	198.7	100.8
$C_2H_5Br(g)$	溴乙烷	-64.52	-26.48	286.71	64.52
$CH_2CHCl(l)$	氯乙烯	35.6	51.9	263.99	53.72
$CH_3COCl(l)$	氯乙酰	-273.80	-207.99	200.8	117
$CH_3COCl(g)$	氯乙酰	-243.51	-205.80	295.1	67.8
$CH_3NH_2(g)$	甲胺	-22.97	32.16	243.41	53.1
$(NH_3)_2CO(s)$	尿素	-333.51	-197.33	104.60	93.14

附录7 某些有机化合物的标准摩尔燃烧焓
($p^{\ominus} = 100 \text{ kPa}, 25 \text{ ℃}$)

物质		$-\Delta_c H_m^{\ominus}/(\text{kJ} \cdot \text{mol}^{-1})$
$CH_4(g)$	甲烷	890.31
$C_2H_6(g)$	乙烷	1 559.8
$C_3H_8(g)$	丙烷	2 219.9
$C_5H_{12}(l)$	正戊烷	3 509.5
$C_5H_{12}(g)$	正戊烷	3 536.1
$C_6H_{14}(l)$	正己烷	4 163.1
$C_2H_4(g)$	乙烯	1 411.0
$C_2H_2(g)$	乙炔	1 299.6
$C_3H_6(g)$	环丙烷	2 091.5
$C_4H_8(l)$	环丁烷	2 720.5
$C_5H_{10}(l)$	环戊烷	3 290.9
$C_6H_{12}(l)$	环己烷	3 919.9
$C_6H_6(l)$	苯	3 267.5
$C_{10}H_8(s)$	萘	5 153.9
$CH_3OH(l)$	甲醇	726.51
$C_2H_5OH(l)$	乙醇	1 366.8
$C_3H_7OH(l)$	正丙醇	2 019.8
$C_4H_9OH(l)$	正丁醇	2 675.8
$CH_3OC_2H_5(g)$	甲乙醚	2 107.4
$(C_2H_5)_2O(l)$	二乙醚	2 751.1
$HCHO(g)$	甲醛	570.78
$CH_3CHO(l)$	乙醛	1 166.4
$C_2H_5CHO(l)$	丙醛	1 816.3
$(CH_3)_2CO(l)$	丙酮	1 790.4
$CH_3COC_2H_5(l)$	甲乙酮	2 444.2
$HCOOH(l)$	甲酸	254.6
$CH_3COOH(l)$	乙酸	874.54
$C_2H_5COOH(l)$	丙酸	1 527.3
$C_3H_7COOH(l)$	正丁酸	2 183.5

续表

物质		$-\Delta_c H_m^{\ominus}/(\text{kJ}\cdot\text{mol}^{-1})$
$CH_2(COOH)_2(s)$	丙二酸	861.15
$(CH_2COOH)_2(s)$	丁二酸	1 491.0
$(CH_3CO)_2O(l)$	乙酸酐	1 806.2
$HCOOCH_3(l)$	甲酸甲酯	979.5
$C_6H_5OH(s)$	苯酚	3 053.5
$C_6H_5CHO(l)$	苯甲醛	3 527.9
$C_6H_5COCH_3(l)$	苯乙酮	4 148.9
$C_6H_5COOH(s)$	苯甲酸	3 226.9
$C_6H_4(COOH)_2(s)$	邻苯二甲酸	3 223.5
$C_6H_5COOCH_3(l)$	苯甲酸甲酯	3 957.6
$C_{12}H_{22}O_{11}(s)$	蔗糖	5 640.9
$CH_3NH_2(l)$	甲胺	1 060.6
$C_2H_5NH_2(l)$	乙胺	1 713.3
$(NH_3)_2CO(s)$	尿素	631.66
$C_5H_5N(l)$	吡啶	2 782.4

附录 8　一些电极的标准(氢标还原)电极电势 $\varphi^{\ominus}$ (水溶液中, $p^{\ominus} = 100$ kPa, 25 ℃)

电极还原反应	$\varphi^{\ominus}$/V
$H_4XeO_6 + 2H^+ + 2e^- \longrightarrow XeO_3 + 3H_2O$	+ 3.0
$F_2 + 2e^- \longrightarrow 2F^-$	+ 2.87
$O_3 + 2H^+ + 2e^- \longrightarrow O_2 + H_2O$	+ 2.07
$S_2O_8^{2-} + 2e^- \longrightarrow 2SO_4^{2-}$	+ 2.05
$Ag^{2+} + e^- \longrightarrow Ag^+$	+ 1.98
$Co^{3+} + e^- \longrightarrow Co^{2+}$	+ 1.81
$H_2O_2 + 2H^+ + 2e^- \longrightarrow 2H_2O$	+ 1.78
$Au^+ + e^- \longrightarrow Au$	+ 1.69
$Pb^{4+} + 2e^- \longrightarrow Pb^{2+}$	+ 1.67
$2HClO + 2H^+ + 2e^- \longrightarrow Cl_2 + 2H_2O$	+ 1.63
$Ce^{4+} + e^- \longrightarrow Ce^{3+}$	+ 1.61
$2HBrO + 2H^+ + 2e^- \longrightarrow Br_2 + 2H_2O$	+ 1.60
$MnO_4^- + 8H^+ + 5e^- \longrightarrow Mn^{2+} + 4H_2O$	+ 1.51
$Mn^{3+} + e^- \longrightarrow Mn^{2+}$	+ 1.51
$Au^{3+} + 3e^- \longrightarrow Au$	+ 1.40
$Cl_2 + 2e^- \longrightarrow 2Cl^-$	+ 1.36
$Cr_2O_7^{2-} + 14H^+ + 6e^- \longrightarrow 2Cr^{3+} + 7H_2O$	+ 1.33
$O_3 + H_2O + 2e^- \longrightarrow O_2 + 2OH^-$	+ 1.24
$O_2 + 4H^+ + 4e^- \longrightarrow 2H_2O$	+ 1.23
$ClO_4^- + 2H^+ + 2e^- \longrightarrow ClO_3^- + H_2O$	+ 1.23
$MnO_2 + 4H^+ + 2e^- \longrightarrow Mn^{2+} + 2H_2O$	+ 1.23
$Br_2 + 2e^- \longrightarrow 2Br^-$	+ 1.07
$Pu^{4+} + e^- \longrightarrow Pu^{3+}$	+ 0.97
$NO_3^- + 4H^+ + 3e^- \longrightarrow NO + 2H_2O$	+ 0.96

续表

电极还原反应	$\varphi^{\ominus}/V$
$2Hg^{2+} + 2e^- \longrightarrow Hg_2^{2+}$	+ 0.92
$ClO^- + H_2O + 2e^- \longrightarrow Cl^- + 2OH^-$	+ 0.89
$Hg^{2+} + 2e^- \longrightarrow Hg$	+ 0.86
$NO_3^- + 2H^+ + e^- \longrightarrow NO_2 + H_2O$	+ 0.80
$Ag^+ + e^- \longrightarrow Ag$	+ 0.80
$Hg_2^{2+} + 2e^- \longrightarrow 2Hg$	+ 0.79
$Fe^{3+} + e^- \longrightarrow Fe^{2+}$	+ 0.77
$BrO^- + H_2O + 2e^- \longrightarrow Br^- + 2OH^-$	+ 0.76
$Hg_2SO_4 + 2e^- \longrightarrow 2Hg + SO_4^{2-}$	+ 0.62
$MnO_4^{2-} + 2H_2O + 2e^- \longrightarrow MnO_2 + 4OH^-$	+ 0.60
$MnO_4^- + e^- \longrightarrow MnO_4^{2-}$	+ 0.56
$I_2 + 2e^- \longrightarrow 2I^-$	+ 0.54
$Cu^+ + e^- \longrightarrow Cu$	+ 0.52
$I_3^- + 2e^- \longrightarrow 3I^-$	+ 0.53
$NiOOH + H_2O + e^- \longrightarrow Ni(OH)_2 + OH^-$	+ 0.49
$Ag_2CrO_4 + 2e^- \longrightarrow 2Ag + CrO_4^{2-}$	+ 0.45
$O_2 + 2H_2O + 4e^- \longrightarrow 4OH^-$	+ 0.40
$ClO_4^- + H_2O + 2e^- \longrightarrow ClO_3^- + 2OH^-$	+ 0.36
$[Fe(CN)_6]^{3-} + e^- \longrightarrow [Fe(CN)_6]^{4-}$	+ 0.36
$Cu^{2+} + 2e^- \longrightarrow Cu$	+ 0.34
$Hg_2Cl_2 + 2e^- \longrightarrow 2Hg + 2Cl^-$	+ 0.27
$AgCl + e^- \longrightarrow Ag + Cl^-$	+ 0.22
$Bi^{3+} + 3e^- \longrightarrow Bi$	+ 0.20
$Cu^{2+} + e^- \longrightarrow Cu^+$	+ 0.16
$Sn^{4+} + 2e^- \longrightarrow Sn^{2+}$	+ 0.15
$AgBr + e^- \longrightarrow Ag + Br^-$	+ 0.07
$Ti^{4+} + e^- \longrightarrow Ti^{3+}$	0

续表

电极还原反应	$\varphi^{\ominus}/V$
$2H^+ + 2e^- \longrightarrow H_2$	0
$Fe^{3+} + 3e^- \longrightarrow Fe$	-0.04
$O_2 + H_2O + 2e^- \longrightarrow HO_2^- + OH^-$	-0.08
$Pb^{2+} + 2e^- \longrightarrow Pb$	-0.13
$In^+ + e^- \longrightarrow In$	-0.14
$Sn^{2+} + 2e^- \longrightarrow Sn$	-0.14
$AgI + e^- \longrightarrow Ag + I^-$	-0.15
$Ni^{2+} + 2e^- \longrightarrow Ni$	-0.23
$Co^{2+} + 2e^- \longrightarrow Co$	-0.28
$In^{3+} + 3e^- \longrightarrow In$	-0.34
$Tl^+ + e^- \longrightarrow Tl$	-0.34
$PbSO_4 + 2e^- \longrightarrow Pb + SO_4^{2-}$	-0.36
$Ti^{3+} + e^- \longrightarrow Ti^{2+}$	-0.37
$Cd^{2+} + 2e^- \longrightarrow Cd$	-0.40
$In^{2+} + e^- \longrightarrow In^+$	-0.40
$Cr^{3+} + e^- \longrightarrow Cr^{2+}$	-0.41
$Fe^{2+} + 2e^- \longrightarrow Fe$	-0.44
$In^{3+} + 2e^- \longrightarrow In^+$	-0.44
$S + 2e^- \longrightarrow S^{2-}$	-0.48
$In^{3+} + 2e^- \longrightarrow In^+$	-0.49
$U^{4+} + e^- \longrightarrow U^{3+}$	-0.61
$Cr^{3+} + 3e^- \longrightarrow Cr$	-0.74
$Zn^{2+} + 2e^- \longrightarrow Zn$	-0.76
$Cd(OH)_2 + 2e^- \longrightarrow Cd + 2OH^-$	-0.81
$2H_2O + 2e^- \longrightarrow H_2 + 2OH^-$	-0.83
$Cr^{2+} + 2e^- \longrightarrow Cr$	-0.91
$Mn^{2+} + 2e^- \longrightarrow Mn$	-1.18

续表

电极还原反应	$\varphi^{\ominus}/V$
$V^{2+} + 2e^- \longrightarrow V$	-1.19
$Ti^{2+} + 2e^- \longrightarrow Ti$	-1.63
$Al^{3+} + 3e^- \longrightarrow Al$	-1.66
$U^{3+} + 3e^- \longrightarrow U$	-1.79
$Mg^{2+} + 2e^- \longrightarrow Mg$	-2.36
$Ce^{3+} + 3e^- \longrightarrow Ce$	-2.48
$La^{3+} + 3 e^- \longrightarrow La$	-2.52
$Na^+ + e^- \longrightarrow Na$	-2.71
$Ca^{2+} + 2e^- \longrightarrow Ca$	-2.87
$Sr^{2+} + 2e^- \longrightarrow Sr$	-2.89
$Ba^{2+} + 2e^- \longrightarrow Ba$	-2.91
$Ra^{2+} + 2e^- \longrightarrow Ra$	-2.92
$Cs^+ + e^- \longrightarrow Cs$	-2.92
$Rb^+ + e^- \longrightarrow Rb$	-2.93
$K^+ + e^- \longrightarrow K$	-2.93
$Li^+ + e^- \longrightarrow Li$	-3.05

附录9　一些反应的氧化还原标准电位 $E^{\ominus}$
($p^{\ominus} = 100$ kPa, 25 ℃)

半反应	$E^{\ominus}/V$
$F_2(g) + 2H^+ + 2e^- \Longrightarrow 2HF$	3.06
$O_3 + 2H^+ + 2e^- \Longrightarrow O_2 + H_2O$	2.07
$S_2O_8^{2-} + 2e^- \Longrightarrow 2SO_4^{2-}$	2.01
$H_2O_2 + 2H^+ + 2e^- \Longrightarrow 2H_2O$	1.77
$MnO_4^- + 4H^+ + 3e^- \Longrightarrow MnO_2(s) + 2H_2O$	1.695
$PbO_2(s) + SO_4^{2-} + 4H^+ + 2e^- \Longrightarrow PbSO_4(s) + 2H_2O$	1.685
$HClO_2 + H^+ + e^- \Longrightarrow HClO + H_2O$	1.64
$HClO + H^+ + e^- \Longrightarrow \dfrac{1}{2}Cl_2 + H_2O$	1.63
$Ce^{4+} + e^- \Longrightarrow Ce^{3+}$	1.61
$H_5IO_6 + H^+ + 2e^- \Longrightarrow IO_3^- + 3H_2O$	1.60
$HBrO + H^+ + e^- \Longrightarrow \dfrac{1}{2}Br_2 + H_2O$	1.59
$BrO_3^- + 6H^+ + 5e^- \Longrightarrow \dfrac{1}{2}Br_2 + 3H_2O$	1.52
$MnO_4^- + 8H^+ + 5e^- \Longrightarrow Mn^{2+} + 4H_2O$	1.51
$Au^{3+} + 3e^- \Longrightarrow Au$	1.50
$HClO + H^+ + 2e^- \Longrightarrow Cl^- + H_2O$	1.49
$ClO_3^- + 6H^+ + 5e^- \Longrightarrow \dfrac{1}{2}Cl_2 + 3H_2O$	1.47
$PbO_2(s) + 4H^+ + 2e^- \Longrightarrow Pb^{2+} + 2H_2O$	1.455
$HIO + H^+ + e^- \Longrightarrow \dfrac{1}{2}I_2 + H_2O$	1.45
$ClO_3^- + 6H^+ + 6e^- \Longrightarrow Cl^- + 3H_2O$	1.45
$BrO_3^- + 6H^+ + 6e^- \Longrightarrow Br^- + 3H_2O$	1.44
$Au^{3+} + 2e^- \Longrightarrow Au^+$	1.41
$Cl_2(g) + 2e^- \Longrightarrow 2Cl^-$	1.359 5
$ClO_4^- + 8H^+ + 7e^- \Longrightarrow \dfrac{1}{2}Cl_2 + 4H_2O$	1.34

续表

半反应	$E^{\ominus}/V$
$Cr_2O_7^{2-} + 14H^+ + 6e^- \Longrightarrow 2Cr^{3+} + 7H_2O$	1.33
$MnO_2(s) + 4H^+ + 2e^- \Longrightarrow Mn^{2+} + 2H_2O$	1.23
$O_2(g) + 4H^+ + 4e^- \Longrightarrow 2H_2O$	1.229
$IO_3^- + 6H^+ + 5e^- \Longrightarrow \dfrac{1}{2}I_2 + 3H_2O$	1.20
$ClO_4^- + 2H^+ + 2e^- \Longrightarrow ClO_3^- + H_2O$	1.19
$Br_2(l) + 2e^- \Longrightarrow 2Br^-$	1.087
$NO_2 + H^+ + e^- \Longrightarrow HNO_2$	1.07
$Br^{3-} + 2e^- \Longrightarrow 3Br^-$	1.05
$HNO_2 + H^+ + e^- \Longrightarrow NO(g) + H_2O$	1.00
$VO_2^+ + 2H^+ + e^- \Longrightarrow VO^{2+} + H_2O$	1.00
$HIO + H^+ + 2e^- \Longrightarrow I^- + H_2O$	0.99
$NO_3^- + 3H^+ + 2e^- \Longrightarrow HNO_2 + H_2O$	0.94
$ClO^- + H_2O + 2e^- \Longrightarrow Cl^- + 2OH^-$	0.89
$H_2O_2 + 2e^- \Longrightarrow 2OH^-$	0.88
$Cu^{2+} + I^- + e^- \Longrightarrow CuI(s)$	0.86
$Hg^{2+} + 2e^- \Longrightarrow Hg$	0.845
$NO_3^- + 2H^+ + e^- \Longrightarrow NO_2 + H_2O$	0.80
$Ag^+ + e^- \Longrightarrow Ag$	0.799 5
$Hg_2^{2+} + 2e^- \Longrightarrow 2Hg$	0.793
$Fe^{3+} + e^- \Longrightarrow Fe^{2+}$	0.771
$BrO^- + H_2O + 2e^- \Longrightarrow Br^- + 2OH^-$	0.76
$O_2(g) + 2H^+ + 2e^- \Longrightarrow H_2O_2$	0.682
$AsO_8^- + 2H_2O + 3e^- \Longrightarrow As + 4OH^-$	0.68
$2HgCl_2 + 2e^- \Longrightarrow Hg_2Cl_2(s) + 2Cl^-$	0.63
$Hg_2SO_4(s) + 2e^- \Longrightarrow 2Hg + SO_4^{2-}$	0.615 1
$MnO_4^- + 2H_2O + 3e^- \Longrightarrow MnO_2 + 4OH^-$	0.588
$MnO_4^- + e^- \Longrightarrow MnO_4^{2-}$	0.564

续表

半反应	$E^{\ominus}/V$
$H_3AsO_4 + 2H^+ + 2e^- \rightleftharpoons HAsO_2 + 2H_2O$	0.559
$I_3^- + 2e^- \rightleftharpoons 3I^-$	0.545
$I_2(s) + 2e^- \rightleftharpoons 2I^-$	0.534 5
$Mo^{6+} + e^- \rightleftharpoons Mo^{5+}$	0.53
$Cu^+ + e^- \rightleftharpoons Cu$	0.52
$4SO_2(l) + 4H^+ + 6e^- \rightleftharpoons S_4O_6^{2-} + 2H_2O$	0.51
$HgCl_4^{2-} + 2e^- \rightleftharpoons Hg + 4Cl^-$	0.48
$2SO_2(l) + 2H^+ + 4e^- \rightleftharpoons S_2O_3^{2-} + H_2O$	0.40
$Fe(CN)_6^{3-} + e^- \rightleftharpoons Fe(CN)_6^{4-}$	0.36
$Cu^{2+} + 2e^- \rightleftharpoons Cu$	0.337
$VO^{2+} + 2H^+ + 2e^- \rightleftharpoons V^{3+} + H_2O$	0.337
$BiO^+ + 2H^+ + 3e^- \rightleftharpoons Bi + H_2O$	0.32
$Hg_2I_2(s) + 2e^- \rightleftharpoons 2Hg + 2Cl^-$	0.267 6
$HAsO_2 + 3H^+ + 3e^- \rightleftharpoons As + 2H_2O$	0.248
$AgCl(s) + e^- \rightleftharpoons Ag + Cl^-$	0.222 3
$SbO^+ + 2H^+ + 3e^- \rightleftharpoons Sb + H_2O$	0.212
$SO_4^{2-} + 4H^+ + 2e^- \rightleftharpoons SO_2(l) + H_2O$	0.17
$Cu^{2+} + e^- \rightleftharpoons Cu^+$	0.159
$Sn^{4+} + 2e^- \rightleftharpoons Sn^{2+}$	0.154
$S + 2H^+ + 2e^- \rightleftharpoons H_2S(g)$	0.141
$Hg_2Br_2 + 2e^- \rightleftharpoons 2Hg + 2Br^-$	0.139 5
$TiO^{2+} + 2H^+ + e^- \rightleftharpoons Ti^{3+} + H_2O$	0.1
$S_4O_6^{2-} + 2e^- \rightleftharpoons 2S_2O_3^{2-}$	0.08
$AgBr(s) + e^- \rightleftharpoons Ag + Br^-$	0.071
$2H^+ + 2e^- \rightleftharpoons H_2$	0
$O_2 + H_2O + 2e^- \rightleftharpoons HO_2^- + OH^-$	-0.067
$TiOCl^+ + 2H^+ + 3Cl^- + e^- \rightleftharpoons TiCl_4^- + H_2O$	-0.09
$Pb^{2+} + 2e^- \rightleftharpoons Pb$	-0.126

续表

半反应	$E^{\ominus}/V$
$Sn^{2+} + 2e^- {=\!=\!=} Sn$	-0.136
$AgI(s) + e^- {=\!=\!=} Ag + I^-$	-0.152
$Ni^{2+} + 2e^- {=\!=\!=} Ni$	-0.246
$H_3PO_4 + 2H^+ + 2e^- {=\!=\!=} H_3PO_3 + H_2O$	-0.276
$Co^{2+} + 2e^- {=\!=\!=} Co$	-0.277
$Tl^+ + e^- {=\!=\!=} Tl$	$-0.336\ 0$
$In^{3+} + 3e^- {=\!=\!=} In$	-0.345
$PbSO_4(s) + 2e^- {=\!=\!=} Pb + SO_4^{2-}$	$-0.355\ 3$
$SeO_3^{2-} + 3H_2O + 4e^- {=\!=\!=} Se + 6OH^-$	-0.366
$As + 3H^+ + 3e^- {=\!=\!=} AsH_3$	-0.38
$Se + 2H^+ + 2e^- {=\!=\!=} H_2Se$	-0.40
$Cd^{2+} + 2e^- {=\!=\!=} Cd$	-0.403
$Cr^{3+} + e^- {=\!=\!=} Cr^{2+}$	-0.41
$Fe^{2+} + 2e^- {=\!=\!=} Fe$	-0.440
$S + 2e^- {=\!=\!=} S^{2-}$	-0.48
$2CO_2 + 2H^+ + 2e^- {=\!=\!=} H_2C_2O_4$	-0.49
$H_3PO_3 + 2H^+ + 2e^- {=\!=\!=} H_3PO_2 + H_2O$	-0.50
$Sb + 3H^+ + 3e^- {=\!=\!=} SbH_3$	-0.51
$HPbO_2^- + H_2O + 2e^- {=\!=\!=} Pb + 3OH^-$	-0.54
$Ga^{3+} + 3e^- {=\!=\!=} Ga$	-0.56
$TeO_3^{2-} + 3H_2O + 4e^- {=\!=\!=} Te + 6OH^-$	-0.57
$2SO_3^{2-} + 3H_2O + 4e^- {=\!=\!=} S_2O_3^{2-} + 6OH^-$	-0.58
$SO_3^{2-} + 3H_2O + 4e^- {=\!=\!=} S + 6OH^-$	-0.66
$AsO_4^{3-} + 2H_2O + 2e^- {=\!=\!=} AsO_2^- + 4OH^-$	-0.67
$Ag_2S(s) + 2e^- {=\!=\!=} 2Ag + S^{2-}$	-0.69
$Zn^{2+} + 2e^- {=\!=\!=} Zn$	-0.763
$2H_2O + 2e^- {=\!=\!=} H_2 + 2OH^-$	-0.828
$Cr^{2+} + 2e^- {=\!=\!=} Cr$	-0.91

续表

半反应	$E^{\ominus}$ /V
$HSnO_2^- + H_2O + 2e^- \rightleftharpoons Sn^- + 3OH^-$	$- > 0.91$
$Se + 2e^- \rightleftharpoons Se^{2-}$	$- 0.92$
$Sn(OH)_6^{2-} + 2e^- \rightleftharpoons HSnO_2^- + H_2O + 3OH^-$	$- 0.93$
$CNO^- + H_2O + 2e^- \rightleftharpoons CN^- + 2OH^-$	$- 0.97$
$Mn^{2+} + 2e^- \rightleftharpoons Mn$	$- 1.182$
$ZnO_2^{2-} + 2H_2O + 2e^- \rightleftharpoons Zn + 4OH^-$	$- 1.216$
$Al^{3+} + 3e^- \rightleftharpoons Al$	$- 1.66$
$H_2AlO_3^- + H_2O + 3e^- \rightleftharpoons Al + 4OH^-$	$- 2.35$
$Mg^{2+} + 2e^- \rightleftharpoons Mg$	$- 2.37$
$Na^+ + e^- \rightleftharpoons Na$	$- 2.71$
$Ga^{2+} + 2e^- \rightleftharpoons Ga$	$- 2.87$
$Sr^{2+} + 2e^- \rightleftharpoons Sr$	$- 2.89$
$Ba^{2+} + 2e^- \rightleftharpoons Ba$	$- 2.90$
$K^+ + e^- \rightleftharpoons K$	$- 2.925$
$Li^+ + e^- \rightleftharpoons Li$	$- 3.042$

参 考 文 献

[1] 胡英.物理化学[M].6 版.北京:高等教育出版社,2014.

[2] 傅献彩,沈文霞,姚天扬,等.物理化学:上册[M].5 版.北京:高等教育出版社,2005.

[3] 傅献彩,沈文霞,姚天扬,等.物理化学:下册[M].5 版.北京:高等教育出版社,2006.

[4] ATKINS P W,DE P J.Physical chemistry[M].10th ed.Oxford:Oxford University Press,2014.

[5] ENGEL T,REID P,HEHRE W.Physical chemistry[M].3rd ed.Boston:Pearson Education,Inc,2013.

[6] LEVINE I N.Physical chemistry[M].6th ed.New York:McCraw-Hill,2009.

[7] 彭笑刚.物理化学讲义[M].北京:高等教育出版社,2012.

[8] 范康年.物理化学[M].2 版.北京:高等教育出版社,2005.

[9] 韩德刚,高执棣,高盘良.物理化学[M].2 版.北京:高等教育出版社,2009.

[10] POLING B E,PRAUSNITZ J M,O'CONNELL J P.The properties of gases and liquids[M].New York:McGraw-Hill,2004.

[11] WRIGHT M R.An introduction to chemical kinetics[M].West Sussex:John Wiley & Sons,2004.

[12] CHORKENDORFF I,NIEMANTSVERDRIET J W.Concepts of modern catalysis and kinetics[M].Weinheim:WILEY-VCH Verlag GmbH & Co,2003.

[13] BARD A J,FAULKNER L R.Electrochemical methods fundamentals and applications[M].New York:John Wiley & Sons,2001.

[14] 朱珬瑶,赵振国.界面化学基础[M].北京:化学工业出版社,1996.

[15] ADAMSON A W,GAST A P.Physical chemistry of surfaces[M].6th ed.New York:John Wiley & Sons,1997.

[16] SHAW D J.Introduction to colloid & surface chemistry[M].4th ed.London:Butterworth-Heinemann,1999.

[17] 梁文平,杨俊林,陈拥军,等.新世纪的物理化学[M].北京:科学出版社,2004.

[18] 张礼和.化学学科进展[M].北京:化学工业出版社,2005.

[19] 克里滕登.水处理原理与设计:水处理技术 1[M].原著 3 版.刘百仓,译.上海:华东理工大学出版社,2016.

[20] 克里滕登.水处理原理与设计:水处理技术 2[M].原著 3 版.刘百仓,译.上海:华东理工大学出版社,2016.

[21] 克里滕登.水处理原理与设计:水质基础与化学反应[M].原著3版.刘百仓,译.上海:华东理工大学出版社,2016.

[22] 克里滕登.水处理原理与设计:水处理技术及其集成与管道的腐蚀[M].原著3版.刘百仓,译.上海:华东理工大学出版社,2016.

[23] 胡英.物理化学参考[M].北京:高等教育出版社,2003.

[24] 薛涛,李方,秦学.物理化学全程导学及习题全解[M].4版.北京:中国时代经济出版社,2007.

[25] ZHOU L,LI A,MA F,et al.Sb(Ⅴ) reduced to Sb(Ⅲ) and more easily adsorbed in the form of Sb(OH)$_3$ by microbial extracellular polymeric substances and core-shell magnetic nanocomposites[J].ACS Sustainable Chemistry & Engineering,2019, 7(11):10075-10083.

[26] DU M,ZHANG Y Y,WANG Z Y,et al.La-doped activated carbon as high-efficiency phosphorus adsorbent:DFT exploration of the adsorption mechanism[J].Separation and Purification Technology,2022,298:121585.